LA GÉOLOGIE

Ses Phénomènes

12 Conférences par

G. EISENMENGER

Docteur ès-Sciences

PARIS

PIERRE ROGER & Cie, ÉDITEURS

54, Rue Jacob, 54

La Géologie

et ses phénomènes

DANS LA MÊME COLLECTION

PRÉCÉDEMMENT PARUS :

DU MÊME AUTEUR :

LA PHYSIQUE : son rôle et ses phénomènes dans la vie quotidienne, 12 conférences par G. EISENMENGER, docteur ès sciences. Un volume in-8 écu, avec 50 figures ; broché.   4 fr.

LA CHIMIE : dans la vie quotidienne, 12 conférences par le Dr LASSAR COHN, professeur à l'Université de Königsberg. 2e *édition*. Un volume in-8 écu, avec 30 figures ; broché.   4 fr.

LE MACHINISME : son rôle dans la vie moderne, 12 conférences par MAX DE NANSOUTY, ingénieur civil. Un volume in-8 écu, avec 28 planches en hors texte ; broché. . . . .   4 fr.

LES VÉGÉTAUX : leur rôle dans la vie quotidienne, 10 conférences par D. BOIS, assistant au Muséum, et E. GADECEAU. Un volume in-8 écu ; broché. . . . .   4 fr.

G. EISENMENGER

Docteur ès sciences

La Géologie
et ses phénomènes

12 CONFÉRENCES

70 GRAVURES — 9 PLANCHES HORS TEXTE

PARIS

PIERRE ROGER & Cⁱᵉ, ÉDITEURS

54, RUE JACOB, 54

1911

PREMIÈRE CONFÉRENCE

LA GÉOLOGIE — LES ORIGINES DE LA TERRE
ET LA FORMATION DE L'ÉCORCE TERRESTRE

La Géologie est l'Histoire de la Terre. — Le Passé et le Présent — Cosmologies anciennes et théories de Laplace. — Naissance de la Terre. — Origine de la matière terrestre et formation de la première croûte solide du Globe. — Le Haut-fourneau de la Nature.

La Géologie. — La Géologie (du grec *gé*, terre, et *logos*, discours), a pour objet, comme la Géographie, l'étude de la Terre, mais tandis que la Géographie se borne ordinairement à la description de la surface de notre Globe telle qu'elle se présente actuellement, la Géologie étudie la Terre en profondeur aussi bien qu'en surface.

La Géologie recherche les origines de notre Globe et retrace l'histoire des transformations successives qu'il a subies au cours de sa longue évolution. C'est par elle que nous connaissons la nature et l'origine de ce sol que nous foulons au pied tous les jours, des matériaux de construction avec lesquels nous bâtissons nos demeures et nos palais, des minerais d'où l'on retire les métaux, de la houille sans laquelle l'industrie n'aurait pu se développer, des pierres précieuses qui excitent tant de convoitises. C'est elle aussi qui explique la formation des montagnes dont les sommets altiers disparaissent sous leur couverture étincelante de neiges et de glaces; des vallées, qui sont de grandes voies de communication ou des gorges étroites, et où les rivières et les torrents roulent leurs eaux

1

tranquilles ou furieuses; des lacs, dont la surface moirée ajoute tant de charme aux régions montagneuses. Avec elle, nous pourrons nous faire une idée du rôle joué par l'eau dans le modelé de la surface terrestre, nous pénétrerons dans l'étude des éruptions volcaniques et des tremblements de terre, phénomènes grandioses qui, trop souvent, et tout récemment encore, ont transformé des régions florissantes et peuplées en terres de désolation, de ruine et d'épouvante. La Science géologique, par le grand nombre de faits qu'elle fournit, par les explications qui jaillissent d'observations faites en tous les points du Globe, permet de répondre aux nombreuses questions que tout esprit cultivé ne manque pas de se poser relativement aux phénomènes [1] géologiques dont il est le témoin journalier.

La Géologie ne s'occupe pas seulement de la matière brute. En fouillant le sol, les géologues ont exhumé les restes d'êtres ensevelis depuis des milliers de siècles. Avec ces restes précieux, les savants ont pu esquisser l'histoire des grands groupes d'animaux, suivre leur filiation à travers les âges et montrer que le monde vivant actuel est formé de séries les unes en voie de disparition, les autres en voie de développement. Quant aux questions relatives à l'origine de l'Homme, — et pour lesquelles bien des recherches restent à faire, — elles comptent certainement parmi les plus passionnantes que la Science puisse se proposer.

La Géologie nous fera comprendre les relations entre la structure du sol d'une contrée et sa végétation, ses cultures et même les mœurs de ses habitants. Quand on parcourt la France ou les pays étrangers, on reconnaît des régions bien définies, ayant chacune un aspect particulier, des productions spéciales et une population aux mœurs différentes. Déjà, l'illustre naturaliste français Cu-VIER faisait remarquer que les pays granitiques produisent

1. On nomme *phénomène* tout fait, quelque simple qu'il soit, qui tombe sous nos sens : la pluie, le vent, le flux et le reflux de la mer, sont des phénomènes.

sur les usages de la vie humaine d'autres effets que les pays
calcaires. L'Homme, en effet, ne se nourrit pas, ne se loge
pas, ne vit pas en Auvergne et dans la Limagne comme
en Champagne et en Picardie.

De la sorte, la Géologie présente, pour ceux qui voyagent,
c'est-à-dire aujourd'hui pour tout le monde, un intérêt tout
particulier. Si la Géographie décrit, la Géologie seule se
charge d'expliquer; elle fournit la raison d'être des paysages si pittoresques et si variés que l'on rencontre même
en se bornant à parcourir la France. Qui ne s'est demandé
quelle action crée les dunes, à quel mécanisme sont dues
les falaises, pourquoi les crêtes des Alpes ont des dents
de scie, par quelles causes naissent les glaciers, comment
se sont creusées les gorges où bouillonnent les torrents,
pourquoi les vallées en plaine sont si larges en comparaison du ruban d'eau qui les suit, enfin quelle force
provoque l'éruption des volcans et les secousses des tremblements de terre? Hors de France, de nouvelles questions
se posent à propos des déserts et de leurs oasis, des sources
bouillantes, des îles circulaires qui émergent des flots du
Pacifique. Tout cela représente la vie intense de notre Globe,
mais on ne comprend parfaitement le sol que nous habi-
tons que si l'on est en état de remonter jusqu'aux origines
de sa formation. Il en est de l'histoire de la Terre comme
de celle des hommes: *le Présent est trop étroitement lié
au Passé pour qu'il puisse être expliqué parfaitement sans
lui.*

Mais alors le champ de la Géologie devient excesssive-
ment vaste. L'histoire de la Terre, depuis ses origines
jusqu'à nos jours, comprend l'histoire de la matière brute
qui nous entoure aussi bien que celle des êtres vivants
auxquels cette matière brute sert de support. La Géologie revêt le caractère de science fondamentale, car, sur
elle, s'édifient les autres sciences : tout est né du sol et
tout y retourne. *Elle devient le tableau des phénomènes
physiques et chimiques, organiques et inorganiques, qui se
sont succédé depuis son origine, pour amener la Terre
à l'état qu'elle possède aujourd'hui.*

Aussi, la Géologie n'intéresse pas seulement le naturaliste, toujours avide de savoir et de comprendre, mais encore le géographe qui trouvera dans la genèse des formes topographiques l'explication des particularités qu'il rencontre, l'ethnographe qui comprendra mieux l'influence exercée par le milieu physique sur le développement des sociétés, l'ingénieur et l'agriculteur qui ont besoin de connaître la composition et la structure du sol, le voyageur et le simple touriste qui admireront d'autant mieux les beautés de la Nature qu'ils les auront mieux comprises. Par le merveilleux tableau qu'elle présente, par les enchaînements qu'elle permet d'établir, par les grandes idées d'ordre et de finalité dont l'histoire du Globe est comme imprégnée, la Géologie est capable, plus peut-être que les autres sciences de la Nature, d'éveiller l'imagination, de lui ouvrir des perspectives infinies et magnifiques, de satisfaire la curiosité du savant, le rêve de l'artiste et la raison du philosophe.

Ce livre ne s'adresse ni à l'un, ni à l'autre de ces spécialistes : il ne renferme que de très simples notions de Géologie intéressant tout le monde. S'il enseigne quelque chose des principes généraux qui forment la base de cette science, il se contente de mener jusqu'au seuil d'où l'on peut voir tout l'intérêt de ce qui se trouve au delà.

Pourtant, le lecteur qui aura suivi ce livre jusqu'au bout, trouvera une signification nouvelle au pavé des rues, au galet du rivage, au caillou du chemin; pour lui, les paysages revêtiront toute leur beauté, les rivages de la mer acquerront des charmes nouveaux, les montagnes lui apparaîtront comme un merveilleux laboratoire où la Nature, mère de la Science, travaille aujourd'hui comme elle a travaillé de toute éternité; enfin, le monde vivant constituera pour lui un ensemble bien autrement intéressant qu'il ne l'avait cru tout d'abord. Certes, le lecteur de ces conférences ne sera pas devenu un géologue, mais la Géologie sera devenue l'agréable compagne de ses promenades et de ses excursions et peut-être aussi de ses méditations.

Comment on écrit l'histoire de la Terre. — Les connais-

sances dont l'ensemble constitue la Géologie sont tirées de l'étude de l'écorce terrestre. Cette étude a été
imposée à l'Homme par la nécessité d'extraire du sein
de la Terre les matériaux de construction, les minerais
et les combustibles qui servent au développement de la
civilisation matérielle. La recherche des substances utiles
a d'abord été guidée par des règles empiriques qui, rapprochées plus tard les unes des autres, ont permis d'esquisser les grandes lignes de l'architecture du Globe.

De même qu'un édifice se compose d'assises superposées
dont les anciennes occupent la base et que l'on peut distinguer les diverses phases d'après le style des parties
qui le composent, de même l'écorce terrestre est constituée
de matériaux d'origine et de dates diverses. De cette
façon, il est devenu impossible d'étudier l'architecture
de la Terre sans toucher à son histoire et la Géologie
qui, au début, ne se préoccupait que de guider le travail
des mineurs, s'impose actuellement la tâche difficile, mais
combien passionnante, de déchiffrer l'histoire de la Terre.

La Terre peut être assimilée à un être vivant. Si cette opinion paraît quelque peu paradoxale, c'est que l'on se
fait généralement une fausse idée de la vie.

Le caractère essentiel de la vie, ce n'est pas, en effet, la
sensibilité, mais bien le développement, le progrès. La
Terre, au premier abord, paraît morte parce que ses déve-
loppements n'ont lieu que par voie d'évolution lente et
insensible et, par suite, échappent à notre vue. Il n'en
est plus de même lorsque, guidé par les enseignements
de la Science, on verra cette masse énorme passer successivement par des phases analogues aux diverses phases
du développement organique, se consolider, se modeler,
s'embellir, en vertu d'une activité qui lui est propre.
Alors on comprendra qu'il soit possible de parler de la vie
de la Terre et qu'il existe un développement et un progrès dans le monde physique comme dans le monde animé.

Un point qu'il est nécessaire de mettre dès maintenant
en lumière, c'est que la Terre a subi toute une évolution
dont son état actuel est le résultat.

Le sol a subi des changements constants et très consi-

dérables. La répartition des terres et des mers a été tout autre qu'actuellement, variable à chaque instant dans ses détails par suite des mouvements du sol. La formation des chaînes de montagnes successives et l'affaissement d'autres parties n'ont amené que très lentement la répartition générale actuelle.

Les climats ont aussi évolué. D'abord confondus en un climat uniforme et tropical, ils se sont différenciés peu à peu pour fournir les zones actuelles. L'extraordinaire développement des glaciers, vers l'époque où l'Homme fit son apparition à la surface du Globe, a produit un refroidissement considérable qui a modifié la régularité du phénomène.

Enfin, *les êtres vivants ont évolué.* Si certaines formes exceptionnelles, comme les Lingules et les Nautiles, ont traversé presque sans varier la plus grande partie des temps géologiques, c'est que leur évolution était déjà terminée à l'époque où commencent nos connaissances géologiques. A côté de ces rares exemples, les variations connues des faunes sont si nombreuses, si grandes, si continues que l'on ne peut se refuser à admettre que le monde animal a subi d'importantes transformations.

La Géologie ne se contente donc pas d'accumuler les détails que l'observation peut recueillir. Elle vise à être une vaste fresque que des intuitions de génie seules peuvent réaliser. Pendant longtemps, la connaissance de la constitution de l'écorce terrestre n'a embrassé qu'une faible portion de la surface du Globe; aujourd'hui, grâce à de nombreuses et fructueuses explorations, les contrées les plus reculées du Globe nous sont connues, et il est même des pays où le travail du géologue, marchant de pair avec celui du topographe et du pionnier, a marqué la première possession par le monde civilisé, de régions où, jusqu'alors, les sauvages seuls avaient porté leurs pas. L'écorce terrestre a été fouillée en presque tous ses points, le fond des mers nous est connu jusque dans ses plus grands abîmes, et les innombrables richesses qui ont été mises en lumière ont apporté, sur les conditions physiques des diverses époques de l'histoire de la Terre, des documents dont l'importance et la précision s'accroissent tous les jours.

Aussi, malgré les incertitudes de détail qui subsistent encore, peut-on donner à la description des époques géologiques une continuité et une tournure synthétique qui faisaient défaut jusqu'ici. De la sorte sont nées ces grandes synthèses dont NEUMAYR et surtout SUESS [1], dans son admirable ouvrage de *L'Antlitz der Erde*, ont donné le signal avec tant d'éclat.

L'histoire de la Terre peut être racontée comme celle de l'Humanité, c'est-à-dire en ordonnant le récit des épisodes de manière à faire ressortir les liaisons qui les unissent dans l'espace et dans le temps; on peut même reconstituer les états géographiques successifs de notre planète et mettre en lumière l'ordre incomparable qui a présidé à cette évolution.

Les *documents* authentiques sur lesquels s'appuie l'histoire de la Terre sont de deux sortes :

Les uns sont d'*origine minérale*, ce sont les *roches*, ou matériaux divers constituant la croûte solide de notre Globe et formés par la juxtaposition de minéraux. Leur étude constitue la PÉTROGRAPHIE ou LITHOLOGIE [2].

Les autres sont d'*origine organique*, ce sont les *animaux*

---

1. SUESS (Édouard), géologue autrichien, professeur de géologie à l'Université de Vienne depuis 1857. On lui doit une série d'importantes études, mais surtout *Das Antlitz der Erde* (1883-1909), vaste synthèse qui résume l'œuvre géologique d'un siècle entier, et dont M. Emm. de Margerie a publié une excellente traduction française intitulée *la Face de la Terre*.

NEUMAYR (Melchior), également professeur à l'Université de Vienne, a fait paraître, entre autres travaux, une œuvre de tout premier ordre : *Die Stamme des Thierreichs*, véritable traité de paléontologie philosophique où, pour la première fois, l'histoire des êtres fossiles se trouve présentée à l'aide d'une méthode qui essaye de relier dans le temps l'évolution des groupes.

2. *Pétrographie*, du grec *pétros*, pierre, et *graphein*, décrire. Science qui a pour but l'étude des roches de l'écorce terrestre, au point de vue de leur composition minéralogique et chimique, et aussi de leur genèse. *Lithologie*, de *lithos*, pierre. La *Stratigraphie* a plus spécialement pour étude les roches sédimentaires ou stratifiées, déposées au fond des eaux et qui affectent la forme de dépôts.

et les *végétaux* vivant actuellement et surtout les *fossiles* ou vestiges des êtres ayant vécu autrefois. L'étude des êtres anciens constitue la Paléontologie [1].

En raison de leur importance, la Pétrographie et la Paléontologie sont devenues des sciences spéciales dans lesquelles se sont cantonnés de nombreux savants. La première se rattache à l'analyse chimique et à l'optique physique; la seconde est étroitement liée à la Zoologie et à la Botanique.

La connaissance des divers états de la géographie ancienne est encore très incomplète et il est difficile de tracer une carte figurant exactement les rivages des mers anciennes. Pourtant, bien des détails ont été relevés avec précision, surtout dans l'hémisphère boréal; la direction générale des soulèvements principaux, ainsi que la formation des continents et l'époque de l'apparition des grandes chaînes de montagnes ont été déterminées avec une approximation suffisante pour que l'on ait déjà pu dresser des cartes donnant la physionomie générale de notre planète avec une grande rigueur scientifique.

En ce qui concerne l'évolution de la vie, nous sommes beaucoup plus avancés. En se basant sur les progrès de l'anatomie comparée, les géologues ont pu reconstituer, dans leurs traits principaux, les faunes et les flores depuis longtemps éteintes. Avec le moindre fragment, des animaux entiers peuvent être reconstitués et, autour d'eux, les petits faits en impliquant beaucoup d'autres, le milieu et les conditions d'existence viennent se reformer comme par suite d'une évocation magique. Les débris fossiles se tiennent par d'insensibles transitions, de sorte que ce n'est bientôt plus un paysage isolé qui se trouve reconstruit, mais bien un véritable panorama.

Si donc la Paléogéographie est encore à ses débuts, la Paléobotanique et la Paléozoologie peuvent largement contribuer à la reconstitution de la climatologie ancienne,

---

1. *Paléontologie*, du préf. *paléo*, et du grec *on, ontos*, l'être, *logos*, discours. Étude des êtres éteints qui ont laissé leurs débris ou leurs empreintes dans les couches géologiques.

de la distinction entre les terres émergées et les océans et,
par analogie avec les espèces vivant actuellement, à l'éva-
luation de la profondeur des mers. On peut même dire
que l'histoire de la vie est devenue, pour le géologue,
autant un moyen d'investigation qu'un but de recherches.

En somme, en se basant sur l'une et l'autre de ces sciences,
on a pu dégager les lois qui ont présidé à l'évolution de
notre Globe, montrer comment les continents se sont formés, comment ils se sont détruits, comment avec leurs
débris accumulés au fond des eaux se sont formés des continents nouveaux, comment la Terre, après avoir été déserte,
s'est peuplée d'animaux et de végétaux et comment, au
cours des âges, les êtres ont évolué.

Le Passé se continue dans le Présent. — L'antiquité et le
moyen âge nous ont légué plus d'hypothèses fantaisistes
que d'observations précises, de sorte que, pendant longtemps, la connaissance des choses de notre Globe fut à
peu près nulle.

C'est au dix-huitième siècle que LAPLACE[1] découvrit la
loi générale qui a présidé à la formation du monde, que
BUFFON[2] sonda les époques de la création; puis LAMARCK[3]

1. LAPLACE (Pierre-Simon), géomètre, physicien et astronome français (1749-1827), prit part à l'organisation de l'École Polytechnique et de
l'École Normale et fit partie de l'Institut, lors de sa création. Le principal service rendu par ses ouvrages a été de présenter, en un seul corps
de doctrine homogène, tous les travaux jusque-là épars de Newton, de
Halley de Clairaut, de d'Alembert et d'Euler, sur les conséquences du
principe de la gravitation universelle.

2. BUFFON (Georges-Louis-Leclerc de), 1707-1788. Membre de l'Académie des sciences, intendant du Jardin du Roi, se consacra à son
Histoire naturelle dont le trente-sixième volume parut un an après sa
mort. Beaucoup de ses hypothèses ont été confirmées après lui ; son
imagination divinatrice a pressenti la plupart des idées modernes sur la
variabilité des espèces et sur le « transformisme ».

3. LAMARCK (de Monet, chevalier de), naturaliste français, 1744-1829,
professeur au Muséum d'histoire naturelle de Paris, membre de l'Académie des Sciences. Son *Histoire des animaux sans vertèbres* (1815-
1822) est un ouvrage de haute valeur où il jeta les bases du transformisme
déjà ébauchées dans sa *Philosophie zoologique* (1809) : descendance des
espèces les unes des autres par adaptation au milieu et par hérédité.

mit en lumière la parenté et la filiation des êtres, CUVIER [1]
ressuscita les animaux disparus depuis des milliers de
siècles, DARWIN [2] montra comment les espèces se succèdent
et se transforment. Bientôt, à la faveur de travaux qui
qui font le plus grand honneur à la Science, l'œil des géologues put arriver à plonger dans un passé de millions
et de millions d'années, et à percer le voile qui, pendant
longtemps, était demeuré intact, enveloppant mystérieuse-
ment l'histoire de notre planète.

Alors, toutes les idées relatives à l'intervention de forces
directes, surnaturelles ou simplement incompréhensibles, se
sont dissipées comme des chimères et l'histoire de notre
Globe est apparue comme due à des processus très simples,
naturels, susceptibles d'être appréciés avec exactitude. Les
facteurs qui sont intervenus au cours des âges sont les
mêmes que ceux qui agissent sous nos yeux. *Les phénomènes auxquels la Terre doit l'état que nous lui connaissons
s'accomplissent encore aujourd'hui. Le Passé se continue
dans le Présent,* et l'on peut dire que *l'histoire du Passé
n'est pas autre chose que le tableau déroulé de son état
présent.*

Le Temps. — Cette histoire du Passé représente une
durée incommensurable, effrayante même. Nous cherche-
rons à en donner une idée dans la dernière de ces conférences, mais pour le moment nous nous bornerons à dire
qu'elle peut être représentée par des nombres analogues
à ceux que les astronomes emploient pour évaluer les
distances cosmiques.

1. CUVIER (Georges), naturaliste français, 1769-1832, le plus grand,
peut-être, que la France ait jamais possédé. Anatomie, physiologie,
zoologie, et paléontologie descriptives, il a touché à tout avec une maî-
trise égale ; ses reconstitutions d'animaux éteints sont autant de chefs-
d'œuvre de logique, de réflexion et aussi d'intuition. Doué d'une puissance
de travail considérable, il sut créer autour de lui une élite de collabora-
teurs qui fondèrent la science française.
2. DARWIN (Charles), illustre naturaliste anglais, 1809-1882, joua un
rôle énorme dans les sciences biologiques. Son livre célèbre : *De l'origine des espèces par voie de sélection naturelle,* paru en 1859, étaya le
transformisme sur des bases nouvelles.

C'est dans la durée énorme du temps pendant lequel se déroule l'histoire de la Terre que se trouve la solution des problèmes géologiques. De même qu'une goutte d'eau, en tombant toujours à la même place, finit par creuser la pierre la plus dure, de même, comme nous le verrons, des forces en apparence très faibles et à peine perceptibles peuvent produire, avec le temps, des effets surprenants qui semblent même miraculeux. La continuité d'action, la durée sans limite du temps qui confère aux causes les plus minimes une puissance également sans limite, plonge la pensée dans une sorte d'abîme plus émouvant que les plus subites catastrophes.

Les grandes divisions de l'Histoire de la Terre. — De même que l'histoire de l'Humanité se divise en un certain nombre de grandes périodes séparées par des événements considérables et marquées par le développement de telle ou telle civilisation, de même l'histoire de la Terre a été divisée en grandes ères caractérisées, chacune, par le développement de tels ou tels grands groupes d'animaux et que séparent aussi de grands changements, survenus dans la distribution des terres et des mers.

Et, de même que les historiens partagent leurs grandes divisions en dynasties et celles-ci en règnes, les géologues coupent leurs ères en périodes et celles-ci en époques. Avec les progrès de la science, les subdivisions géologiques ont été poussées très loin et, aujourd'hui, on ne compte pas moins de soixante époques parfaitement étudiées et correspondant à autant d'étapes où un certain nombre d'animaux particuliers se trouvent localisés.

Si nous reculons bien loin dans le passé, en laissant derrière nous les haches de pierre des Hommes préhistoriques et les grands glaciers qui ont recouvert presque toute la Suisse, nous trouvons la Terre peuplée de grands Mammifères — ancêtres de nos animaux actuels — et recouverte d'une flore dont la richesse et la diversité ne se trouvent plus aujourd'hui que dans les régions équatoriales. C'est l'*ère caïnozoïque* (du grec *kainos*, nouveau et *zôon*, animal), ou ère des animaux récents.

Reculons davantage dans l'histoire de la Terre. Les Mammifères ne dominent pas encore et les Reptiles sont les maîtres du Globe; ce sont des Reptiles gigantesques atteignant 15, 20, 30 mètres de longueur, tous recherchant avec avidité les lacs, les marécages tourbeux, où leur corps, soutenu par l'élément liquide, s'allongeait paresseusement. Dans les airs, quelques formes volantes essaient leurs ailes, animaux étranges pourvus d'un large bec armé de dents, de griffes aux ailes et d'une longue queue de lézard. Pas d'Europe, pas d'Asie, pas d'Afrique, pas d'Amérique. Une vaste terre occupe l'emplacement de l'Atlantique nord, du Canada et du Groenland; une autre unit le Brésil à l'Afrique centrale: de grandes îles indiquent l'emplacement de la Scandinavie, de la Chine et de l'Australie. C'est l'*ère mésozoïque* (du grec *mesos*, intermédiaire), ou ère des animaux intermédiaires.

Reculons encore dans le passé de la Terre. Alors les Reptiles disparaissent, les Vertébrés ne sont plus représentés que par de curieux Poissons cuirassés et la vie n'appartient qu'à des animaux inférieurs. Dans les forêts géantes, où les fougères étalent à 20 mètres au-dessus du sol leurs bouquets de larges feuilles, aucune fleur n'existe encore; seuls les Cycas, aux branches recourbées, ainsi que les Araucarias, viennent apporter une note esthétique dans ce gigantesque décor. C'est l'*ère paléozoïque* (du grec *palaios*, ancien), ou ère des animaux anciens.

Reculons toujours dans l'histoire de la Terre. Alors la vie disparaît complètement des eaux, des vagues énormes produites par des marées colossales, en rapport avec la grandeur du Soleil, viennent battre furieusement les îlots cristallins qui émergent des flots. A une époque antérieure, ces îlots n'existent pas encore, la mer s'étend partout, océan d'eau chaude sans rivage et sans vie. C'est l'*ère archéozoïque* (du grec *arché*, commencement).

Forçons notre pensée à reculer encore dans ce passé lointain où elle s'égare. Nous arrivons à un moment où il n'existe plus ni océan, ni globe terrestre; les éléments n'ayant pas encore acquis cette sorte d'individualité qui convient à la matière. Une poussière emplit l'espace, substance impondérable et immatérielle à laquelle on a donné le nom d'*éther*. C'est l'*ère cosmique* (du grec *kosmos*, monde).

Comme on le voit, remonter à l'origine de la Terre, c'est remonter à l'origine des mondes. L'histoire de la Terre est, à peu de chose près, celle de la matière. L'histoire de la matière, de la vie et de la pensée sur notre Globe est l'un des problèmes fondamentaux qui s'imposent à notre esprit.

L'ère cosmique est une sorte d'introduction à l'étude de la Géologie. Pour l'étudier, il faut avoir recours à l'Astronomie, puisque cette science s'occupe de millions d'astres à divers états de leur évolution. L'ère archéozoïque ou ère primordiale est caractérisée par l'absence de restes organiques, la température étant encore trop élevée pour permettre à la vie de se manifester. L'ère paléozoïque est dite primaire, parce qu'elle fournit les premiers vestiges d'êtres vivants; les autres sont respectivement qualifiées d'ères secondaire, tertiaire, quaternaire. En poursuivant la comparaison que nous avions établie entre l'histoire de la Terre et celle de l'Humanité, nous pouvons dire que l'ère primaire correspond à l'antiquité de la Terre; l'ère secondaire au moyen âge; l'ère tertiaire aux Temps modernes, et que l'histoire de l'ère quaternaire est de l'Histoire contemporaine.

Le tableau suivant résume les différentes ères que l'on peut distinguer dans l'histoire du Globe terrestre.

I. Ere cosmique.
II. Ere archéozoïque . . . ère primordiale.
III. Ere paléozoïque. . . . ère primaire. . . . . Antiquité.
IV. Ere mésozoïque . . . . ère secondaire. . . . Moyen âge.
V. Ere caïnozoïque . . . . ère tertiaire . . . . . Temps modernes.
VI. Ere anthropozoïque . . ère quaternaire. . . . Hist. contemporaine.

Les coupures établies par les géologues et les historiens ne sont faites que pour venir en aide à notre esprit. *Les modifications dans la distribution des continents et des mers, et dans les climats, se sont opérées graduellement; les formes animales et végétales, en s'adaptant aux conditions nouvelles*

*qui leur étaient faites, se sont lentement modifiées en se
perfectionnant.*

Ces préliminaires étant établis, la première question qui
nous occupera dans ces conférences sera de rechercher
comment s'est formé le sol sur lequel nous vivons.

Cosmologies anciennes. Théorie de Laplace. — L'Homme s'ima-
ginait autrefois que la Terre constituait le centre du
monde. Il sait aujourd'hui que la Terre, qui tourne sans
fin dans l'universalité des choses, n'est qu'un grain de
poussière jeté dans l'infini. Et, en effet, « dans l'espace
qui entoure la Terre, l'esprit humain peut voler par la
pensée dans une direction quelconque, avec une vitesse
quelconque, pendant des mois, des années, des siècles,
des milliers de siècles, jamais il ne sera arrêté par une
limite, jamais il ne rencontrera de frontière, toujours il
restera au vestibule de l'infini. Et, de même, dans le Temps
sans fin, il peut vivre par la pensée au delà des siècles
futurs, ajouter les siècles aux siècles, les millions d'années aux millions d'années, jamais il n'atteindra la fin,
toujours il restera au vestibule de l'éternité[1]. »

La Terre n'est qu'un point dans l'infini, qu'une seconde
dans l'éternité, et l'on comprend qu'elle ne puisse faire
exception parmi les innombrables autres points, les astres,
répandus comme une poussière dans l'immensité. L'origine de l'Univers a toujours vivement préoccupé les
Hommes et, depuis les temps les plus reculés jusqu'à nos
jours, une curiosité ardente a constamment voulu soulever le voile mystérieux dont la Nature s'est enveloppée.
Tous les peuples, toutes les religions ont eu leurs cosmo-
gonies et mille systèmes plus ou moins étranges ont été
mis au jour en dehors de toute observation des faits.

Parmi les philosophes de l'antiquité, HÉSIODE, au huitième siècle avant Jésus-Christ, fait naître d'abord le chaos,
ensuite la Terre, puis de la Terre seraient sortis le ciel,
les montagnes, la mer ; nous ne savons pas ce qu'était ce
chaos. De bonne heure, naissent deux écoles. Pour l'une,

1. VAUCHEZ (Emm.). *La Terre*. Tome I.

l'eau est l'élément créateur; pour l'autre le feu est le premier agent de la formation du Globe. La première théorie semble avoir eu son origine en Egypte, où le phénomène des inondations périodiques du Nil est le principe même de la vie; la seconde a été émise par les témoins des phénomènes volcaniques de l'archipel grec, comme ZÉNON, EMPÉDOCLE, HÉRACLITE.

Ce n'est qu'à partir du dix-huitième siècle que les hypothèses faites sur l'origine de l'Univers en général, et de la Terre en particulier, ont été appuyées sur des bases véritablement scientifiques.

KANT [1] supposait que la matière qui forme aujourd'hui le Soleil et les Planètes remplissait primitivement tout l'Univers. Les particules tendant à tomber vers le centre, une condensation se serait produite : le Soleil. D'autres centres d'attraction auraient formé les planètes.

BUFFON, dans sa fameuse *Théorie de la Terre*, émit une idée à laquelle il donna comme grandes autorités: l'appui de sa science, l'éclat de son talent et la magnificence de son style. Il supposait qu'une comète, ayant heurté par hasard le Soleil, en avait détaché plusieurs éclaboussures liquides qui avaient constitué la Terre et les Planètes : celles-ci avaient pris la forme sphérique, par suite de l'attraction mutuelle de leurs molécules; puis, ces sphères se refroidissant par leur rayonnement dans l'espace, leur surface se serait figée et serait devenue apte à recevoir les végétaux et les animaux; mais l'intérieur de ces *soleils encroûtés* serait encore à l'état de lave incandescente.

L'astronome anglais WILLIAM HERSCHEL [2], qui étudiait les nébuleuses et qui était arrivé à connaître leur constitution, grâce à l'établissement de son grand télescope, reprit l'idée de KANT et fit, de la Terre, une masse détachée du Soleil au moment de sa condensation. Pourtant, la

1. KANT (Emmanuel), philosophe allemand, 1724-1804.
2. HERSCHEL (William), astronome anglais, 1758-1822. Découvrit Uranus et ses six satellites, les deux satellites de Saturne intérieurs à l'anneau, détermina l'aplatissement de Jupiter, etc. Sa sœur et son fils furent aussi astronomes.

gloire d'avoir formulé l'hypothèse en termes précis, en y joignant une étude mathématique des conditions de la condensation, revient, sans doute possible, à l'astronome français LAPLACE, qui la développa dans son *Exposition du Système du Monde* (1796). Si donc, en Allemagne comme en Angleterre, les suggestions du patriotisme conduisent parfois à réclamer pour le philosophe de Kœnigsberg ou pour le grand astronome anglais, la priorité de l'idée de la nébuleuse, le nom de LAPLACE y restera toujours attaché pour rappeler celui qui a su lui donner une véritable valeur scientifique.

Pour LAPLACE comme pour KANT, une masse légère emplissait primitivement tout l'espace occupé aujourd'hui par le système planétaire. En rayonnant une partie de sa chaleur, cette masse s'est refroidie et une condensation, apparaissant en son centre, a donné le Soleil. Par suite de la condensation, la vitesse de rotation s'est accrue et la force centrifuge s'est augmentée. Les particules restées en dehors du centre de condensation se sont réunies en zones concentriques formant des anneaux autour du Soleil. L'inégalité de refroidissement produisant des inégalités de condensation, chaque anneau a dû se rompre en plusieurs masses qui ont pris un mouvement de rotation dirigé dans le sens de la révolution primitive. Ces masses ont constitué les planètes d'où se sont détachés, de la même manière, les satellites. Les anneaux de Saturne seraient encore une sorte de spécimen de ce mode de formation.

En résumé, *la Terre se serait formée à la limite de la nébuleuse en voie de condensation par le détachement d'anneaux, en vertu de la force centrifuge créée par la rotation de la nébuleuse solaire.* Cette condensation, dégageant une grande quantité de chaleur, notre Terre a brillé dans le ciel comme un soleil entouré d'une pâle nébulosité, avant d'errer dans l'espace à l'état de globe refroidi.

Les Phases cosmiques de l'Histoire de la Terre. — Le ciel étoilé nous fournit tous les stades d'évolution des mondes depuis les nébuleuses, qui sont des mondes en formation, jusqu'à la Lune qui est un astre mort.

On peut voir dans le ciel, pendant la nuit, des masses
lumineuses plus ou moins étendues, ayant un aspect flo-
conneux ou l'apparence de nuages. Ce sont les *nébuleuses*,
Parmi elles, il en est une que tout le monde connaît :
la Voie lactée. HALLEY décrivit 16 nébuleuses; MESSIER, 103;
W. HERSCHEL en catalogua 2 500 et son fils en ajouta
2 000 nouvelles; aujourd'hui, on connaît plus de 10 000 nébuleuses.

L'analyse spectrale nous a révélé leur nature gazeuse
et nous renseigne sur les transformations qu'elles subissent; les plus simples, celles qui sont encore aux premiers

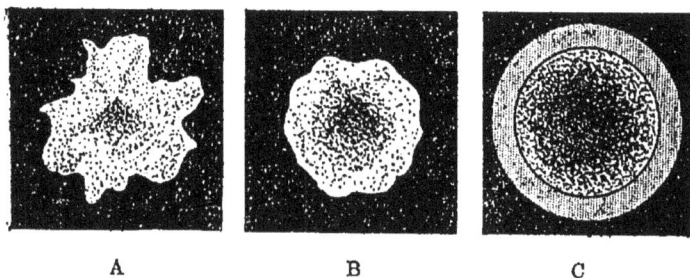

Fig. 1. — Comment on se représente la formation du Globe
terrestre : A, nébuleuse ; B, commencement de la condensation ; C, état actuel avec atmosphère.

stades de leur évolution, ne présentent que les spectres
de l'hydrogène et des dérivés du carbone.

L'une des plus importantes nébuleuses est la *nébuleuse
d'Orion*, que l'on peut facilement reconnaître à l'aide d'une
jumelle. Au télescope, on y distingue des condensations
lumineuses, des vides obscurs, des déchirures, des nuées
irrégulières et des étoiles groupées comme autant de foyers
brillants; l'analyse spectrale la montre constituée par de
l'azote et de l'hydrogène. La *nébuleuse d'Andromède*, visible
à l'œil nu, se présente à un état plus avancé de l'évolution
cosmogonique. Elle montre très nettement une condensation centrale et a permis de prendre la Nature sur le fait :
au mois d'août 1885, on y vit subitement apparaître des
étoiles. *En se condensant, les nébuleuses aboutissent à la*

2

formation des étoiles : la Terre n'a pas dû faire exception.

D'après le catalogue de l'astronome anglais DRAPER, de Harward College, il existe, pour 52 étoiles blanches, 39 jaunes et 1 seule rouge. On peut en conclure que la phase étoile blanche est la plus longue. Les étoiles blanches sont d'ailleurs les plus chaudes, comme le prouve la prolongation de leur spectre vers l'ultra-violet; elles ne comprennent qu'un petit nombre d'éléments chimiques. *La Terre a dû être étoile blanche avant d'être étoile jaune et de parvenir à l'état de globe obscur.*

Pendant un certain temps, notre Globe a dû présenter l'aspect de *Jupiter*, qui paraît être encore dans sa phase primordiale. Depuis plus de deux siècles, les astronomes l'observent tous les jours et pensent que les bandes qui apparaissent à sa surface correspondent à des océans et à des nuages. Il se produit sur Jupiter des bouleversements atmosphériques, des tempêtes effroyables, comme il a dû s'en produire jadis sur la Terre.

Vénus est dans le même état que la Terre; mais, par contre, *Mars*, avec ses mers étroites, ses lacs, ses canaux, son atmosphère presque toujours pure, réalise l'état dans lequel se trouvera la Terre dans quelques millions d'années.

Enfin, la *Lune*, qui est dans un stade plus avancé et qui ne possède plus d'atmosphère, plus d'eau, et où la vie a disparu complètement, représente l'état que la Terre semble devoir un jour revêtir.

De la sorte, on peut se faire une idée des phases cosmiques de notre globe en examinant au télescope les états divers dans lesquels se trouvent les autres mondes de l'Univers. *D'abord nébuleuse, puis étoile brillante, la Terre s'est refroidie peu à peu en tournant dans l'espace glacé; sa surface s'est solidifiée et ainsi s'est trouvée constituée la première croûte terrestre.*

La Matière terrestre. — La matière terrestre tire son origine de l'*éther*, substance immatérielle et impondérable.

On trouvera dans un ouvrage de cette collection : *La Physique, son rôle et ses phénomènes dans la vie quoti-*

dienne, les notions les plus indispensables à la connaissance de l'éther. Cet élément est devenu, en Physique,
absolument nécessaire. Sans lui, pas de pesanteur, pas
de lumière, pas de chaleur, pas d'électricité, pas de matière, car non seulement l'éther a été reconnu nécessaire pour expliquer les phénomènes physiques, mais on
est arrivé à penser que les corps eux-mêmes ne sont pas
autre chose que des agrégats d'éther.

Un corps immatériel comme l'éther peut devenir matériel
par le seul fait qu'il est animé d'une vitesse infiniment
grande. Nous ne saurions, ici, nous étendre sur ce sujet,
et nous ne ferons que d'énoncer la conclusion suivante,
que des travaux récents permettent de formuler : *Les
matériaux qui constituent notre Globe ne sont que des stades
divers de l'évolution d'une seule et même substance.*

L'analyse spectrale a permis de reconnaître dans les
nébuleuses, dans les étoiles, dans le soleil, les mêmes éléments que ceux qui constituent l'écorce terrestre : de la
sorte, tous les centres stellaires, dont l'analogie avec le
Soleil est depuis longtemps reconnue, seraient le siège
d'une même évolution. Par comparaison, on peut dire
qu'à l'état nébuleux, la Terre ne possédait guère que
de l'azote, de l'hydrogène, des produits carbonés ; qu'à
l'état d'étoile, elle a vu apparaître le magnésium, le calcium,
le sodium, le fer, puis des métalloïdes, et que les autres
corps se sont formés quand elle est devenue planète.

Enfin, comme la matière et l'énergie sont inséparables,
que la matière est capable de se désagréger, de se dis-
socier, en fournissant de l'énergie, on peut conclure que *les
matériaux du Globe sont les formes stables tandis que les
forces de la Nature sont les formes instables de l'énergie* [1]

Formation de l'écorce terrestre. — Pendant les périodes
cosmiques de son histoire, la Terre a été soumise à
une température excessive, alors que tout autour d'elle

---

[1]. Pour toutes les questions relatives à l'origine de la matière, voir
les nombreux travaux de M. Gustave Le Bon, en particulier l'*Évolution
de la Matière*. Biblioth. de philosophie scientifique. Flammarion, éditeur.

s'étend un espace où rien qui puisse être échauffé n'existe, et où la thermodynamique attribue une température de 273° au-dessous du zéro centigrade.

Or, la Physique enseigne que les trois états des corps sont causés par des différences de température et de pression et qu'il est possible, en faisant varier ces deux facteurs, de faire passer tous les solides à l'état gazeux et tous les gaz à l'état liquide et même solide.

La masse terrestre, plongée dans un espace glacé, s'est refroidie. Ce refroidissement a dû être assez rapide, car le volume de la Terre est quatorze cent mille fois plus petit que celui du Soleil. Au fur et à mesure que le refroidissement est devenu suffisant pour chacun des corps qui constituent le globe terrestre, ces corps se sont précipités en pluies diverses.

Ces liquides se sont disposés par ordre de densités croissantes de l'extérieur à l'intérieur, de sorte que les matières les plus légères, véritables scories, sont venues flotter à la surface de cet océan métallique. Le Globe devait alors présenter l'image d'une mer enflammée, agitée par les tempêtes que devaient nécessairement produire les mille réactions chimiques qui s'accomplissaient dans son sein ; et comme la Lune, plus rapprochée, produisait des marées colossales, la fournaise se trouvait sans cesse agitée par la main même de la Nature.

Le refroidissement, en figeant la surface de ce bain liquide, permit aux scories de se souder entre elles et le sol, d'abord pâteux, put devenir de plus en plus consistant.

Autour de cette première enveloppe solide, rugueuse et hérissée, qui faisait ressembler notre planète à une énorme masse de scories, tourbillonnait une atmosphère incomparablement plus épaisse que celle d'aujourd'hui et qui tenait en suspension toute l'eau des océans à l'état de vapeur et, à l'état de gaz, d'immenses quantités de sels. Peu à peu, en raison de la faible conductibilité des roches de la croûte solide, cette atmosphère reçut moins de chaleur et les eaux finirent par se précipiter à l'état bouillant sur le sol encore chaud.

Ainsi se forma l'Océan primitif qui recouvrit complè-

tement la Terre, océan d'eau chaude où les substances
volatiles et solubles, telles que le sel marin, restèrent en
dissolution. Au-dessous de lui, de nouvelles parties de la
masse interne vinrent s'ajouter à la croûte primitive qui
augmenta d'épaisseur. Enfin, comme toutes les substances
gazeuses de l'atmosphère ne passèrent pas à l'état liquide,
il est resté autour du Globe terrestre une enveloppe gazeuse

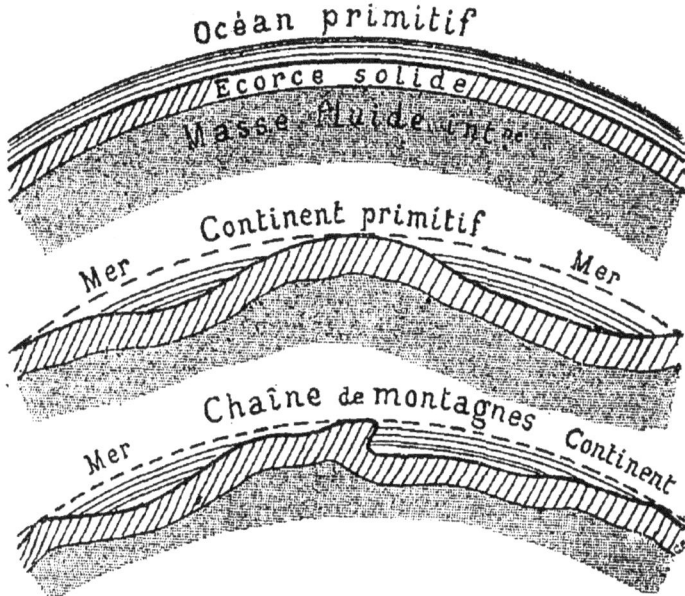

Fig. 2. — Croquis théoriques montrant la formation des premières
mers et des continents.

considérable, formée d'oxygène et d'azote et qui, purifiée
de siècle en siècle, a donné l'air que nous respirons.

A ce moment, la Terre était déjà constituée par une
masse centrale fluide, entourée d'une croûte solide et
enveloppée d'une couche gazeuse.

Le noyau central liquide, en se refroidissant, s'est con-
tracté, et le résultat fut la formation de plis déterminant
des saillies et des dépressions. Tandis que les parties
hautes et surélevées formèrent les *premiers continents* et
les *premières montagnes*, les eaux, réunies dans les régions

basses ou effondrées, ont constitué les *premières mers*.

Mais, dès leur émersion, les roches de la croûte primitive furent attaquées par les agents atmosphériques (pluie, vagues de la mer) et désagrégées; les cailloux, graviers, argiles qui en résultèrent furent emportés dans les mers par les cours d'eau, se déposèrent en couches sur le fond et formèrent les *premiers sédiments*.

Ce n'est que bien plus tard, lorsque les eaux marines furent refroidies et purifiées, que la vie fit son apparition. Les *premières formes animales et végétales*, d'abord rares, simples, chétives, se multiplièrent peu à peu en se différenciant et en se perfectionnant. Leurs débris, conservés dans les sédiments, sont devenus les *fossiles*, qui nous racontent la merveilleuse histoire de la Terre.

Telles sont, résumées dans leurs grandes lignes, les origines du Globe terrestre et la formation de sa croûte solide. La brillante hypothèse de Laplace donne à l'histoire du Globe une remarquable unité. Par elle, les destinées de notre planète se ramènent à l'action de deux puissances: d'un côté la chaleur, ou principe de dilatation; de l'autre, la gravité, ou principe de condensation. On ne peut rien imaginer de plus simple et rien ne montre mieux l'ordre qui semble avoir présidé à l'évolution de la Terre.

Pourtant, des raisons philosophiques, si fortes soient-elles, ne suffisent pas pour qu'une théorie obtienne droit de cité dans la Science. La méthode expérimentale a ses légitimes exigences et, pour y satisfaire, il faut montrer que, d'une part, de nombreuses raisons militent en faveur de l'hypothèse proposée et que, d'autre part, parmi les observations acquises, il n'en est pas qui la contredisent formellement. Dans la seconde partie de cette conférence, nous montrerons que l'écorce terrestre, telle qu'elle se présente à nos yeux, peut vraisemblablement s'être formée par refroidissement d'une masse antérieurement fluide, et que rien, ni dans sa composition minéralogique, ni dans son allure, n'est contradictoire avec un tel monde d'origine.

Pour cela, nous examinerons successivement :

1o La forme du Globe;

2o La densité de la Terre;

3o Le mode de distribution de la chaleur interne;
4o La nature chimique de la croûte terrestre;
5o L'état minéralogique des premiers terrains.

1o Forme du Globe. — La surface de la Terre nous
apparaît, au premier abord, comme celle d'un disque
d'une forme irrégulière sur le continent, régulière en mer.
Cette idée d'une plaine infinie fut le premier échelon de la
conception qu'eurent les Hommes de la figure de la Terre.

Insensiblement, cependant, on reconnut, d'après le lever
et le coucher du Soleil, de la Lune et des Etoiles, que la
Terre devait flotter de tous côtés librement dans l'espace. On se rendit compte aussi que notre planète ne peut
pas être un disque. Lorsqu'un navire rentrait au port, on
voyait d'abord le sommet des mâts, puis, à mesure que le
navire se rapprochait davantage, les voiles et les autres
parties du navire. De cette manière, les peuples s'aper-
çurent de bonne heure de la rotondité de la Terre et cette
notion était enseignée par l'école de PYTHAGORE, six siècles
avant notre ère.

Les grands voyages de circumnavigation, commencés au
seizième siècle, permirent d'assimiler la Terre à une boule
et démontrèrent la forme ronde de notre planète. CHRIS-
TOPHE COLOMB pouvait confondre ses adversaires craintifs,
qui prédisaient que sa flotte s'abîmerait dans le gouffre
de l'espace dès qu'elle aurait atteint les limites de la Terre.
Une preuve scientifique avait déjà été trouvée par ARISTOTE:
l'ombre circulaire projetée sur la Lune par la Terre pendant une éclipse.

La rotondité de la Terre n'est pas régulière. Déjà mis
en éveil par le fort aplatissement de Jupiter, découvert
par CASSINI, en 1666, et convaincu par le ralentissement
du pendule observé pour la première fois, en 1672, par
RICHER, sous les tropiques, NEWTON trouva que notre
planète n'est pas une sphère exacte, mais un ellipsoïde de
révolution[1]. La forme serait, pour employer une compa-

1. L'ellipsoïde de révolution est un solide que l'on peut considérer
comme engendré par la révolution d'une demi-ellipse autour de l'un de

raison vulgaire, celle d'une mandarine. LISTING, en s'appuyant sur les définitions de GAUSS et de BESSEL, ainsi que sur les travaux de Fischer, créa, pour la figure géométrique de la Terre, le mot de *géoïde* (du grec *gé*, terre, et *eidos*, forme)[1].

Mais *pourquoi cette forme sphérique plutôt qu'une autre?*

On constate, dans bien des circonstances, que les liquides ont une tendance à prendre la forme sphérique, notamment quand ils sont en masse isolée dans l'espace. Telles sont, par exemple, les gouttelettes d'eau qui forment le brouillard ou les nuages et qui se rassemblent à certains moments en gouttes de pluie. On ne peut se rendre compte directement de leur forme, soit à cause de leur petitesse, soit à cause de leur mouvement de chute, mais le phénomène de l'arc-en-ciel, auquel elles donnent lieu quelquefois, s'explique justement par la sphéricité des gouttes. *On peut donc expliquer la sphéricité de la Terre en admettant que cet astre, avant d'être à l'état où nous le voyons, a passé par l'état liquide.*

De plus, l'aplatissement de la Terre suivant la ligne des pôles est caractéristique de tous les corps déformables qui sont soumis à un mouvement de rotation. Il suffit, pour s'en rendre compte, de répéter l'expérience du phy-

---

ses axes. NEWTON, célèbre mathématicien et physicien anglais, 1642-1727, dans son livre des *Principes*, considère la Terre comme un masse fluide, homogène, dont toutes les parties s'attirent en raison inverse du carré de la distance ; il admet *a priori* que l'état d'équilibre d'une pareille masse est atteint quand elle a pris la forme d'un ellipsoïde de révolution.

1. Pourtant, si la forme sphérique de la Terre n'est pas rigoureuse, il ne faut pas pourtant s'exagérer la valeur de cette déformation. Si nous pouvions voir la Terre d'un point de l'espace assez éloigné pour en apprécier la forme d'ensemble, notre œil aurait l'impression d'une boule parfaitement régulière, comme c'est le cas pour la Lune.
Ce n'est que par des mesures très précises que l'on a pu constater que la Terre est légèrement aplatie suivant la ligne des pôles. Le rayon qui aboutit à l'un des pôles a 6 356 kilomètres, tandis que celui qui aboutit à un point de l'équateur en a 6 378, soit une différence de 22 kilomè`res en faveur de ce dernier, ou environ 1/300 du rayon. Sur une boule de 6 centimètres de diamètre, ce qui est à peu près la grosseur d'une bille de billard, une irrégularité proportionnelle à celle de la Terre serait absolument insensible.

sicien belge, PLATEAU : une goutte d'huile, mise en suspension dans un mélange d'eau et d'alcool, et traversée par une aiguille assez longue, prend une forme ellipsoïdale quand on lui imprime un mouvement régulier et vif de rotation.

Un point de l'équateur terrestre, en tournant autour de la ligne des pôles, fait un tour complet, c'est-à-dire 40 000 kilomètres en vingt-quatre heures, plus de 1 660 kilomètres à l'heure, ce qui réalise une vitesse au moins dix fois plus grande que celle de nos machines les plus rapides. Cette vitesse diminue progressivement, à mesure que le point considéré s'éloigne de l'équateur vers le pôle. A la latitude de 60°, c'est-à-dire à peu près celle de Saint-Pétersbourg, la vitesse est devenue moitié plus petite : le trajet en vingt-quatre heures n'étant plus que de 20 000 kilomètres. Elle diminue ensuite très vite, pour devenir nulle aux pôles. On est donc amené à attribuer l'aplatissement de la Terre à un mouvement de rotation autour de son axe.

Mais pour que la rotation ait pu avoir cet effet, *il faut que la sphère ait été, à un certain moment, au moins, capable de se déformer, c'est-à-dire qu'elle ait passé par l'état liquide.* Ici encore nous trouvons un fait à l'appui de la fluidité primordiale de la Terre[1].

2° **Densité de la Terre.** — La forme de la Terre n'est pas seule à nous fournir des indications sur l'origine de notre Globe.

La question de la densité de la Terre est très intimement liée aux problèmes concernant la forme de la Terre; la figure de notre planète représentant le résultat de la distribution des masses accumulées à l'intérieur et des forces qui agissent du dehors et au dedans. La connais-

---

1. M. BRAUNS, professeur à Halle, dans son livre *Einleitung in das Studium der Geologie* (Stuttgart, 1887), a combattu la doctrine de la fluidité primitive et émis l'audacieuse hypothèse qu'une pluie indéfinie de météorites a pu engendrer la Terre et les autres planètes. Les nombreuses objections auxquelles se heurte cette théorie la rendent difficilement admissible.

sance de la densité moyenne de la Terre, comparée à un poids spécifique directement déterminable de roches superficielles, permet au géologue de se faire une idée de l'intérieur du Globe terrestre.

Les différentes méthodes de détermination[1] de la densité de la Terre ont conduit à admettre le nombre moyen de 5,52. Or, si l'on remarque que l'eau de mer, qui forme une grande partie de la surface terrestre, a une densité un peu supérieure à 1, que les plus fortes densités des roches constituant la croûte solide sont comprises entre 2 et 3 (granite, porphyre, 2,7), la densité 5,52 n'est compatible qu'avec l'existence, au sein du Globe, de masses métalliques ayant une densité supérieure à 7, c'est-à-dire la densité des métaux (fer, 7,7).

On peut admettre que, dans la sphère terrestre, les matières sont superposées par ordre de densités croissantes de la surface vers le centre. *Un tel mode de superposition n'a pu prévaloir que dans une masse originairement fluide, où les éléments possédaient assez de mobilité pour monter ou descendre les uns à travers les autres.* Ajoutons, enfin, que les phénomènes magnétiques, qui nous montrent dans la Terre un véritable aimant, s'accordent bien avec l'existence d'une masse de fer située dans la profondeur du Globe.

3° Répartition de la chaleur dans le sol. — Les travaux nécessités par l'établissement de puits profonds, l'exploitation des mines et le creusement des tunnels, ont montré que la température augmente au fur et à mesure que l'on s'enfonce dans le sol; les voyageurs qui ont passé sous les grands tunnels percés dans les Alpes savent que la chaleur y est intolérable. Comme cette augmentation de température ne peut provenir de la chaleur

---

1. On peut déterminer la densité de la Terre : 1° par des mesures de perturbation de la verticale ; 2° par des observations sur les oscillations du pendule ; 3° par des pesées purement expérimentales. L'idée unique qui est à la base de ces méthodes consiste en ce que la densité de la Terre peut être trouvée d'après le rapport entre l'attraction de la Terre et l'attraction d'un corps de densité connue.

solaire, il faut admettre que *la Terre possède une chaleur qui lui est propre.*

Le plus profond sondage pratiqué jusqu'ici — celui de Silésie, 1893 — a accusé, à la profondeur de 2 040 mètres, une température de 70°, soit une augmentation de 1° pour 30 mètres environ. Ce nombre, qui indique la hauteur dont il faut descendre verticalement pour constater une augmentation de température de 1° centigrade, — et qui porte le nom de *degré géothermique,* — varie d'une mine à l'autre; ses variations ont fait prendre comme moyenne 31 mètres.

Si l'on suppose que le degré géothermique reste sensiblement le même au delà des profondeurs atteintes par les sondages, il en résulte qu'à 60 kilomètres de profondeur, la température doit être de 2 000° environ. Or, à cette température et à la pression formidable qui doit y régner, aucune roche ne peut rester à l'état solide.

Fig. 3. — Le Globe terrestre.

L'épaisseur de la croûte est à peine égale à la centième partie du rayon de la Terre; elle est exagérée sur la figure.

Donc : 1° *La Terre ne serait pas entièrement solidifiée* et les épanchements de laves, lors des éruptions volcaniques, montrent bien que la Terre renferme des matières à l'état de fusion. 2° *L'épaisseur de la croûte solide ne semble pas devoir dépasser 60 kilomètres.* Si l'on représente la Terre, en coupe, par un cercle de 1 décimètre de rayon, la croûte solide de la surface devrait avoir une épaisseur d'au plus 1 millimètre : cette écorce forme, par rapport au noyau en fusion, une enveloppe relativement plus fragile que la coque qui protège l'œuf.

Quelle est l'origine de la chaleur qui règne au centre de la Terre? Elle s'explique sans peine par la fluidité primitive : la chaleur interne provient de la condensation des molécules qui, au début, formaient la nébuleuse solaire.

Ceux qui ont parcouru les régions volcaniques savent avec quelle efficacité une couverture de quelques décimètres de scories solides protège les laves contre le refroidissement. Qu'est-ce donc si la croûte atteint plusieurs kilomètres d'épaisseur, comme c'est, depuis longtemps, le cas pour notre Globe? A partir du moment où une pareille cuirasse s'est formée, la provision de chaleur n'a plus été soumise qu'à une déperdition extrêmement lente. On a calculé que cette perte ne dépasse pas, pour le foyer intérieur, un demi-degré par million d'années! Il n'y a donc pas lieu de s'étonner si, après de longues périodes géologiques, la chaleur propre du Globe suffit encore à faire arriver jusqu'à la surface, par les orifices volcaniques, des laves accusant une température de 1 500 à 2 000°.

4° Nature chimique de la croûte terrestre. — Si la Terre a été primitivement liquide, les matières ont dû se disposer par ordre de densité sous l'action de la pesanteur. Les éléments les plus rapprochés de la surface du Globe ont dû se former aux dépens des substances à la fois les plus infusibles et les plus légères et, en particulier, aux dépens de la silice, qui devait flotter, à la surface du bain liquide, comme une véritable écume. Les métaux légers, comme le potassium, le sodium, le calcium, le magnésium, l'aluminium — que nous avons vu apparaître au cours de la vie cosmique de la Terre — devaient venir brûler au contact de l'atmosphère, en donnant naissance à des bases : potasse, soude, chaux, magnésie, alumine. Ces bases, en se combinant à la silice, ont formé des silicates complexes, nageant à la surface de la sphère métallique comme les scories nagent à la surface de la fonte dans les usines métallurgiques.

La première croûte terrestre a dû être formée de silicates où les bases étaient empruntées aux métaux légers : de plus, la solidification ayant eu lieu au contact d'une atmosphère oxygénée les éléments de cette croûte ont dû être portés au maximum d'oxydation.

Lorsque l'on creuse le sol, on rencontre, à la base des *roches sédimentaires*, généralement disposées en couches superposées, un terrain très résistant, remarquable par son homogénéité et par son caractère d'être cristallisé, et auquel on a donné le nom de *terrain cristallophyllien*. Les roches qui le constituent sont des *gneiss* et des *schistes cristallins*; on les rencontre partout, pourvu que l'on creuse suffisamment, mais en certains endroits, les mouvements orogéniques les ont rapprochées de la surface et l'érosion, en les débarrassant de leur couverture sédimentaire, les ont fait apparaître au jour. C'est ainsi qu'elles sont visibles en Bretagne, dans le Plateau Central, dans les Vosges, dans le massif des Maures, en Bohême, en Saxe, en Ecosse, etc.

Que ces roches représentent la croûte primitive ou qu'elles se soient formées ultérieurement aux dépens d'anciens sédiments, comme nous le montrerons dans la prochaine conférence, elles sont néanmoins constituées toutes des mêmes éléments : le *quartz*, le *feldspath*, le *mica*, disposés en bandes superposées dans le gneiss. Or, le quartz est de la silice cristallisée, tandis que le feldspath et le mica ne sont autre chose que des silicates.

Nous retrouvons donc là exactement, comme composition chimique, cette scorie idéale, première enveloppe du bain métallique. Ce terrain cristallophyllien, qui n'est peut-être plus le *terrain primitif*, c'est-à-dire de première consolidation, a reçu le nom de *terrain archéen* (le plus ancien de tous).

A travers les fentes de l'écorce terrestre, la masse profonde a envoyé, de temps à autre, une partie de sa substance, qui a constitué les *roches éruptives*. Les premières roches éruptives, composées comme le gneiss, de silice et de silicates (quartz, feldspath, mica), furent le granite et les porphyres quartzifères : elles témoignent encore de la présence de la scorie siliceuse et légère, la même que celle qui avait engendré le gneiss.

Plus tard, ce sont les couches plus profondes qui ont dû former les roches éruptives: porphyrites, mélaphyres. La silice diminue, l'alumine aussi; l'oxydation moins avancée et la richesse en fer oxydulé magnétique indiquent bien que la source d'où elles dérivent était moins voisine de l'atmosphère.

Enfin, à une époque plus rapprochée de la nôtre, les couches plus profondément situées ont fourni le basalte, la roche lourde par excellence et si peu oxydée qu'on y trouve parfois du fer natif. Le fer magnétique s'y trouve abondamment répandu, associé au péridot, c'est-à-dire au plus basique des silicates. *Le péridot*, comme l'a dit DAUBRÉE [1], *est la scorie universelle, le résultat du premier degré d'oxydation ou de solidification du bain métallique interne.*

Dès lors, la provision des pâtes silicatées qui a formé, à travers les âges, le réservoir des masses éruptives, dériverait, selon l'expression d'ELIE DE BEAUMONT [2], de la *coupellation naturelle* [3] d'un noyau fluide métallique où dominerait le fer.

5° État minéralogique des premiers terrains. — On voit que l'origine ignée s'accorde bien avec la composition chimique de la première croûte terrestre et des masses éruptives qui l'ont traversée au cours des âges. Une objection importante subsiste au sujet de l'état minéralogique des terrains qui devraient représenter la première écorce, c'est que *nulle trace de fusion ne s'y laisse reconnaître.* L'état des minéraux y est tel qu'on n'en peut reproduire de semblables que par voie humide : de plus, dans le granite, par exemple, l'ordre de consolidation des matériaux — tel qu'on peut le définir en toute rigueur par

---

1. DAUBRÉE (Gabriel-Auguste), géologue et minéralogiste français, 1814-1896, fut successivement professeur à la Faculté des sciences de Strasbourg, au Muséum et à l'École des Mines de Paris, dont il devint directeur en 1872. On lui doit d'importants travaux sur le métamorphisme, la reproduction des minéraux, la génération des minéraux métalliques, les météorites et la constitution du Globe, etc.

2. ELIE DE BEAUMONT, géologue français, 1798-1874. Professeur à l'École des mines et au Collège de France, secrétaire perpétuel de l'Académie des Sciences de Paris. Ses premiers écrits se rapportent à la métallurgie. Il commença en 1825, avec Dufresnoy, les longs travaux d'exploration géologique qui devaient doter notre pays d'une œuvre scientifique monumentale : la *Carte géologique de la France*. Le nom d'Élie de Beaumont reviendra maintes fois dans ces conférences.

3. Voir *La Chimie*, même collection.

leurs formes et leur agencement mutuel — est exactement inverse de celui que ferait prévoir le degré de fusibilité.

Les minéraux qui se sont formés les premiers et qui, nageant alors dans un liquide, ont pu sans obstacle revêtir leur forme extérieure complète, sont ceux qui auraient dû demeurer le plus longtemps en fusion. Les minéraux moyennement fusibles se sont moulés sur ceux déjà formés. Enfin, le quartz ou silice, l'élément réfractaire par excellence, a cristallisé le dernier. Donc, *il ne s'agissait pas simplement d'un magma fondu, dont le refroidissement aurait déterminé la solidification primitive, mais bien plutôt d'une liqueur concentrée, qui s'est appauvrie en bases jusqu'au moment où la silice elle-même a cristallisé.*

Le gneiss ne présente pas plus de traces de fusion que le granite. Faut-il en conclure que l'hypothèse de l'origine ignée est ici en défaut?

Pour se rendre exactement compte de ce qui s'est passé lors de la formation de la croûte primitive du Globe, il faut se reporter à ce qu'était la Terre à cette époque.

L'eau liquide n'existait pas, mais elle était répandue en vapeur dans l'atmosphère primitive, avec une notable quantité de gaz carbonique, qui est actuellement fixé dans les calcaires. On a calculé que par ce seul fait, une pression d'au moins 300 atmosphères pesait alors sur la surface du bain liquide. Les substances moins volatiles qui se sont précipitées ensuite, se retrouvent aujourd'hui dans les eaux marines, ce sont les chlorures de sodium, de potassium, de magnésium, des bromures, des iodures et sulfates divers qui, si les mers s'asséchaient, formeraient une couche d'au moins 60 mètres d'épaisseur. Si l'on compte que ces substances se retrouvent aussi en gîtes importants dans l'écorce terrestre, on peut admettre qu'il existait, à la surface du bain d'écume siliceuse, une nappe liquide d'une épaisseur très supérieure à 60 mètres et constituée par les substances chimiques les plus actives que l'on connaisse.

De plus, le noyau métallique a emprisonné une grande quantité de gaz divers. On sait avec quelle facilité les métaux fondus retiennent l'oxygène ou l'air qu'ils ont absorbé et qu'ils ne les libèrent ensuite brusquement qu'au-dessous d'une certaine température, en donnant lieu au phénomène du rochage[1]. Il est donc probable que, sous leur épaisse couverture de chlorures, le noyau métallique et ses enveloppes scoriacées devaient être saturés de gaz divers : hydrogène, hydrogène sulfuré, hydrogène carboné, acide chlorhydrique, etc., et que, dans ce bain particulier, se sont accomplies toutes les réactions de la voie humide. *Les matériaux de la première croûte solide du Globe ont eu une origine hydrothermale.*

En faisant intervenir la puissante série de réactions par voie humide, on voit que toute anomalie disparaît, que tout s'encadre harmonieusement dans la même hypothèse fondamentale et que la notion d'ordre éclate avec une remarquable évidence.

Rôle géologique des éléments chimiques. — Après avoir émis l'idée que tous les matériaux du Globe dérivent d'une seule substance, l'éther, il restait peu à faire pour penser que l'étude des roches, en nous découvrant les effets d'une *métallurgie nouvelle*, pouvait nous mettre sur la voie de transmutations, dont la recherche avait été le propre de l'alchimie.

Pour un grand nombre d'esprits, la transmutation des métaux n'est pas une rêverie et, par suite de forces très lentement prolongées pendant les périodes géologiques, elle a pu se réaliser. En d'autres termes, les associations de métaux existant à l'intérieur du sol, seraient dues à ce que l'un des métaux s'est transformé et a donné les autres. Le fait, d'ailleurs, est déjà reconnu exact pour la série de l'uranium, du radium, de l'hélium[2]. On sait que

1. Ce phénomène du *rochage* est très net pour l'argent qui, à l'état de fusion, peut absorber vingt-deux fois son volume d'oxygène. Ce gaz se dégage en partie quand l'argent se refroidit ; si le refroidissement est brusque, l'argent se boursoufle : il *roche*.

2. Pour le radium et les *métaux radio-actifs*, voir, dans la même collection : Dr LASSAR KOHN, *La Chimie*, dixième conférence, et G. EISENMENGER, *La Physique*, douzième conférence.

l'émanation du radium donne, par transmutation, de l'hélium ; et que Ramsay[1] et Cameron, en faisant agir l'émanation de radium sur une dissolution de sels de cuivre, ont obtenu le sodium, le potassium, le lithium.

Les métaux se seraient formés au cours des âges par la transformation les uns en les autres. En profondeur, ils doivent se trouver en liquidation[2] et peut-être est-ce ainsi qu'il faut expliquer cette relation si curieuse entre la rareté d'un métal et sa densité. Plus un métal est dense, plus il est rare en surface et plus il est abondant en profondeur. Dans la masse centrale doivent se trouver, en grandes quantités, de l'argent, de l'or, du platine, du radium, de l'uranium, de l'actinium. Au-dessus, viennent le fer et l'assise péridotique, puis le sodium, le potassium, le calcium, le magnésium et, enfin, l'hydrogène, le plus léger de tous les métaux qui, par combinaison avec l'oxygène de l'atmosphère, a formé la masse des eaux océaniques.

En résumé, cette première conférence nous conduit à une conclusion capitale : **La Terre a été fluide et se refroidit.**

Ce refroidissement a entraîné :

1o La consolidation des premières roches cristallisées et la précipitation des eaux à la surface de la croûte solide. L'existence de cette eau est la cause des PHÉNOMÈNES DE SÉDIMENTATION.

2o La contraction de la Terre, qui se traduit par l'injection des matières fluides dans les fissures de l'écorce (PHÉNOMÈNES D'ÉRUPTION) et par des mouvements de cette écorce pouvant aboutir à la formation de chaînes de montagnes (PHÉNOMÈNES OROGÉNIQUES).

1. Ramsay (William), chimiste anglais, né en 1852, professeur à l'Université de Londres. Ses découvertes des nouveaux gaz de l'air (hélium, argon) l'ont rendu célèbre.
2. La *liquation* (du lat. *liquare*, fondre) est la séparation par ordre de densités, qui se produit dans les métaux lorsqu'on soumet un alliage en fusion à un refroidissement lent. La liquation rend difficile l'obtention de pièces homogènes.

Les phénomènes de sédimentation et d'éruption, ainsi que les phénomènes orogéniques, sont les trois facteurs essentiels et permanents de la transformation du Globe. Ce sont eux qui, à travers mille changements, ont peu à peu imprimé à notre planète son aspect actuel, et travaillent tous les jours à lui faire subir de nouvelles métamorphoses.

C'est à l'étude de ces phénomènes, véritables manifestations de la vie de la Terre, que sont consacrées ces conférences. La première question qui nous occupera sera de rechercher la part que chacun d'eux a prise dans la formation des roches de l'écorce terrestre.

DEUXIÈME CONFÉRENCE

LES PHÉNOMÈNES DE FORMATION DES ROCHES

Différentes catégories de roches. — I. « Cristallisation et éruption ». — Le magma primordial. — Éléments des roches endogènes; pierres précieuses. — La cristallisation du magma. — Principales roches endogènes intrusives et effusives. — Différenciation des magmas. — II. « La sédimentation ». Formation des roches sédimentaires d'origine chimique et d'origine organique.

Les différentes catégories de roches. — Le voyageur qui parcourt les différentes parties du Massif Central français rencontre la plupart des roches constituant l'écorce terrestre. Cette région compte, en effet, parmi les plus anciennement formées et, au cours des âges, tandis que les mers ont déposé, autour d'elle et à son intérieur, des terrains calcaires et sableux, les phénomènes volcaniques s'y sont manifestés avec une très grande intensité et ont étendu sur le sol d'épaisses couches de matières venues des profondeurs du Globe.

Dans les Monts du Limousin, du Forez, de la Margeride et dans les Monts d'Auvergne, on rencontre des roches comme le granite, le porphyre, le basalte qui se présentent avec un aspect massif et une structure cristalline parfois très nette à l'œil nu; dans les cas où la roche n'est pas entièrement formée d'éléments cristallins, ceux-ci sont englobés dans une pâte ayant la composition du verre, c'est-à-dire formée d'une matière silicatée fondue et consolidée par brusque refroidissement.

Au point de vue de leur mode de gisement, certaines de

ces roches, le basalte, par exemple, qui constitue les Monts
d'Aubrac, se montrent absolument identiques aux laves des
volcans actuels : leur origine est nettement éruptive et on y
reconnaît des coulées et des produits de projection. D'autres,
au contraire, — comme le granite largement représenté dans
les Monts du Limousin, de la Marche, du Forez, du Viva-
rais, etc., — se trouvent dans des conditions différentes, mais
elles traversent néanmoins l'écorce terrestre et viennent certainement de la profondeur. Toutes ces roches ont donc une
origine *interne*. On les désigne généralement sous le nom de
roches éruptives, à cause de l'identité de certaines d'entre
elles avec celles des volcans actuels ; mais comme les granites,
les porphyres n'ont pas fait éruption, au sens strict du mot,
ont rempli des fissures de la croûte terrestre et ne sont
visibles aujourd'hui que grâce à l'érosion qui a enlevé les
couches superficielles, il est préférable de se servir du terme
de **roches endogènes**. Ces roches comprennent : 1° les *roches
volcaniques* ou *effusives* qui se montrent en coulées (basalte) ;
2° les *roches intrusives* qui n'existent qu'en massifs profonds
ou en filons (granite).

Sur le pourtour du Massif Central, dans le Berry, le
Périgord, les Causses, la Limagne, ce sont des roches tout à
fait différentes que l'on rencontre. Elles se présentent en
bancs parallèles et continus, ainsi qu'on peut s'en rendre
compte dans les carrières, les tranchées, et proviennent,
comme nous le verrons, du remaniement des roches antérieures, dont les éléments, ou les produits de la désagrégation,
se sont lentement déposés au fond des eaux. En un mot, ce
sont des *roches détritiques* (les sables, par exemple). D'autres
résultent de précipitations chimiques dans le milieu aqueux
ou sont les produit de l'activité organique (calcaire des récifs
coralliens). Toutes ces roches sont susceptibles de renfermer
des restes organiques (fossiles) provenant des êtres qui
habitaient le milieu où elles se sont formées. Comme elles
sont toujours le résultat d'actions extérieures à la croûte
terrestre, on peut aussi les désigner sous le nom de **roches
exogènes**.

Enfin, il existe une troisième catégorie de roches, dont
le gneiss et les micaschistes fournissent les meilleurs

types. Ces roches se présentent en lits parallèles et cette disposition reste nette dans les petits échantillons donnant naissance à une véritable structure feuilletée ou *schisteuse*. D'autre part, on constate facilement à l'œil nu que ces roches sont cristallisées à la façon des roches endogènes. La coexistence de ces deux caractères a fait donner à ces roches le nom de **roches cristallophylliennes** [1].

I. — Cristallisation et Éruption

Le magma primordial. — A l'origine des temps géologiques, il faut se représenter la Terre comme une sphère liquide, en grande partie métallique, dans laquelle les matières fondues ont dû se superposer par ordre de densités croissantes de la périphérie vers le centre. Les roches endogènes proviennent de la partie superficielle de cette masse liquide, de l'écume pour ainsi dire, laquelle était formée de produits légers et réfractaires, analogues aux *scories* et aux *laitiers* [2] qui flottent à la surface des bains métalliques dans l'affinage de la fonte de fer ou dans la fabrication de la fonte.

Dans la Nature, comme dans nos opérations métallurgiques, l'élément qui a déterminé la plus ou moins grande densité de ces couches est la *silice*. La silice ou acide silicique, a formé des silicates en s'unissant, d'une part, aux métaux légers de la surface : potassium, sodium, calcium, aluminium ; et, d'autre part, avec les métaux lourds de la profondeur, le fer en particulier. Aux matériaux de ce bain silicaté, sont venus se joindre la vapeur d'eau, l'acide chlorhydrique, les acides du soufre, que l'on constate dans les laves modernes.

Les roches endogènes sont formées de silicates. Parmi ces silicates, les uns sont riches en oxydes métalliques ferromagnésiens et constituent des roches lourdes, foncées, où la proportion de silice ne dépasse pas 40 à 55 p. 100 (*roches*

---

1. Du grec *krystallos*, cristal ; et *phyllon*, feuille. Les roches cristallophylliennes sont, comme leur nom l'indique, des roches dont les éléments cristallins sont disposés en feuillets.

2. Voir Dr Lassar Kohn, *La Chimie*, onzième conférence, même collection.

basiques); les autres ont donné des roches légères, de couleur claire où la silice, parfois en excès, atteint une proportion de 65 à 69 p. 100 (*roches acides*).

Les roches acides et les roches basiques présentent un caractère bien net de différenciation, c'est leur état d'oxydation. Tandis que les roches basiques, formées dans la profondeur, sont si peu oxydées qu'elles renferment souvent du fer natif, les roches acides, plus légères en raison de l'abondance de la silice, sont des roches de surface renfermant le fer à l'état oxydé.

On a essayé, en laboratoire, de réaliser les conditions de consolidation de la masse pâteuse primitive et beaucoup de minéraux ont été obtenus au même état de cristallisation que celui qu'ils offrent dans la Nature. M. Michel Lévy[1] a montré que les roches basiques se sont constituées sous la seule influence du refroidissement, tandis que pour la formation des roches acides, il est nécessaire de faire intervenir les agents minéralisateurs.

Le magma primitif ne renfermait qu'un petit nombre de corps simples, parmi lesquels le silicium et l'oxygène viennent au premier rang, puis les métaux alcalins, l'aluminium et le fer. Le silicium et le charbon, sont vraisemblablement mélangés avec le fer qui paraît constituer la masse du noyau interne. Dès leur arrivée à la surface, ces deux éléments se séparent en s'oxydant, et tandis que l'un, le silicium, forme la base de l'écume réfractaire et va devenir l'écorce solide, l'autre, le carbone, sera l'aliment essentiel de la vie dont il favorise, par sa mobilité, les perpétuelles transformations. (A. DE LAPPARENT[2]).

1. Lévy (Auguste-Michel), ingénieur et minéralogiste français, attaché depuis 1876 au service de la carte géologique détaillée de la France, à l'établissement de laquelle il a eu la plus large part. On lui doit un grand nombre de travaux sur les roches éruptives.
2. DE LAPPARENT (Albert), géologue français, 1839-1908, professeur de géologie et de minéralogie à l'Institut catholique de Paris, a publié d'excellents traités remarquables par la science profonde et la méthode d'exposition de l'auteur. Son *Traité de géologie* constitue un formidable travail d'érudition et l'un des meilleurs que l'on puisse trouver dans lo domaine de la géologie générale. Les *Leçons de géographie physique* ont

Les éléments des roches endogènes. Quelques pierres précieuses. —
Les réactions diverses qui ont accompagné la solidification
des bains silicatés ont eu pour conséquence la formation
d'espèces minérales distinctes, variables selon la température,
la pression, la proportion des vapeurs ou des dissolvants.

Les éléments des roches acides sont la silice et l'alumine,
toutes deux dures, infusibles et indé-
composables ; elles se présentent à
l'état de *quartz*, de *feldspath*, de *mica*.

Le **quartz**[1], ou *cristal de roche*, est
de la silice pure. Il est très dur, car il
raye le verre et l'acier. Il se présente
en beaux cristaux ayant la forme de
prismes hexagonaux surmontés de
pyramides hexagonales. Quand il est
pur, il est transparent et d'un blanc
limpide, c'est le *cristal de roche* dont
on fabriquait autrefois des bijoux d'un
grand prix. Des traces d'oxydes métal
liques ou de matières organiques co-
lorent le quartz de diverses façons :
en violet (*améthyste*), en brun (*quartz
enfumé*), en vert (*œil de chat*), en brun

Fig. 4. — Cristaux de
quartz groupés (cris-
tal de roche).

rouge (*aventurine*). Ces diverses variétés de quartz sont em-

largement contribué à asseoir l'enseignement géographique sur des
bases purement scientifiques. Son œuvre tout entière est écrite avec la
précision élégante qui était la marque de son esprit.

1. De *Quartz*, localité allemande.

La *calcédoine* est un mélange de quartz amorphe et de quartz cristallisé qui présente des variétés de colorations remarquables : rouge
(*cornaline*), brune (*sardoine*), blanche (*agate*). Presque toutes les
pierres gravées que nous ont laissées les Romains et les Grecs sont des
variétés de calcédoines. L'*onyx* est un mélange de diverses variétés de
calcédoines, disposées en couches fortement adhérentes les unes aux
autres ; c'est avec l'onyx que sont faits les camées antiques L'*opale*, qui
est une calcédoine hydratée, est d'une transparence laiteuse au milieu de
laquelle se jouent des feux irisés d'un éclat très vif. Le *silex* est une
variété de quartz formée par de la silice moins pure et non cristallisée ;
1 est très dur et le choc d'un morceau de fer produit des étin-
celles.

ployées pour faire des chatons de bagues et d'autres joyaux d'un effet très agréable.

Le quartz forme souvent de grands amas non cristallisés, blanchâtres, c'est le quartz des filons qui accompagne divers minerais, celui de plomb, par exemple.

Le feldspath [1] est une combinaison de silicate d'aluminium avec des silicates de potassium, de sodium, de calcium. Il existe plusieurs espèces de feldspaths dont les cristaux ont des formes de parallélépipèdes plus ou moins complets et qui parfois se pénètrent. Ils sont clivables, c'est-à-dire qu'ils se laissent facilement diviser en lames parallèles sous le choc du marteau. Le feldspath est le plus souvent opaque, de couleur claire, blanche ou rosée : il n'a pas l'éclat vitreux du quartz.

Le mica [2] a une composition chimique plus complexe encore que le feldspath. C'est aussi un silicate d'aluminium combiné avec d'autres corps : la potasse, la magnésie, des oxydes de fer, etc. Le mica est caractérisé par la très grande facilité avec laquelle il se laisse diviser en lamelles de forme hexagonale, minces, brillantes, élastiques. Ces lamelles sont noires, bronzées, à éclat argenté ou doré, suivant les variétés, se laissant rayer par l'ongle. Parfois, les lames de mica ont des dimensions telles qu'on peut les utiliser pour faire des verres de lampes, flexibles et peu facilement cassables, des vitres pour les poêles de fonte. Les plus importantes variétés sont le mica blanc ou *moscovite* et le mica noir ou *biotite*.

La cristallisation d'éléments aussi réfractaires que ceux dont il vient d'être question a dû se produire dans des conditions spéciales. On peut penser que diverses substances y ont pris part en qualité de dissolvants. De ces substances, un certain nombre se rencontrent dans les roches à l'état de *minéraux accessoires* dont les plus importants sont la tourmaline, la topaze, le rutile, l'émeraude.

La *tourmaline* est un silicate d'aluminium contenant du fluor et de l'acide borique; la couleur est variable : rose, rouge, brune, verte, bleue. La *topaze*, silico-fluorure d'alu-

---

1. De l'allemand *feld*, champ, et de *spath*.
2. Du latin *micare*, briller.

minium, se présente en prismes transparents, incolores, jaunes, verdâtres, striés verticalement. L'*émeraude*, silicate d'aluminium et de glucinium, existe en prismes hexagonaux à l'éclat vitreux, bleu (*béryl*), vert d'eau (*aigue-marine*); les cristaux d'un beau vert peuvent atteindre un prix très élevé. La *turquoise*, la plus modeste de toutes les pierres précieuses, est un phosphate d'aluminium contenant du cuivre et du fer : elle est bleu céleste ou bleu clair.

Les éléments des roches basiques résultent de l'union de la silice non plus à des oxydes de métaux légers, mais à des oxydes de métaux lourds comme le magnésium, le fer. Ce sont des silicates de couleur foncée. Tels sont : l'*amphibole*, qui se présente en longues aiguilles vertes, prismatiques et striées; le *pyroxène*, d'un vert foncé; le *péridot* ou olivine, d'un vert olive. L'*amiante*, que l'on trouve sous l'aspect de filaments semblables à de la soie, est une variété d'amphibole.

La cristallisation du magma. — Les conditions physiques dans lesquelles s'opère le refroidissement d'une masse fluide conduisent à des roches très différentes. Tantôt la cristallisation est complète, comme dans le granite et les *roches granitoïdes*; tantôt la plus grande partie de la matière demeure amorphe, à la façon du verre, c'est le cas des *roches vitreuses*; tantôt, enfin, des minéraux à contours nets se trouvent noyés dans une pâte d'apparence amorphe et vitreuse où le microscope permet de distinguer des cristaux très petits ou microlithes, c'est le cas des *roches microlithiques*[1], comme le trachyte ou le basalte.

Ces différences de texture permettent de connaître le mode de consolidation de la roche. Ainsi, dans le granite, il y a eu succession régulière dans la formation des divers minéraux. Le mica s'est séparé le premier; autour de lui s'est déposé le feldspath, puis la liqueur ne renfermant plus que de la silice a formé le quartz qui est venu se mouler sur les cristaux précédents. Cette cristallisation a été ininterrompue; elle s'est faite en un seul temps. Les expériences de labora-

---

1. Du grec *micros*, petit, et *lithos*, pierre.

toire ont montré que le granite a dû se former en profondeur, dans une masse riche en dissolvants, à une pression énergique et par un refroidissement très lent.

Dans d'autres roches, au contraire, comme dans le porphyre, on trouve de gros cristaux visibles à l'œil nu, plongés dans une pâte que le microscope montre formée des mêmes éléments, mais en cristaux plus petits. Il y a eu ici deux temps dans la cristallisation. Les grands cristaux se sont formés dans la profondeur, à la façon des cristaux du granite, puis la roche, s'étant trouvée injectée dans les fissures du sol ou dans une cheminée volcanique qui l'amenait à l'extérieur, a continué sa cristallisation qui, à la faveur d'un refroidissement plus brusque, n'a donné que de très petits cristaux.

La consolidation du magma éruptif se fait donc de deux façons : 1° *en profondeur*, sous forme de bosses, de filons, où les cristaux formés lentement prennent des dimensions qui les rendent visibles à l'œil nu ; 2° *à la surface du sol*, à la façon des laves volcaniques : dans ce cas, la cristallisation est incomplète et il subsiste toujours de la matière amorphe.

La combinaison des divers caractères de texture et de composition engendre un grand nombre de roches éruptives dont nous ne ferons que signaler les principales.

Principales roches endogènes. — Au point de vue élémentaire et pratique, on peut distinguer : 1° des *roches granitoïdes* qui sont entièrement formées de cristaux visibles à l'œil nu ; 2° des *roches porphyroïdes*, où de gros cristaux sont enchâssés dans une pâte formée de cristaux microscopiques ; 3° des *roches microlithiques*, où les cristaux visibles à l'œil nu sont assez rares.

1° Roches granitoïdes. — Le type de ces roches est le *granite* que la dureté fait employer comme bordures de trottoirs, piédestaux de statues, monuments funéraires. Les cristaux sont à peu près d'égales dimensions dans le *granite à grain fin* de Vire et de Bretagne, tandis que les cristaux de feldspath sont beaucoup plus volumineux que les autres dans le *granite à gros grains* de Cherbourg. Le granite existe en

masses importantes en Bretagne, dans les Vosges, le Massif
Central, les Alpes et les Pyrénées.

Si le mica noir est remplacé par du mica blanc, la roche
est une *granulite*, comme celle qui forme le Mont Saint-Michel ;
on la trouve aussi en Bretagne, dans le Morvan, le Massif
Central. Dans les Alpes, existe une variété de granulite appe-

Fig. 5. — Schéma de la structure du granite. La roche est
entièrement formée de cristaux (le mica est en noir,
le quartz en gris, le feldspath
est couvert de hachures).

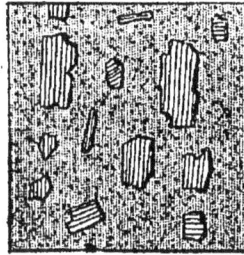

Fig. 6. — Schéma de la structure du porphyre. Dans une
pâte finement cristallisée, on
aperçoit de gros cristaux (de
feldspath, principalement).

lée *protogine*, caractérisée par l'état de broyage de ses éléments et par la transformation de son mica noir en chlorite
verdâtre : elle forme le massif du Mont Blanc et les montagnes de l'Oisans.

La *syénite* (de Syène, en Égypte) est la roche qui constitue
l'obélisque de Louqsor, rapporté d'Égypte, et dressé sur la
place de la Concorde, à Paris ; le mica y est remplacé par de
l'amphibole d'un vert très foncé. Enfin, la *pegmatite* est une
sorte de granulite dans laquelle le mica blanc est disposé par
places et en larges plaques : on la trouve dans les Pyrénées,
en Auvergne, en Vendée.

2° **Roches porphyroïdes** [1]. — Leur diversité n'est pas moins
grande que celle des roches granitoïdes. Elles renferment

1. De *porphyra*, pourpre. Une variété bleuâtre extrêmement dure,
exploitée en Belgique est utilisée pour l'empierrement des routes.

les mêmes éléments que le granite, mais de grands cristaux sont réunis par une pâte formée elle-même de cristaux microscopiques. Ces roches sont susceptibles d'un beau poli qui les fait rechercher pour la décoration des édifices : on en fait des colonnes, des vases ; les cristaux de feldspath apparaissent en clair sur le fond rouge ou vert du ciment siliceux. Citons le *porphyre vert* des monuments grecs et le *porphyre rouge* que les Romains importaient d'Égypte. Les porphyres se trouvent en nappes ou en filons : ils traversent généralement les massifs de granite.

3° Roches microlithiques. — Les roches précédentes ont rempli les vides de l'écorce terrestre (roches intrusives) et ne sont pas produites par les volcans actuels ; au contraire les roches microlithiques sont rejetées actuellement sous le nom de *laves* et forment des coulées (roches effusives). Elles diffèrent des granites et des porphyres en ce qu'elles ne renferment jamais de quartz.

Le *basalte* est une roche noire et compacte dont la pâte microlithique, riche en oxyde magnétique de fer, englobe des cristaux de péridot. Il forme d'importantes coulées dans le Plateau Central (Cantal, Puy-de-Dôme, Haute-Loire), ce qui permet de se faire une idée de l'activité volcanique qui a régné en Auvergne. Les coulées de basalte, en se refroidissant, subissent un retrait qui les divise en colonnes prismatiques hexagonales. C'est là l'origine des curiosités naturelles connues sous le nom de *chaussées de basalte*, et dont la plus belle est la chaussée des Géants de la baie d'Antrim, au nord de l'Irlande. Les *orgues basaltiques* de l'île de Staffa en Écosse[1], où se trouve la célèbre et merveilleuse grotte de Fingal, ainsi que les orgues de Murat, de Saint-Flour, d'Espaly, etc., dans le Massif Central et ailleurs, ont la même origine.

Le *trachyte* est une roche grise, rude au toucher, formée d'une pâte microlithique où sont enclavés de gros cristaux de feldspath craquelés. Le Puy de Sancy, le Plomb du Cantal sont d'importantes masses de trachyte. Cette roche a une

1. G. Eisenmenger. « Promenade géologique dans l'île de Staffa (Ecosse) ». *Le Tour du Monde*, août 1908.

consistance généralement poreuse et les vacuoles sont remplies de cristaux d'opale. La *phonolite* [1] est remarquable par
le son clair qu'elle rend au choc du marteau ; elle peut se
diviser en lames minces utilisées en Auvergne comme
ardoises ; c'est la phonolite qui a formé les pitons de la Tui-
lière et de la Sanadoire dans le Massif du Mont Dore. L'*andésite*, qui tire son nom de la chaîne des Andes, est aussi
abondante en Auverge, où elle forme des coulées comme
à Volvic ; elle fut rejetée par la Montagne Pelée, lors de la
terrible éruption de 1902.

Les *laves* ressemblent au trachyte et au basalte par leur
composition, mais par leur aspect, elles rappellent les scories
des hauts-fourneaux, car elles sont bulleuses et fendillées.
Elles forment des coulées ou bien sont projetées à l'état de
bombes sphériques ou allongées, plus ou moins tordues. La
composition des laves varie avec le volcan qui les émet : la
lave de l'Etna ressemble au basalte, tandis que celle d'Ischia
se rapproche du trachyte. Nous reviendrons sur les coulées
de lave à propos de l'étude des volcans.

A côté de ces roches, on peut placer les **Roches vitreuses**,
dont l'aspect est assez semblable à celui du verre : ce sont
des roches formées par refroidissement brusque : la cristallisation n'a pas eu le temps de s'opérer. Les principales sont
l'*obsidienne* ou verre des volcans, de couleur généralement
noire ; la *pierre ponce*, dans laquelle le dégagement de gaz a
causé assez de pores pour faire naître une consistance spongieuse.

La différenciation des magmas. — Le magma éruptif primordial n'a pas conservé, en tous les points du Globe, la même
composition chimique. M. MICHEL LÉVY a montré que les
venues éruptives d'une région déterminée possèdent souvent
une composition assez homogène, leur conférant en quelque
sorte un « air de famille ». Ainsi, les coulées du Vésuve sont
riches en potasse ; celles de Santorin, riches en soude ; celles
du Mont-Dore sont magnésiennes. Parfois même, on constate,
dans une région, la prédominance de certains minéraux : leucite

1. Du grec *phôné*, son ; *lithos*, pierre.

pour le Vésuve, pyroxène vert pâle pour l'Amérique occidentale, pyroxène vert foncé pour les Montagnes Rocheuses, etc.

Pour expliquer cette localisation de certaines roches éruptives en des points déterminés, BUNSEN supposait l existence
de deux foyers internes distincts, l'un acide, l'autre basique,
dont les produits, en se mélangeant, auraient donné naissance
aux roches éruptives les plus variées ; M. ROSENBUSCH a émis
l'idée d'un magma éruptif fondamental qui se serait scindé
pour donner naissance à plusieurs autres à caractères chimiques différents, tandis que M. BRÖGGER, qui a fait de belles
recherches sur les roches éruptives de la région de Christiania,
a imaginé un réservoir principal dans lequel se produirait
une concentration des éléments basiques au voisinage des
parois de refroidissement. Les filons émis sont, les uns acides,
les autres basiques, mais ils ont en commun un alcali déterminé.

Les pétrographes français n'admettent pas ces théories.
M. FOUQUÉ, croit à une hétérogénéité primitive correspondant aux diverses provinces pétrographiques. M. MICHEL
LÉVY, tenant compte des agents minéralisateurs, a distingué
deux magmas principaux : l'un, ferro-magnésien, correspondant aux péridotites et aux basaltes ; l'autre, alcalin, ayant
fourni les granites, les porphyres, les trachytes. L'un joue
le rôle de scorie ignée, tandis que l'autre, essentiellement
mobile, semble destiné à être entraîné par les dissolvants
et les minéralisateurs. Ces deux magmas peuvent être considérés non comme primitifs, mais comme le résultat d'une
différenciation des parties fluides alcalines et des parties
lourdes basiques par simple rochage ; chacun aurait ensuite
modifié sa composition en raison de la nature des roches
traversées.

II. — LA SÉDIMENTATION

Les sédiments. — Pendant longtemps, les phénomènes que
nous venons de décrire ont été les seuls à procéder à la formation des roches de l'écorce terrestre : mais dès que l'eau
a fait son apparition sur le sol, un autre phénomène géologique important a pris naissance. En agissant sans cesse sur

les roches préexistantes, l'eau en a déterminé la décomposition, la désagrégation, exactement comme les eaux de la mer ou d'un torrent désagrègent, sous nos yeux, les roches qui les encaissent. Ainsi se sont constitués les galets, les graviers, les sables grossiers, les sables fins, les limons, que connaissent bien tous ceux qui ont suivi une côte granitique battue par les vagues de la mer, ou qui ont examiné le lit d'un torrent dans la période de sécheresse. Ces matériaux se déposent lentement au fond de la mer ou des lacs et forment, à la longue, des roches nouvelles.

Déposées en couches superposées, ces roches portent les noms de *roches exogènes, roches stratifiées* (du lat. *stratus*, couche) ou encore celui de *roches sédimentaires* (du lat. *sedimentum*, de *sedere*, être assis). Nous allons étudier leur formation en traitant de la **sédimentation**.

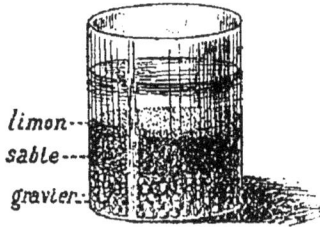

Fig. 7. — Formation de sédiments.

Quand on agite dans un bocal de verre une certaine quantité de terre et qu'on l'abandonne ensuite au repos, on trouve, quelques heures après, trois couches bien distinctes ; en bas le gravier, puis le sable et enfin, recouvrant celui-ci, une couche mince de limon jaunâtre, c'est-à-dire des parties les plus fines déposées en dernier lieu. Ces trois couches superposées représentent trois sédiments.

Il en est de même des dépôts naturels effectués par les eaux. Par exemple, les matériaux charriés par un torrent au moment des crues vont se déposer dans les plaines ou encore au fond d'un lac, sous forme de sédiments variés, renfermant les animaux et les plantes entraînés. Dans le lac comme dans le bocal de verre, ce sont d'abord les matériaux les plus lourds, tels que les cailloux roulés, qui se déposent les premiers — à l'entrée du lac — puis, plus loin, les sables fins et les limons.

Tous ces sédiments sont *détritiques*, puisqu'ils résultent de la destruction des roches de l'écorce terrestre : ce sont aussi des roches de *transport*, puisqu'elles ont été apportées dans les eaux où elles se sont déposées. A côté de cette première catégorie de sédiments, il y a lieu de réunir dans une seconde tous ceux qui se sont formés directement au sein des eaux, soit par précipitation chimique des éléments contenus dans les eaux, soit par accumulation de squelettes sécrétés par certains animaux ou végétaux qui sont capables d'emprunter des substances minérales au milieu ambiant pour les incorporer à leur organisme.

La sédimentation, prise dans son sens large, s'effectue aussi bien dans le milieu marin que dans les lacs, les lagunes, les cours d'eau et même sur la terre ferme, car on connaît les dépôts formés sous l'action du vent. Les nombreuses campagnes océanographiques — depuis l'expédition anglaise du *Challenger* (1873-1876) dans l'Océan Indien, le Pacifique et l'Atlantique, jusqu'aux nombreuses croisières du prince de Monaco qui, depuis 1885, se succèdent dans l'Atlantique et la Méditerranée — nous ont fait connaître le fond des mers, ont permis d'en rapporter des échantillons et ont ainsi montré l'existence, autour des continents, d'une ceinture de dépôts très analogues à ceux qui sont répandus à la surface de la Terre.

Dans la plupart des cas, les sables, les argiles, les calcaires que nous rencontrons dans la Nature sont d'origine marine, comme il est facile de s'en convaincre en examinant les restes d'animaux qui s'y trouvent enfouis : coquilles de mollusques marins, carapaces d'oursins, dents de requins, etc.

Pourtant, les roches sédimentaires formées au cours des périodes géologiques et que nous exploitons dans nos carrières, ne sont plus identiques à celles qui se forment actuellement au fond des mers. C'est que, après leur dépôt, elles ont subi des modifications de divers ordres : pressions énergiques, action d'eaux thermales chargées d'éléments minéralisateurs, contact avec les roches éruptives, etc. ; il en est résulté des roches de consistance beaucoup plus dure : c'est ainsi que les calcaires sont devenus des marbres et que les argiles ont donné des schistes. Ces phénomènes ultérieurs sont réunis sous le nom de *métamorphisme* [1], ils sont d'une

1. Du préf. *méta* et du grec *morphé*, forme.

Rochés sédimentaires.

Carrière de gypse à Romainville.

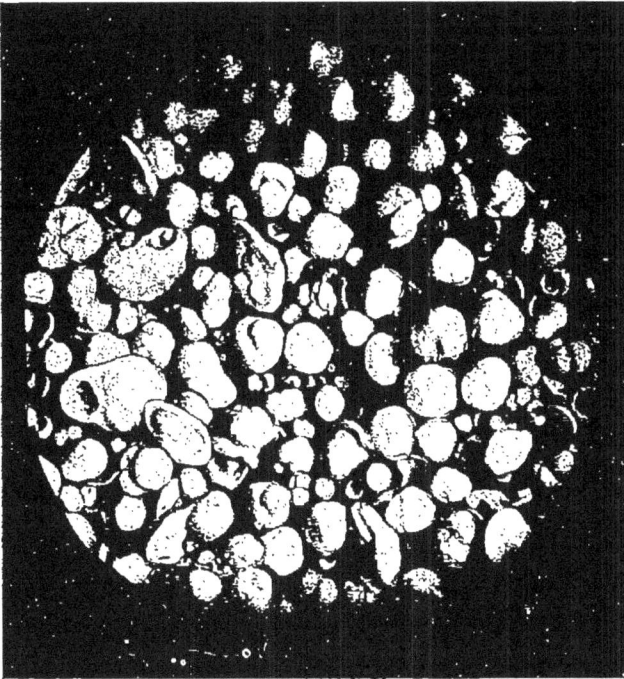

Dépôts organiques du fond des mers.

Foraminifères recueillis à 3000 mètres de profondeur
par le " Challenger "

(Vus au microscope)

extrême importance dans la formation de l'écorce terrestre et nous montrerons comment des formations sédimentaires ont pu acquérir l'aspect de roches primitives dans les pays de montagnes.

Dans cette conférence, nous étudierons les roches sédimentaires de première formation, c'est-à-dire celles qui résultent d'une précipitation chimique ou de l'activité d'êtres vivants, réservant pour la conférence suivante les phénomènes de destruction des roches et les phénomènes de métamorphisme.

Formation des roches sédimentaires d'origine chimique. — Nous savons comment s'est formée l'*eau des mers* : par condensation de la vapeur d'eau contenue dans l'atmosphère primitive. Quand cette eau s'est précipitée sur le sol, elle y a rencontré des chlorures, des bromures, des iodures divers qui s'étaient déjà déposés et qu'elle a dissous. Ces sels se retrouvent tous dans l'eau des mers actuelles : le sel ordinaire ou sel marin ne constitue que les trois quarts de la salinité totale de la mer, L'*eau des lacs et des fleuves*, provenant de l'évaporation des eaux marines, ne renferme que les sels qu'elle a pu dissoudre à la faveur du gaz carbonique.

Dans les eaux douces, le carbonate de calcium se dépose le premier. Dans les lacs, il se produit un précipité de calcaire pulvérulent qui constitue la *craie lacustre* des lacs de la Suisse. C'est une boue blanchâtre qui, séchée à l'air, ressemble tout à fait à la craie blanche ; le mouvement des vagues serai la cause mécanique de cette précipitation qu'on a obtenue artificiellement en agitant une dissolution de chlorure de calcium et de carbonate de sodium, sels que l'eau des lacs renferme en grande quantité.

Certains calcaires sont formés d'une multitude de grains sphériques, semblables à des œufs de poisson, à structure concentrique, ce qui indique que chaque grain est formé de minces couches, successivement déposées, de carbonate de calcium. On a donné à ces calcaires le nom de **calcaires oolithiques** (du grec *óon*, œuf ; *lithos*, pierre) ; quand les grains sont plus gros, les pierres prennent le nom de **calcaires pisolithiques** (du latin, *pisum*, pois).

4

Ces oolithes se forment surtout au voisinage des calcaires édifiés par les coraux. Constamment battus par les flots, les calcaires coralliens se résolvent en boues qui demeurent en suspension dans l'eau pendant plus ou moins de temps : l'eau, fortement chargée de calcaire dissous, s'évapore et détermine, autour de chaque particule boueuse, les dépôts concentriques de carbonate de calcium. Chaque grain, devenu ainsi plus lourd, tombe au fond de l'eau où il est cimenté avec les voisins par le précipité de calcaire qui couvre aussi le fond de la mer dans la région considérée. Les calcaires oolithiques sont très abondants en Bourgogne et dans le Jura.

Les eaux souterraines donnent aussi lieu à des formations calcaires quand elles sortent lentement à l'air libre ; l'anhydride carbonique, grâce auquel le calcaire restait en dissolution, s'échappe, et le calcaire se dépose. Le calcaire ainsi formé est un tuf, il est léger, caverneux et de consistance terreuse : on le rencontre de préférence autour des herbes qui, augmentant les surfaces d'évaporation, obligent les eaux à s'étaler. Les tufs sont surtout produits par voie de suintement, tandis que les travertins exigent pour se former, des eaux assez abondantes. Nous ne faisons ici que de les mentionner, car nous reviendrons sur ce sujet dans la suite de ces conférences ; la formation des stalactites et des stalagmites se trouvera traitée avec les phénomènes d'infiltration.

Quand l'eau de mer est soumise à une évaporation très active, il arrive un moment où les substances les moins solubles se déposent. La moins soluble étant le sulfate de calcium, c'est un dépôt de gypse qui tapisse le fond du bassin d'évaporation ; ensuite se dépose le sel marin. L'eau mère qui surnage renferme un grand nombre de sels, en particulier des sels potassiques et magnésiens (chlorures et sulfates) qui se déposent dans des conditions rarement réalisées.

Suivant que le sulfate de calcium cristallise sous la forme anhydre ou hydratée, il donne l'anhydrite ou le gypse. Dans l'eau douce, il se déposerait du gypse jusqu'à la température de 60°, tandis que dans l'eau marine l'anhydrite se précipite à partir de 25° ; J.-H. VAN'T HOFF a, en effet, montré tout récemment que ce sont les conditions de température et la proportion des sels coexistant dans l'eau avec le sulfate de calcium qui déterminent la formation soit de gypse, soit d'anhydrite.

Le gypse, ou pierre à plâtre, se trouve principalement sous la forme dite *saccharoïde* à cause de sa ressemblance avec le sucre ordinaire (en lat. *saccharum*); on pourrait alors le prendre pour du marbre blanc; mais il est facile de l'en distinguer en ce qu'il peut être rayé par l'ongle et ne fait pas effervescence avec les acides. Il existe aussi en cristaux transparents, assemblés de manière à figurer un fer de lance. Les lits de gypse entièrement, mais confusément cristallisés, sont désignés, selon leur épaisseur, sous les noms de *grignard* ou de *pied d'alouette*; ces différentes variétés sont très communes dans les environs de Paris, où une importante assise de gypse occupe, dans les terrains tertiaires, un vaste cercle limité par Villers-Cotteret, Reims, Melun, Chevreuse, Monfort, Mantes et Beaumont.

Le gypse n'affleure nulle part, car il est soluble; il n'existe que là où les *marnes du gypse* l'ont protégé contre les eaux d'infiltration. Chauffé, il perd son eau et la pierre se change en une matière très friable, opaque, blanche qui est le *plâtre* dont on se sert pour faire des moulages ou enduire les murs et les plafonds à l'intérieur des maisons. Il est activement exploité à Romainville, à Sannois, à Argenteuil où il atteint une épaisseur de 50 mètres; il sert à fabriquer le *plâtre de Paris*, de renommée universelle. Il existe dans le sous-sol même de Paris (Montmartre), à Bex (Suisse), près de Salzbourg (Autriche) et se dépose encore actuellement sur les bords du canal de Suez [1].

L'anhydrite est une pierre beaucoup plus dure que le gypse et l'accompagne souvent. L'*albâtre* est une belle variété de gypse translucide, compacte, peu dure à travailler, avec laquelle on fait divers objets, des statuettes en particulier, et que l'on trouve en beaux gisements à Florence et à Volterre (Italie).

1. C'est dans le gypse que l'on exploitait autrefois, à Paris même, sur la colline de Montmartre, que Cuvier découvrit des ossements de mammifères anciens dont l'étude l'amena à jeter les fondements sur la Paléontologie.

Le sel marin se dépose lorsque l'eau de mer a été réduite par évaporation au dixième de son volume primitif. Très soluble dans l'eau, le sel se présente dans le sol en amas lenticulaires enclavés entre des couches d'argiles ou de marnes, imperméables à l'eau. On le trouve dans un grand nombre d'étages géologiques, dans les terrains primaires, comme aux États-Unis et à Stassfurt; dans les terrains secondaires, comme à Bex, en Suisse, en Lorraine et en Westphalie; dans les terrains tertiaires, comme à Cardona en Espagne — où le sel, formant une colline de 150 mètres environ de hauteur, est exploité à ciel ouvert — et à Wieliczka[1], en Galicie, où l'exploitation pénètre jusqu'à 300 mètres de profondeur. Le gisement de Slanic, en Roumanie, date aussi de l'ère tertiaire; on évalue sa profondeur à 500 mètres environ. La France possède aussi du sel dans le Jura, à Salins, Lons-le-Saulnier; dans les Pyrénées, à Salies-de-Béarn; en Lorraine, à Vic, Varangéville, Dieuze. où il se présente en une série de onze couches ou amas lenticulaires ayant une épaisseur totale de 64 mètres.

Lorsque le sel est pur, il brille d'un éclat magnifique, mais le plus souvent l'aspect devient moiré ou marbré, en raison des différents dépôts qui se sont effectués; on observe alors des veines diversement nuancées. La succession de ces dépôts permet de se faire une idée de l'histoire géologique de la région. A Slanic, la masse de sel est comprise entre deux couches de gypse. On admet que vers le milieu de l'ère tertiaire, la mer, qui couvrait alors toute l'Europe centrale, se retira lentement en abandonnant à l'emplacement de la Roumanie actuelle des lacs d'eau salée et des lagunes; cette eau, concentrée par évaporation, laissa se précipiter d'abord une

1. Les mines de Wieliczka sont les plus importantes et les plus pittoresques du monde entier; aussi a-t-on maintes fois décrit leurs couloirs enchevêtrés, leurs voûtes supportées par des colonnes de sel gemme étincelant, leurs salles spacieuses semées parfois d'étangs, leurs sculptures aillées à vif dans la roche. Ce ne sont partout que surfaces miroitantes et il est difficile de se faire une idée de ces voies souterraines quand on ne les a pas parcourues. Les mines de Wieliczka s'étendent sur une longueur de plus de 4 kilomètres et constituent une véritable cité souterraine.

quantité considérable de sulfate de calcium, puis le dépôt de sel gemme se forma. Dans nos marais salants, l'eau de mer, après avoir déposé le sel ordinaire, contient encore des sels déliquescents qui précipitent dans un ordre variant avec leurs proportions respectives, la température de la solution et la profondeur du bassin d'évaporation. Ces dépôts de sels potassiques ne se retrouvent pas en Roumanie surmontant la masse de sel et sont remplacés par une nouvelle couche de gypse : c'est donc que l'océan fit de nouveau irruption à l'emplacement de la Roumanie actuelle. C'est là, d'ailleurs, le dernier acte de présence de la mer dans cette contrée; elle a ensuite été violemment refoulée par le soulèvement des Karpathes, et, de cet océan, il ne reste plus aujourd'hui que la mer Noire et la Caspienne.

Les dépôts de sels potassiques sont moins fréquents que ceux de gypse et de sel gemme qui nécessitent une concentration beaucoup moindre des eaux lagunaires. Les premiers existent pourtant, avec une épaisseur considérable, en Saxe, à Stassfurt, et à Kalusz, en Galicie; ce sont, par exemple, la *polyhalite*, formée de sulfates de calcium, de magnésium et de potassium, la *kiesérite* ou sulfate de magnésie, la *carnallite*, qui est un chlorure double de magnésium et de potassium. Les gisements de Stassfurt, d'une richesse extrême, ont été longtemps les seuls, avec ceux de Galicie, à fournir dans le monde ces substances fort recherchées, mais la découverte récente de sels de potassium ou « kali » aux environs de Mulhouse est venue enrichir notablement le domaine minier de l'Alsace-Lorraine. L'étude géologique de cet important gisement alsacien a été faite par MM. Vogt et Mathieu Mieg, de Mulhouse. Les sondages montrent, dès maintenant, l'extension du bassin potassique sur 200 kilomètres carrés; la surface des schistes qui occupent la base de la couche de sels se trouve comprise entre 250 et 650 mètres au-dessous du niveau de la mer.

Il est facile de se rendre compte du mode de formation de tous ces dépôts, puisqu'ils s'opèrent en petit sous nos yeux dans les marais salants, les chotts et les sebkhas des déserts; mais l'épaisseur considérable qu'atteignent ces dépôts demande à être expliquée. A Sperenberg, par exemple, au sud de Berlin, un sondage a traversé une nappe de sel sur une épaisseur de 1 200 mètres sans en atteindre la base.

On a supposé que la lagune en évaporation aurait été séparée de la mer libre par un seuil submergé, une « barre » permettant l'introduction de l'eau de mer à sa partie supérieure, tandis que l'eau concentrée en sels et alourdie par l'évaporation descendait peu à peu au fond de la lagune sans pouvoir en sortir. L'eau de mer, moins dense, continuant à affluer, aurait déposé, au-dessus des sels de potassium, un « chapeau » d'anhydrite, que l'on a, en effet, observé au sommet du gîte de Stassfurt. Or, dans aucune lagune actuelle — pas même, comme l'a montré ANDROUSSOW (1897), dans la région de Kara-Boghaz[1] — on n'observe la succession de ces phénomènes, ni l'existence de la barre que suppose la théorie précédente, particulièrement développée par OCHSENIUS (1877). JOH. WALTHER (1900) a proposé d'assimiler tous les dépôts de gypse et de sels des périodes anciennes à des formations désertiques. On peut aussi admettre que le fond de la lagune s'est affaissé à mesure que l'évaporation se poursuivait. A. Mulhouse, on en a une première preuve dans l'épaisseur tout à fait extraordinaire que prennent les terrains tertiaires; on en a une autre dans les mouvements, non seulement d'affaissement, mais de plissement que le dépôt salin a continué à subir pendant et après sa précipitation. Cette disposition a pu être facilement observée grâce à la présence, à 30 mètres au-dessous du kali, d'une couche de schistes très aisée à reconnaître et très constante.

L'évaporation rapide des eaux marines sur certaines plages détermine la précipitation des sels calcaires qui agglutinent le sable ou les débris de coquilles; on a observé ce phénomène sur les côtes de France, en particulier à Royan, et dans la Manche, à Folkestone; sur les côtes de l'Algérie, les galets sont fréquemment agglutinés par un ciment calcaire et dur n'ayant pas d'autre origine. Dans les mers des Antilles, sous

1. Le golfe de Kara-Boghaz est un des plus remarquables bassins naturels d'évaporation; il appartient à la côte orientale de la Caspienne. Toute la côte de la péninsule, au nord du golfe, est occupée par une série de lagunes dans lesquelles on observe tous les degrés de concentration saline.

l'action de la chaleur qui porte la température de la surface à 30°, la formation de pierres utilisables pour la construction est très rapide; on exploite des carrières marines dans lesquelles les éléments cimentés sont des Madrépores et des coquillages [1].

Formation des roches sédimentaires d'origine organique. — Les phénomènes chimiques de dépôt, malgré leur intensité, n'absorbent qu'une faible partie des matières en dissolution apportées par les eaux courantes; il reste un excédent de calcaire et de silice. C'est alors qu'interviennent des agents d'un autre ordre : les êtres vivants, qui fixent les substances en excès, par la construction de leur carapace ou de leur squelette; leurs dépouilles, par simple accumulation, formeront de véritables roches géologiques. La silice forme le squelette des Diatomées, des Radiolaires [2]; mais c'est le calcaire sécrété par certaines algues et par de nombreux animaux comme Foraminifères [3], Échinodermes, Vers tubicoles, Brachiopodes, Mollusques, Crustacés, qui constitue les roches les plus importantes.

Dans la mer, la quantité de carbonate de calcium est très faible; le sulfate de calcium y est plus abondant. Des expériences ont montré que les organismes sont capables de transformer ce sulfate en carbonate, surtout en présence des

1. Dans la région des Antilles, les dépôts calcaires s'effectuent avec une étonnante rapidité Sur les côtes de la Guadeloupe, on exploite, pour la construction des villes du littoral, un tuf calcaire qui se forme, pour ainsi dire, sous les yeux de l'observateur. Les excavations qu'on pratique en plusieurs endroits ne tardent pas à être comblées.

2. Les Radiolaires sont des Protozoaires, c'est-à-dire des animaux extrêmement simples, différant des Foraminifères par la présence d'une capsule centrale et d'un test siliceux; les Diatomées sont de petites algues dont la membrane est fortement silicifiée.

3. Les Foraminifères (du lat. *foramen*, trou; *fero*, je porte), ainsi nommés à cause des nombreuses perforations de leur carapace, sont voisins des Infusoires, mais leur organisation est beaucoup plus simple; ils n'atteignent pas, le plus souvent, 1 millimètre. La carapace calcaire, de forme variable, est divisée en loges remplies simplement par une gelée vivante, sans aucun organe; par les petits pores de la coquille, cette substance développe tout autour des filaments pêcheurs d'une extrême délicatesse.

sels ammoniacaux; or, comme les sels ammoniacaux sont plus abondants dans les eaux des mers tropicales que dans les mers des régions froides, on peut expliquer ainsi l'abondance des organismes à sécrétion calcaire dans les mers chaudes. Cette remarque a son importance géologique, car on peut conclure de la présence d'organismes à squelettes calcaires dans les terrains primaires des régions boréales, que ces régions ne possédaient pas encore le climat froid qu'elles subissent aujourd'hui.

Tandis que le développement des organismes à squelette calcaire est favorisé par une température élevée et par des eaux pures et agitées, c'est l'inverse qui a lieu pour les organismes à squelette siliceux, lesquels demandent une température basse et une eau renfermant en suspension des particules argileuses. Ces organismes sont capables d'emprunter à l'argile la silice qui leur est nécessaire.

Au large des côtes, le phénomène de sédimentation s'effectue incessamment. A la surface de la mer, vivent en nombre incalculable des êtres d'une petitesse extrême constituant ce que le naturaliste HENSEN, de Kiel, a appelé le *plancton*. Cette sorte de gelée vivante renferme plusieurs millions d'organismes par mètre cube d'eau : les Crustacés copépodes et schizopodes y dominent, avec des Radiolaires, des Annélides, etc. Après leur mort, ces animaux tombent en pluie fine au fond de la mer où leurs squelettes, en s'accumulant, forment des sédiments : ce sont des roches sédimentaires en voie de formation. Ces sédiments occupent, dans les océans actuels, une surface voisine de la moitié de la surface des fonds marins.

Les organismes à squelette calcaire les plus abondants sont des Foraminifères appelés Globigérines qui, par l'accumulation de leurs squelettes, constituent une boue dite **boue à Globigérines**. Cette boue est formée de 30 à 90 pour 100 de calcaire ; une partie assez grande est constituée de petits grains microscopiques de calcaire (coccolithes, rabdolithes) qu'on attribue à des algues vivant à la surface. Plus on descend dans la profondeur, plus la boue à Globigérines devient argileuse : à 5 000 mètres de profondeur, les coquilles délicates disparaissent et, au delà de 5 300 mètres, les sédiments sont formés par de l'argile rouge.

La boue à Ptéropodes, riche en Mollusques ptéropodes et hétéropodes, n'est qu'une variété de la boue à Globigérines ; on la rencontre dans les régions tropicales, à une profondeur inférieure à 4 000 mètres. Ainsi, en partant du littoral, on trouve d'abord la boue à Ptéropodes, puis la boue à Globigérines, et enfin l'argile rouge des grands fonds, de sorte que le calcaire va en diminuant dans les sédiments sous-marins et finit même, vers 5 000 mètres, à disparaître complètement.

Les *boues siliceuses* résultent de l'accumulation de squelettes siliceux de Radiolaires, associés à des carapaces de Diatomées et à des spicules d'Éponges. Le **tripoli**, qui sert à nettoyer et à polir les métaux et qui entre dans la fabrication de la dynamite, est un sable extrêmement fin formé par l'accumulation de ces algues microscopiques ; on en connaît

Fig. 8. — Fragment de calcaire grossier avec empreintes de cérithes.

des dépôts importants à Berlin, à Kœnigsberg et sur les côtes de la Méditerranée.

La boue à Radiolaires, comme le tripoli, est colorée en jaune ou en rouge par des oxydes de fer et de manganèse, on l'a rencontrée jusqu'à 8 000 mètres de profondeur où elle passe à l'argile rouge presque dépourvue d'organismes. La **boue à Diatomées** est surtout développée dans les régions antarctiques où la salure des eaux est peu élevée en raison de la faible évaporation et de l'apport considérable d'eau douce par les glaciers et les précipitations atmosphériques. La boue à Globigérines est comparable à une roche bien connue de tout le monde : la *craie*, et la boue à Radiolaires offre les mêmes caractères que le dépôt plus récent que la craie, connue sous le nom de *terre des Barbades*.

Examinons maintenant les *principales roches sédimentaires d'origine organique*. Ce sont les **calcaires**. Pour la formation des calcaires, le premier rôle appartient aux animaux qui édifient les **calcaires coralliens**.

Les Coraux sont capables d'édifier au sein des mers de puissantes assises constituant des récifs et même des îles circu-

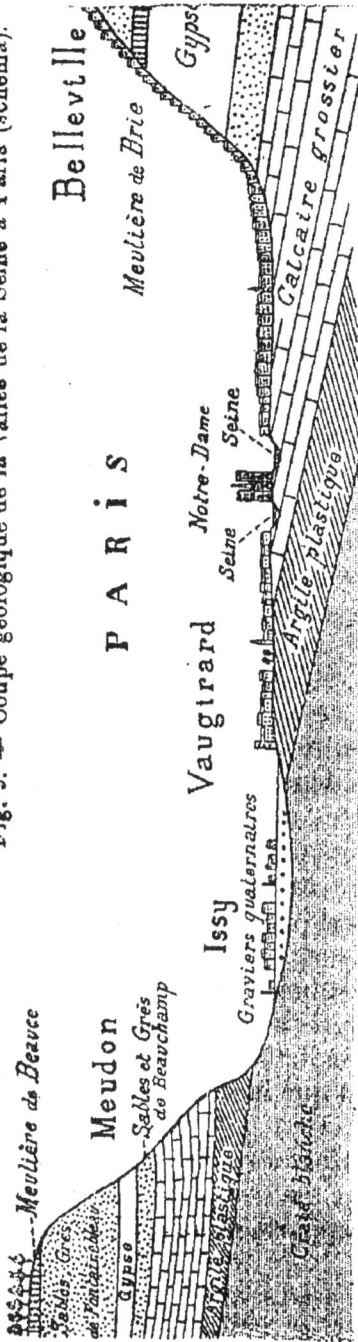

Fig. 9. — Coupe géologique de la vallée de la Seine à Paris (schéma).

laires appelées *atolls*. Nous aurons l'occasion d'étudier en détail l'activité curieuse de ces animaux qui ont joué un rôle important dans les temps géologiques. Les constructions coralliennes, sans cesse démantelées par les vagues, donnent naissance autour d'elles à des sables coralliens, à des calcaires oolithiques et à des boues calcaires très fines. Les rameaux brisés restent souvent enlacés dans les branches plus résistantes ; des espèces incrustantes, et des Algues s'y ajoutent, puis le tout, cimenté par un dépôt de carbonate de calcium, formé par l'eau de mer à température assez élevée et chargée de gaz carbonique provenant de la décomposition des restes organiques, se transforme en un polypier compact, capable de défier le choc des vagues. Ainsi se sont formées des masses de calcaires coralliens à toutes les époques de l'histoire de la Terre. Quand l'agglomération porte sur de petits fragments brisés et anguleux de Coraux, le calcaire peut être considéré comme une *lumachelle* ; il se forme encore de ces calcaires dans la Mer Rouge

(J. WALTHER). Le sable fin, provenant de la trituration des débris de coraux, constitue un calcaire compact, à cassure fine, dépourvu de restes organiques, comme celui qui se forme de nos jours aux îles Fidji. Ce calcaire, qui peut contenir jusqu'à 38 p. 100 de carbonate magnésien, est presque une *dolomie* (J. DANA). On explique ces formations par des desséchements de lagunes dont les sels de magnésium ont pu s'introduire par infiltration dans le calcaire sous-jacent.

Toutes ces variétés de calcaire corallien se retrouvent, avec la même structure et la même compacité, dans les assises stratigraphiques, mais avec un développement beaucoup plus grand qu'à l'époque actuelle.

A côté des calcaires coralliens se placent les **calcaires dus à des accumulations de coquilles.** Parfois, les coquilles sont tellement émiettées par les vagues que les débris constituent une sorte de sable calcarifère, qui, dans la région du Mont Saint-Michel, porte le nom de *tangue*. Les accumulations de débris de coquilles portent le nom de **lumachelles** lorsque les éléments sont cimentés ; dans le cas contraire, ce sont des **faluns.** Dans le Midi de la France, des récifs sont formés par les *Rudistes,* Mollusques dont les deux valves sont inégales, l'une en forme de cornet. fixée sur le sol, l'autre, plus petite, servant de couvercle. Les falaises de La Rochelle sont constituées par la partie inférieure des calcaires à Rudistes. La partie supérieure contient surtout des *Radiolites* à cornet cannelé longitudinalement ; ces calcaires sont exploités près d'Angoulême.

Le **calcaire grossier** est formé de coquilles de Mollusques en général assez bien conservées ; c'est la pierre à bâtir des environs de Paris. Compact, il donne de belles pierres de taille que l'on peut travailler à la scie et que l'on réserve pour les façades des édifices : les morceaux plus petits servent à élever les murs [1]. Les catacombes de Paris sont

1. D'autres calcaires compacts jouissent aussi d'une grande réputation ; telles sont : la *pierre de Caen*, qui a servi pour la plupart des églises de Normandie, la cathédrale de Cologne, l'abbaye de Westminster à Londres, l'église St-Georges de New-York ; la *pierre de Sampans* (Jura) qui a fourni les matériaux de l'Opéra de Paris et que l'on expédie en Amérique et en Orient ; la *pierre de Tonnerre* (Yonne), celle *des Charentes*, etc.

d'anciennes carrières souterraines, actuellement épuisées, et utilisées pour la plupart pour la culture des champignons de couche. On distingue, suivant les coquilles qui constituent le calcaire : les calcaires à Nummulites [1], à Cérithes, à Astartes, à Baculites, à Gryphées, à Ammonites [2], etc.

Le **Calcaire à entroques** est formé de l'entassement d'articles de la tige, des bras et de pièces du calice de Crinoïdes, élégants Échinodermes fixés au moyen d'une longue tige et constituant, sur certains fonds de mers, de véritables forêts. Il remonte à l'ère secondaire et se montre très développé dans la Côte-d'Or et en Allemagne.

Le **calcaire lithographique**, au grain très fin, susceptible d'un très beau poli, forme un gisement très important à Solenhofen, en Bavière, où l'on a trouvé les empreintes des premiers Oiseaux ; ce calcaire est employé pour la gravure sur pierre ou lithographie [3].

Une variété importante de calcaire est la **craie**, roche blan-

---

1. Du latin *nummus*, monnaie, et du grec *lithos*, pierre. Les Nummulites sont des protozoaires dont la grosseur varie depuis celle d'une lentille à celle d'une pièce de 5 francs. Le calcaire nummulitique, qui date de l'ère tertiaire, est abondant aux environs de Paris, principalement dans le Soissonnais où les ouvriers lui donnent le nom de *pierre à liards* ; il est largement représenté dans les Alpes, en Hongrie, en Russie, dans les Balkans, la Syrie, l'Égypte, l'Arabie, les Indes. Les pyramides d'Égypte sont construites avec du granite et des calcaires nummulitiques ; les anciens, frappés de la ressemblance de ces fossiles avec des lentilles, ont cru à des réserves destinées à l'alimentation des travailleurs.

2. Les *Ammonites*, Mollusques céphalopodes (étym. : enroulé comme les cornes de Jupiter Ammon), avaient une coquille enroulée en spirale pouvant atteindre 1 mètre de diamètre. Les *Baculites* (lat., *baculus*, bâton) sont des Ammonites déroulées, les *Gryphées*, des sortes d'Huîtres dont la valve inférieure est creusée en fond de bateau, tandis que la valve supérieure constitue simplement un couvercle aplati.

3. Du grec *lithos*, pierre ; *graphein*, écrire. La *lithographie* fut découverte vers 1796 par le Bavarois Senefelder. Sur une plaque de calcaire lithographique, on trace, en caractères renversés et avec un crayon gras ou une encre grasse, l'écriture à reproduire. On mouille la plaque avec un acide qui ronge légèrement la surface de la pierre, sauf aux endroits protégés par la substance grasse. L'encre d'imprimerie est retenue par les caractères en relief, et il suffit de presser des feuilles de papier sur la pierre pour obtenir un grand nombre d'exemplaires. Dans le procédé appelé *autographie*, on écrit d'abord sur un papier préparé.

che, friable, formée de grains amorphes de carbonate de calcium réunissant une foule de débris organiques : enveloppes calcaires ou siliceuses d'organismes inférieurs, Foraminifères, débris de Coralliaires, d'Echinodermes, de Spongiaires. Les particules amorphes de carbonate de calcium ont été précipitées par suite de la réaction du carbonate d'ammonium sur les sels de calcium dissous ; le carbonate d'ammonium étant un des produits les plus abondants de la décomposition des matières organiques. Le dépôt s'est opéré très lentement, car on trouve souvent des tests d'Oursins qui ont servi de support à des coquilles de Brachiopodes sur lesquelles se sont développées des Serpules : plusieurs générations ont pu se succéder en un même point avant que le dépôt atteignît, sur le fond de la mer, une épaisseur égale à la hauteur d'un Oursin. La craie forme d'immenses dépôts en Normandie et en Angleterre, donnant aux falaises de la Manche, leur éclatante blancheur ; aux environs de Paris, elle constitue le *blanc de Meudon* ; en Touraine, elle offre assez de résistance pour servir aux constructions : c'est la *craie tuffeau* employée par les architectes de la Renaissance pour édifier les beaux châteaux des bords de la Loire. La craie se charge souvent d'argile (*craie marneuse*) comme au cap Blanc-Nez et dans le pays de Bray ; de nodules de phosphate de chaux (*craie noduleuse*) ; d'hydrosilicate de fer et de potassium ou glauconie (*craie glauconieuse*) ; de silice et de pyrite (voir formation des concrétions). Elle renferme très souvent des Ammonites, des Bélemnites, des Lamellibranches ; à Meudon, on y trouve des restes de Reptiles.

Le calcaire est le plus souvent amorphe et ce n'est qu'exceptionnellement qu'on le rencontre cristallisé [1]. Les **marbres**

---

1. La plus belle variété de calcaire cristallisé est connue sous le nom de *Spath d'Islande* qui se clive avec une remarquable facilité et possède la propriété de la double réfraction ; elle se présente en rhomboèdres, cristaux limités par six faces losangiques égales. Opaque, elle prend le nom de *calcite*. Une autre variété de calcaire cristallisé, nommée *aragonite* (de la province d'Aragon qui en a fourni de beaux échantillons) se présente en longs prismes à six faces. Ces prismes, serrés par centaines, tapissent souvent des cavités centrales de diverses roches et forment ce qu'on appelle une *géode*.

sont des calcaires qui ont cristallisé; ils sont formés de petits cristaux granuleux. Les variétés blanches et grenues ont l'apparence du sucre (*marbre saccharoïde*, du lat. *saccharum*, sucre); tel est le marbre de Paros qui a été utilisé, dans l'antiquité, par les sculpteurs grecs; aujourd'hui, on exploite surtout comme marbres statuaires ceux de Carrare (Italie) et de Saint-Béat (Hautes-Pyrénées). Les veines et colorations des marbres sont dues à des particules charbonneuses, comme pour le *marbre de Namur* qui est noir; ou à des oxydes métalliques, comme pour le *marbre griotte* des Pyrénées, qui est rouge, et le *marbre campan* qui est vert.

Tous les calcaires ne sont pas d'origine organique, puisque les tufs et les travertins sont des dépôts chimiques et que d'autres calcaires semblent résulter de l'action des sels minéraux solubles les uns sur les autres. Cependant, on peut dire que l'action organique a été prépondérante dans la majorité de circonstances. On aura une idée de l'importance de cette action en songeant que le calcaire forme à lui seul, dans le Bassin de Paris, la majeure partie des terrains compris entre les Vosges et Epernay; ailleurs, il constitue des plateaux étendus et des montagnes entières. A chaque période de l'histoire de la Terre, le calcaire a formé des dépôts d'une épaisseur considérable.

Les roches, dont il a été question dans cette conférence, ne sont pas les seules à constituer l'écorce terrestre. Les autres résultent de la destruction et de la modification de celles-ci sous l'influence de phénomènes survenus après leur formation. Ce sont ces phénomènes qui seront étudiés dans la conférence suivante.

TROISIÈME CONFÉRENCE

LES PHÉNOMÈNES DE FORMATION DES ROCHES (*Suite*)

III. Les « Phénomènes de destruction » : roches sédimentaires détritiques. — IV. Les « Phénomènes de métamorphisme » : roches cristallophylliennes. — V. Les « Phénomènes de diagénèse » : formation des phosphates, des huiles minérales, des combustibles minéraux. — Phénomènes de fossilisation. — VI. Les Phénomènes de formation des « Filons métallifères ». — VII. Les « Formations superficielles ». — VIII. Reproduction artificielle des roches endogènes et des minéraux (pierres précieuses).

Après avoir étudié les phénomènes de consolidation des roches d'origine interne, ainsi que la lente précipitation mécanique et chimique des sédiments au fond des eaux, il reste à examiner les phénomènes de modification dont les roches, précédemment décrites, ont été le siège. Ces phénomènes ont conduit à la formation de matériaux nouveaux, très largement représentés, pour la plupart, dans l'écorce terrestre.

III. Les phénomènes de destruction des roches. Les roches sédimentaires détritiques. — Les agents atmosphériques sont une cause incessante de modifications des matériaux du Globe. Sous l'action des variations de chaleur, de la dilatation et de la contraction qui en résultent, de la sécheresse et de l'humidité, du gel et du dégel, etc., il n'est pas une seule roche qui n'offre des traces marquées d'altération.

Ces dégradations sont faciles à observer sur les vieux monuments : la pierre à bâtir des environs de Paris se désagrège sous l'action de la pluie, se creuse de trous et de sillons ; le granite lui-même, malgré sa dureté, est rapidement attaqué. L'eau, pénétrant dans toutes les ramifications des fentes, s'insinue au cœur de la roche, s'y congèle pendant les grands froids, s'y dilate avec une irrésistible force d'expansion, détermine de nouvelles fissures plus profondes et, au moment du dégel, tout se divise et tombe en écailles.

Dans les hautes montagnes, ces phénomènes se répètent presque tous les jours : par suite des variations atmosphériques, des blocs plus ou moins volumineux se détachent des cimes et roulent sur les pentes ; saisis par les eaux de ruissellement, par les torrents qui s'en servent pour mordre leurs rives et creuser leur lit, ils diminuent rapidement de grosseur en raison du frottement qu'ils éprouvent les uns contre les autres. Chaque jour, les hauteurs s'abaissent, les talus s'éboulent, les torrents entraînent les débris des montagnes, et ces débris, livrés aux rivières, serviront à reconstituer de nouveaux terrains.

D'autre part, les vagues de la mer, sans cesse lancées à l'assaut des côtes, rongent les rivages, démantèlent les falaises et dispersent les débris. Ainsi se forment : des galets qui s'accumulent près du rivage ; des sables dont les courants littoraux s'emparent pour les déposer dans les anses abritées ; des vases, dernier résultat de la trituration, qui sont entraînées au large et déposées dans les grands fonds.

La désagrégation des roches cristallines est particulièrement intéressante à considérer. Le feldspath, ou silicate d'aluminium et de potassium, donne, sous l'action de l'eau, du silicate d'aluminium hydraté ou argile ; la roche perdant ainsi sa cohésion se réduit en un sable grossier appelé *arène*.

Dans les formations marines, les dépôts arénacés correspondent toujours à des dépôts littoraux, tandis que les roches argileuses sont des dépôts de haute mer.

Érosion des calcaires.

Le Vase de Sèvres; hauteur 20 mètres
(Vallée de la Jonte).

Coulée de Basalte
divisée en prismes par suite du retrait.

Les Orgues d'Espaly

Les dépôts arénacés peuvent être meubles ou agglomérés.

Les *dépôts meubles* se présentent sous forme de fragments plus ou moins gros, arrondis par frottement; ce sont : les *galets*, les *cailloux roulés*, les *graviers*, les *sables grossiers*, les *sables fins*. On les trouve rangés dans cet ordre de grandeur décroissante au pied des falaises granitiques.

Les *sables* forment des bancs épais, qui affleurent à la surface de la mer et finissent par intercepter la communication des petites anses du littoral avec la pleine mer. Ils ont constitué des accumulations considérables, surtout pendant l'ère tertiaire; on les trouve, en France, dans le Bassin de Paris, dans le Bassin d'Aquitaine, dans la Vallée du Rhône, qui étaient alors sous les eaux. L'importante assise des *sables de Fontainebleau*, d'une épaisseur de 60 mètres, forme le couronnement des collines de Meudon, de Sannois et du Mont-Valérien, dans les environs immédiats de Paris.

Les *dépôts agglomérés* sont plus abondants que les roches meubles, parce que les précédentes, parcourues par des eaux d'infiltration, ont eu leurs particules soudées, agglomérées, par des ciments calcaires, siliceux, ferrugineux, d'où le nom de *conglomérats* donné à ces roches. L'agglomération de grains de sable donne un *grès*, celle de cailloux roulés forme un *poudingue* (de *pudding*, gâteau anglais); la cimentation de cailloux anguleux donne une *brèche*.

Les conglomérats abondent sur le flanc nord des Alpes; les personnes qui ont fait l'ascension du Rigi [1] ont pu remarquer que la montagne entière est formée de couches superposées d'un poudingue auquel on a donné le nom de *nagelfluh*. Ce poudingue est constitué par les cailloux roulés apportés par les torrents qui, à l'ère tertiaire, ont travaillé à démanteler les chaînes montagneuses.

Les *grès* sont siliceux ou calcaires suivant la nature du ciment. Les *grès siliceux* sont durs, à cassure tranchante;

---

1. Le *Righi* ou *Rigi* (lat. *mons Rigidus*, mont escarpé) est un petit massif montagneux s'élevant entre les lacs des Quatre-Cantons, de Zug et de Lowerz. Son point culminant, le Kulm, atteint 1 800 mètres; plusieurs autres cimes dépassent 1 500 mètres. L'ascension est facilitée par deux funiculaires.

leur grande dureté les fait employer au pavage des rues ; tels sont : le *grès de Fontainebleau,* d'un gris lustré ; le *grès de Bretagne,* ordinairement rouge ; le *grès des Vosges,* rouge brun, avec des bandes diversement colorées. Les *grès calcaires* sont plus tendres et peuvent servir pour les constructions : beaucoup de villages alsaciens, et les cathédrales de Bâle, Fribourg, Strasbourg sont bâtis en grès ; un grand nombre de villes suisses, en particulier Lausanne et Genève, sont construites avec un grès calcaire appelé *molasse.*

Les grès se sont formés à toutes les périodes de l'histoire de la Terre ; actuellement, on observe sous les dunes des Landes, sous les sables des forêts de Fontainebleau et de Chantilly, la formation d'un grès appelé *alios,* composé de grains de quartz agglutinés par des matières organiques et par un ciment d'oxyde de fer. D'après M. FAYE, l'alios résulterait de l'entraînement, à l'état dissous, des matières organiques de la surface et de la concentration qu'opère en été l'évaporation de la nappe souterraine d'infiltration.

Les **dépôts argileux** sont constitués par des éléments pulvérulents et extrêmement fins, ce qui leur permet de rester longtemps en suspension dans les eaux. Ce sont des vases ou boues consolidées par dessication et tassement. Les argiles se forment principalement aux dépens des roches éruptives, telle que le granite, comme il a été dit plus haut ; le *granite de Vire,* qui est une roche des plus compactes, a subi cette transformation sur plusieurs mètres de profondeur. Cette transformation des feldspaths ou **kaolinisation,** donne une argile blanche, dite *kaolin* ; elle ne s'effectue que dans les pays humides.

Les *argiles* sont tendres, se laissent rayer par l'ongle, forment pâte avec l'eau et sont très répandues dans les terrains sédimentaires Elles se présentent avec les colorations les plus variées qu'elles doivent à la présence d'oxydes métalliques et autres impuretés. Les argiles renferment parfois du calcaire qui provient de la trituration de squelettes d'organismes ; elles prennent alors le nom de *marnes.* Dans les terrains disloqués, le métamorphisme a introduit de petits éléments cristallins dans la roche qui devient dure et reste fissile : c'est un *schiste.* Les *ardoises* et les *phyllades* sont des schistes métamorphisés. Les gîtes ardoisiers les plus riches, en France, sont ceux d'Angers, des Ardennes, de Saint-Lô, de Cherbourg, de Grenoble.

Le *kaolin* est une argile pure avec laquelle on fabrique la porcelaine; il abonde dans les territoires où se rencontrent les granites et pegmatites. Les plus importants gisements sont ceux de Saint-Yrieix, dans le Limousin, de la Saxe et de certaines régions de la Chine et du Japon. Il semble que l'influence des eaux de pluie ne suffit pas pour expliquer les grands gisements de kaolin; DAUBRÉE et DE LAPPARENT les considèrent comme dus à l'intervention de dégagements fluorés contemporains de la formation des pegmatites encaissantes.

Les *limons* sont des argiles mélangées de sables quartzeux, fins, et d'un peu de calcaire. Ils forment une nappe superficielle sur les plateaux et les flancs des vallées du Nord de la France et jouent un rôle considérable en agriculture; ils sont dus à la décalcification des plateaux calcaires.

L'argile, apportée à la mer par les fleuves ou provenant de la destruction des falaises granitiques, constitue autour des continents, une auréole de largeur variable à laquelle on a donné le nom d'*aire terrigène*. Tandis que, près des côtes, et jusqu'à une profondeur de 200 mètres, se forment des sables, des graviers, des calcaires, des assises madréporiques, au large, se déposent les boues bleues, rouges, vertes, dont la coloration est due à divers sels de fer. Enfin, dans les fosses océaniques, s'accumule lentement l'*argile rouge abyssale* qui résulte de la décomposition des éléments constituant les roches volcaniques sous-marines.

IV. Les phénomènes de métamorphisme. Les roches cristallophylliennes. — Les roches éruptives (ou d'origine interne) et les roches sédimentaires (ou d'origine externe) ne sont pas les seules à constituer l'écorce terrestre. Dans le Plateau Central, la Bretagne, les Vosges, les Alpes, les Pyrénées — pour la France, — de même qu'en Scandinavie et au Canada, on trouve de grandes épaisseurs de roches particulières dont les éléments cristallins sont disposés en feuillets. Ces roches sont dites *roches cristallophylliennes*. Dans les Cévennes, elles atteignent 6 000 mètres d'épaisseur et, en Finlande, près de 7 000 mètres.

Leur origine est restée longtemps obscure. On les voit passer par transitions insensibles, à des roches nettement sédimentaires, et l'étude microscopique montre que, si les types les plus nets sont entièrement cristallisés, d'autres le sont incomplètement et le fond de la roche tend de plus en plus à être celui de la roche sédimentaire. Ce passage graduel montre que *les roches dites cristallophylliennes doivent être considérées comme provenant de la cristallisation plus ou moins complète d'une roche primitivement sédimentaire :* elles sont dites **roches métamorphiques**.

Quelle est la cause de cette transformation ? On la trouve généralement dans le voisinage immédiat d'une roche éruptive, en général d'une roche acide. Il est facile de se convaincre que l'on doit attribuer la cristallisation des roches sédimentaires encaissantes, pour une faible part, à la température élevée produite par contact, et, surtout, à l'action des vapeurs dissolvantes qui tenaient les éléments de la roche endogène à l'état dissous.

Les roches cristallophylliennes qui existent à la base de la série sédimentaire, et que l'on voit affleurer en Bretagne ou dans les Vosges, ne diffèrent pas des roches métamorphiques engendrées par la transformation des roches sédimentaires au contact des coulées éruptives. Dès lors, il convient de se demander si les roches cristallophylliennes qui supportent les terrains sédimentaires ne résultent pas de l'action métamorphique de la masse fluide centrale sur les sédiments les plus anciennement déposés. Cette opinion est celle d'un grand nombre d'auteurs; la croûte primitive aurait été transformée et nous serait à jamais inconnue. M. MUNIER-CHALMAS, qui fut professeur de géologie à la Sorbonne, pensait, qu'en raison de la forte chaleur qui règne dans les profondeurs du sol, les assises les plus profondément situées ont dû être fondues et que la masse liquide résultant de cette fusion a fourni les roches éruptives et les roches cristallophylliennes. Peut-être toutes les roches résultant du refroidissement de la Terre n'ont-elles pas subi une nouvelle fusion et existe-t-il des points où l'écorce originelle a pu

servir de point d'appui aux sédiments exogènes sans
subir d'autre action interne que l'injection de matières
fondues.

Dans les régions de montagnes, où la croûte terrestre a été
fortement plissée et disloquée, on rencontre des roches
cristallophylliennes sans qu'il soit possible de trouver la
roche endogène qui aurait produit la recristallisation. On a
pensé que la chaleur produite par les plissements, ainsi que
les fortes pressions, étaient cause de ces transformations :
c'est la théorie du **dynamométamorphisme** fort en honneur
à l'étranger.

Ces actions ne sont pas toujours suffisantes pour expliquer
le phénomène. Le premier résultat des fortes poussées, auxquelles les roches sont soumises lors des mouvements orogéniques, est de produire la division en feuillets dans un
sens perpendiculaire à la pression (*schistosité*) et de créer
une infinité de petites fissures ou *diaclases* parfois microscopiques. Or, au travers de ces fissures, peuvent circuler les
vapeurs et même les eaux à température plus ou moins
élevée et minéralisées. Les régions disloquées superficielle-
ment le sont aussi en profondeur et l'on peut admettre
l'influence d'un magma profond où les vapeurs minéralisa-
trices sont chargées d'éléments chimiques divers. Le
dynamométamorphisme agirait principalement en facilitant
la circulation des vapeurs dégagées par un magma interne,
c'est-à-dire en facilitant l'action du métamorphisme général
qui a produit une cristallisation plus ou moins avancée des
anciens sédiments. Le dynamométamorphisme s'observe
dans les contrées les plus variées, en Écosse comme dans
l'Himalaya, dans les Pyrénées comme en Norvège ; il peut
aller jusqu'à donner l'aspect cristallophyllien à des roches
sédimentaires dont l'origine est décelée par l'existence de
fossiles.

Les roches éruptives, soit par le fait d'une autre roche
éruptive plus récente, soit par les causes plus générales qui
viennent d'être indiquées, peuvent subir des actions analogues. Ainsi, en Bretagne, on voit souvent des filons de granulite traverser des massifs granitiques ; dans les zones de
contact, le granite se charge des éléments de la granulite

(mica blanc, tourmaline, grenat) et le phénomène inverse a lieu pour la granulite.

Les principales roches cristallophylliennes sont : les *gneiss* et les *micaschistes.*

Les **Gneiss** sont formés des mêmes éléments que le granite, mais les paillettes de mica sont alignées en bandes parallèles. Les variétés de gneiss sont très nombreuses ; il en est où la texture rubanée ne peut être distinguée : ce sont les *gneiss granitoïdes* qui ressemblent beaucoup au granite et qui établissent probablement la transition entre l'écorce solide et les matières internes.

Les **Micaschistes** sont facilement reconnaissables à leurs larges plaques miroitantes de mica séparées par des lits de quartz. Quand le feldspath apparaît, les micaschistes deviennent difficiles à distinguer du gneiss, et quand le mica disparaît, ils se rapprochent d'une autre roche également cristallophyllienne : le quartzite.

Ainsi, les roches cristallophylliennes ne sont nullement séparées les unes des autres par des contacts nets, mais passent insensiblement les unes aux autres en formant des sortes d'auréoles que l'on a surtout décrites autour des massifs et filons granitiques. Le granite, en imprégnant les roches ambiantes avec les vapeurs qui lui faisaient cortège, a pu métamorphiser des schistes et des grès franchement sédimentaires et leur donner la structure de **schistes cristallins** ; les calcaires eux-mêmes se transforment en roches cristallines, à bandes de mica et de chlorite, et que l'on appelle **cipolins.** Il se produit, dans ce dernier cas, une sorte de mélange du carbonate de calcium et des silicates granitiques conduisant à la formation des minéraux dont les *grenats* sont les plus fréquents [1].

Le granite subit lui-même des modifications en traversant des roches de composition différente de la sienne ; c'est l'**endomorphisme.** Il devient basique en traversant des calcaires

---

1. Les grenats sont des silicates d'alumine, de magnésie, de fer ou d'un autre protoxyde. Les principales variétés employées en bijouterie sont : le grenat grossulaire, le grenat almandin (rouge cerise ou rouge sang), le grenat hyacinthe (rouge orange).

et **M.** Michel Lévy a montré que, dans bien des cas, on peut suivre à l'intérieur les bancs calcaires ou schisteux qu'il s'est assimilés : le granite est capable de digérer, pour ainsi dire, les sédiments qu'il traverse[1]. Tous les termes de passage existent entre les roches sédimentaires typiques et le granite; et bien des auteurs regardent le granite lui-même comme le terme ultime du métamorphisme.

V. Les phénomènes de diagénèse. — Les roches sédimentaires ont aussi subi, dans bien des cas, des transformations chimiques et physiques sous l'influence des agents atmosphériques. Ce sont ces transformations que nous réunissons ici sous le nom de *phénomènes de diagénèse*.

L'agent qui joue le rôle principal est l'eau. L'eau pure est un agent géologique assez peu efficace, car elle ne dissout que le gypse et le sel gemme, mais l'eau de pluie, qui, en traversant l'atmosphère s'est chargée de 31 p. 100 d'oxygène et de 2,5 p. 100 de gaz carbonique, est capable de dissoudre le calcaire et d'oxyder les éléments ferrugineux des roches qu'elle traverse.

Quand des eaux chargées de silice ou de calcaire traversent des roches poreuses renfermant des parties solubles, il peut arriver que ces substances se concentrent en nodules que l'on désigne sous le nom de concrétions. Cette concentration semble favorisée par la présence de corps organiques en voie de décomposition. À cet ordre de dépôts appartiennent de petites masses arrondies fossilifères que l'on rencontre fréquemment au milieu de schistes calcarifères; les silex noirs ou blonds de la craie — si abondants à l'intérieur des falaises de la Manche — n'ont pas d'autre origine[2].

La formation des meulières est due à une décalcification de calcaires préalablement pénétrés d'infiltrations siliceuses. La silice, déposée dans un calcaire fissuré forme un réseau englobant le calcaire dans ses mailles; si, ultérieurement,

1. Telle est l'origine des enclaves que l'on voit très bien après la pluie dans le granit des trottoirs de Paris.
2. Quand les concrétions sont creuses, on les appelle souvent *géodes* et leur intérieur est tapissé de cristaux. L'intérieur des fossiles se recouvre parfois de cristaux de calcite, de silice, de barytine, etc.

des infiltrations d'eau chargée de gaz carbonique viennent dissoudre le calcaire, la **décalcification** de la roche aura pour conséquence une meulière ; ainsi se sont formées la *meulière de Montmorency*, aux dépens du calcaire de Beauce, et la *meulière de la Ferté-sous-Jouarre*, aux dépens du calcaire de Brie.

L'eau de mer peut agir chimiquement sur le calcaire d'origine organique pour le transformer en *dolomie*[1], carbonate double de calcium et de magnésium. Cette **dolomitisation** est particulièrement fréquente sur le bord des récifs coralliens et dans les séries lagunaires où la concentration des eaux permet sans doute l'action du chlorure de magnésium sur le carbonate calcaire de la roche. Les Alpes Dolomitiques du Tyrol, bien connues des touristes pour leurs formes étranges, et des alpinistes pour la difficulté de leur ascension, n'auraient pas d'autre origine (DE RICHTHOFEN[2], MOJSISOVICS) ; elles atteignent 3 500 mètres à la Marmolata.

Formation des phosphates. — Les phosphates de chaux, si précieux pour l'agriculture, se trouvent sous des formes diverses. L'*apatite* est formée de cristaux verts et blancs, en prismes hexagonaux, pouvant atteindre parfois une centaine de kilogrammes ; on la trouve dans les roches éruptives, le granite en particulier. La *phosphorite* est une apatite concrétionnée ou radiée, formant des amas dans les fissures et poches du calcaire des Causses (Quercy). Enfin, dans le nord de la France (Somme), en Belgique, en Algérie (Tebessa), en Tunisie (Gafsa) existent des *sables, craies, calcaires phosphatés* ; des *nodules* de phosphate et carbonate de chaux renfermant des os ou écailles de poissons, coquilles de mollusques, etc., sont exploités dans la Meuse, le Pas-de-Calais, la Russie. Pour MM. GAUTIER, CREDNER et COLLET, le phosphate de chaux, qui existe dans les os des vertébrés, et en dissolution

---

1. Du nom du géologue et minéralogiste français DOLOMIEU (1750-1802) qui publia différents mémoires sur cette roche particulière.

2. DE RICHTHOFEN (1833-1904), géologue et géographe allemand, professeur de géographie physique à Bonn, Leipzig et à Berlin. Ses travaux ont porté surtout sur la constitution géologique de l'Asie orientale. Son influence a été considérable ; il portait, d'ailleurs, un intérêt presque égal à toutes les branches de la science dont notre Globe forme l'objet.

dans les eaux de la mer, se combinerait au carbonate d'ammonium provenant de la décomposition des matières organiques, et donnerait une solution de phosphate capable de
déposer, autour des coquilles, du phosphate de chaux con-
crétionné.

Formation des huiles minérales. — La décomposition des
matières organiques fournit des carbures d'hydrogène [1]
analogues à ceux que la chimie révèle dans les huiles minérales : bitumes, asphaltes, pétroles. Les *bitumes* imprègnent
souvent les calcaires, de même que les asphaltes; quant aux
pétroles, on les rencontre dans les schistes, les conglomérats,
souvent à l'intérieur de poches, où ils forment une couche;
au-dessous se trouve de l'eau salée, tandis qu'au-dessus
des gaz combustibles exercent souvent une forte pression. Les régions pétrolifères existent, comme on le sait,
en Caucasie, en Galicie, en Roumanie, et surtout aux États-
Unis [2].

La genèse des pétroles est assez controversée. De bonne
heure, on a pensé à une origine organique, et l'on a pu
obtenir un produit analogue au pétrole en distillant de
l'huile de foie de morue (ENGLER). Certains pétroles (Pennsylvanie) paraissent résulter de la distillation naturelle sous
pression des matières grasses, formant le résidu de la décomposition de cadavres d'animaux. Des entassements de débris
végétaux ont pu aussi donner naissance à des huiles minérales : la synthèse du pétrole a pu être faite en distillant des
bouillies végétales recueillies dans des marécages (ENGLER);
les bitumes auraient pour origine des accumulations de végétaux et de cadavres d'animaux (H. POTONIÉ).

Cette origine n'est pas la seule admise. Pour bien des
savants, le pétrole résulterait de l'action de la vapeur d'eau
sur les carbures métalliques à haute température (BERTHELOT,

1. Voir dans la même collection : Dr LASSAR KOHN. *La Chimie.*
2. Les quelques gisements français de pétrole sont trop peu importants pour être l'objet d'une exploitation. On obtient à Autun (Saône-et-
Loire) et à Bruxière (Allier), par la distillation de schistes bitumineux,
une sorte de pétrole connu sous le nom d'*huile de schiste.* En Russie et
aux États-Unis, on atteint le pétrole par des forages dits *puits à pétrole.*

MENDELEEF, MOISSAN [1]). Il semble bien qu'il existe deux catégories de gîtes de pétroles : les uns auraient une origine organique (Pennsylvanie), les autres une origine éruptive (Caucase)[2]. Les pétroles de Bakou ont été reproduits en faisant agir de l'hydrogène sur de l'acétylène, en présence de métaux très divisés comme le fer et le nickel (P. SABATIER).

Formation des combustibles minéraux. — Les accumulations végétales se sont produites sur certains points de la surface du Globe à diverses périodes de son histoire géologique. On sait aujourd'hui que c'est par une fermentation microbienne que la cellulose, constituant la masse principale des organes de soutien des végétaux, a donné des matières charbonneuses plus riches en carbone que la cellulose elle-même. La matière organique végétale a ainsi formé des gisements de *charbons* qui sont d'autant plus purs qu'ils représentent des alluvions plus anciennes : la *tourbe*, qui se forme sous nos yeux, contient environ 60 p. 100 de carbone; le *lignite*, qui est moins récent, de 55 à 75 p. 100; la *houille*, qui est très ancienne, de 75 à 90 p. 100; l'*anthracite*, qui est une roche plus ancienne encore, a une richesse en carbone pouvant atteindre 94 p. 100.

La fermentation microbienne productrice de ces charbons a été bien étudiée dans le cas de la tourbe : l'examen microscopique des autres charbons a permis de reconnaître que la transformation de la cellulose avait été produite par des infusoires, des bactéries et des champignons. En changeant

1. BERTHELOT (Marcelin), 1827-1908, chimiste français, professeur au Collège de France, fut secrétaire perpétuel de l'Académie des Sciences. MOISSAN (Henri), 1852-1907, chimiste français, professeur à la Sorbonne, a réussi le premier à isoler le fluor et à fabriquer des cristaux microscopiques de diamant.
2. Les pétroles des différentes sources ne sont pas identiques : ils diffèrent par la couleur, l'odeur, la consistance et la composition chimique. Les pétroles d'Amérique sont fluides, vert foncé et résultent d'un mélange complexe de carbures saturés, homologues supérieurs du méthane dont les termes gazeux sont accumulés au-dessus du liquide. Les pétroles du Caucase sont plus épais et sont formés de carbures non saturés ; ils ne fournissent pas de paraffine. Les pétroles de Galicie forment la transition entre les deux espèces précédentes.

la matière organique végétale en houille, les microorganismes
lui ont fait perdre les 4/5 de sa substance primitive, perte
due à la formation de produits gazeux tels que : gaz carbonique, hydrogène, méthane (grisou). La houillification des
substances végétales — qui débute dans la formation de la
tourbe, s'accuse davantage dans la houille, et devient presque
complète dans l'anthracite — peut être regardée comme une
désoxygénation et une déshydrogénation. Le carbone de la
cellulose, étant le résultat de l'assimilation du gaz carbonique
de l'air par les organes verts des végétaux sous l'action du
Soleil, on peut dire que, grâce aux microbes, nous retrouvons
en chaleur, en lumière et en force, l'énergie solaire des temps
géologiques.

Les végétaux de la **tourbe** sont des Mousses, et particuliè
rement des *Sphaignes*, auxquelles s'associent des Joncs, des
Saxifrages, des Bruyères, et parfois même des arbustes. Les
tiges de ces plantes meurent par le bas au fur et à mesure
qu'elles s'allongent par leur sommet ; les parties mortes
constituent, avec les débris des autres végétaux du maré-
cage, des masses spongieuses qui se décomposent plus ou
moins, et donnent la tourbe. Celle-ci se forme parfois très
rapidement : 3 mètres par siècle. Les tourbières se sont développées après le recul des grands glaciers de l'époque quaternaire, et la formation de la tourbe se continue, de nos jours,
dans les Vosges, le Morvan, certaines parties des Alpes et des
Pyrénées ; elles couvrent une grande partie de l'Écosse, le 1/7
de l'Irlande, et, malgré les entreprises de « détourbement »,
elles s'étendent sur des surfaces considérables en Allemagne
et en Hollande. En France, il existe des tourbières dans les
vallées de rivières aux eaux limpides, comme la Somme et
l'Oise. Sous un climat chaud, la décomposition des végétaux
est trop rapide, et la tourbe n'a pas le temps de se former[1].

Tandis que la tourbe prend naissance sur un sol perméable
et dans une eau courante, les **lignites** (du lat. *lignum*, bois),

[1]. La tourbe est utilisée non seulement comme combustible, mais
encore, en raison de sa porosité et de son pouvoir absorbant, comme
litière et objet de pansement : on en fait aussi des tissus appréciés en
raison de leur faculté d'absorption.

représentent des amas de bois flottés et d'alluvions végétales
(feuilles, fleurs, grains de pollen, graines) accumulés dans
des anses de cours d'eau, dans des marais ou des lacs, où le
drainage était très imparfait. En France, les gisements de
lignites (lignites de Provence) appartiennent aux formations
secondaires; ailleurs, ils se développent surtout dans les
terrains tertiaires, comme dans l'Allemagne orientale et en
Transylvanie. Leur épaisseur est toujours très faible [1].

Les bog-heads et les cannel-coals, sont des charbons très
recherchés, à cause de leur richesse en éléments volatils,
pour la fabrication du gaz d'éclairage [2]. Les bog-heads sont
constitués par des thalles d'Algues noyés dans une masse
brune de nature humique, qui a moulé tous les éléments
d'origine végétale. Les cannels sont formés, en majeure partie,
par des spores de Cryptogames vasculaires et par des grains
de pollen de Gymnospermes [3]; ces restes, plus ou moins
désorganisés par les bactéries, sont réunis par une substance
amorphe, résultat de la macération microbienne due au
Micrococcus petrolei (RENAULT).

La houille est le combustible par excellence, un des principaux facteurs de la civilisation moderne. Noire, plus ou
moins friable, à cassure brillante et à structure souvent
schisteuse, elle renferme 75 à 90 p. 100 de carbone : le reste
étant formé de matières volatiles bitumineuses et de matières
terreuses (fer, soufre, alumine, soude, potasse, silice) en
même proportion que dans les cendres de toutes les plantes.

La présence d'empreintes végétales sur des blocs de houille
a fait regarder depuis longtemps la houille comme le résultat
de l'accumulation et de la transformation de plantes ayant
vécu aux anciens âges de la Terre; la première idée a été
d'assimiler la houille à la tourbe, et de la regarder comme le

---

1. Le *jais* est un lignite compact pouvant se polir ; on en fabrique
des bijoux de deuil. La *terre d'ombre* est un lignite friable, utilisé
comme couleur par les peintres.

2. Ils sont capables de donner 300 à 400 mètres cubes de gaz, alors
que la houille ordinaire ne donne que 250 mètres cubes d'un gaz deux ou
trois fois moins éclairant.

3. Voir D. BOIS et G. GADECEAU. *Les Végétaux*, première conférence (même collection).

produit d'une macération opérée sous l'eau ; produit capable,
avec le temps, de devenir successivement lignite, houille et
même anthracite. M. Lemière (1901) a comparé la houillification à la fermentation alcoolique : de même que la fermentation alcoolique s'arrête quand le milieu renferme une
certaine quantité d'alcool, de même la houillification cesserait
par accumulation d'hydrocarbures qui rendent le milieu
antiseptique : dans l'un et l'autre cas, les microorganismes
ne peuvent plus vivre. Suivant donc que cet arrêt se produit
plus ou moins tôt, la fermentation donne une tourbe, un
lignite, ou une houille ; mais jamais, « avec le temps », la
tourbe ne peut devenir lignite ou houille.

Les empreintes conservées dans les schistes houillers
montrent que les végétaux étaient jadis très différents de ceux
de l'époque actuelle ; il n'y avait alors que des Cryptogames
et des Gymnospermes. Les Cryptogames atteignaient des
proportions gigantesques, comme les Calamites, analogues
aux Prêles actuelles, les Sigillaires, les Lépidodendrons, sortes
de Lycopodes de 20 à 30 mètres de hauteur ; à côté, crois-
saient des Fougères souvent arborescentes, ainsi que des
Gymnospermes comme les Cordaïtes et les Walchias.

Mais comment ont pu s'accumuler les grandes quantités de
végétaux que représentent les bassins houillers ?

Élie de Beaumont pensait que cette luxuriante végétation
se développait dans des lagunes et dans des marécages, et
que les débris de plantes ainsi accumulés se trouvaient
recouverts par les eaux marines à la faveur d'un affaissement
du sol ; un exhaussement aurait permis le développement
d'une nouvelle végétation qui, enfouie plus tard, aurait formé
une nouvelle couche de charbon. La houille se présente, en
effet, au milieu de grès et de schistes, sous forme de lits dont
l'épaisseur varie depuis quelques centimètres à plusieurs
mètres. La formation de la houille serait analogue à celle
de la tourbe ; elle consisterait en une transformation de la
houille *sur place* et il n'est pas rare, d'ailleurs, de trouver des
arbres disposés verticalement. En Allemagne, M. Potonié
admet que presque toutes les houilles se sont formées de cette
façon ; alors que pour bien des géologues, c'est là un mode
tout à fait exceptionnel.

Les minutieuses observations des ingénieurs français GRAND'EURY et FAYOL, dans les houillères du Plateau Central, ont fait voir que les végétaux qui forment la houille se recouvrent mutuellement et se trouvent dans la position qu'ils occuperaient si, charriés par un cours d'eau, ils se déposaient sur le fond d'un lac. La position verticale de quelques végétaux ne prouve nullement qu'ils se sont développés à l'endroit où on les observe : une fougère jetée dans une rivière s'y place verticalement, s'enfonce et reste verticale si les sédiments emportés par la rivière sont assez résistants pour lui fournir un point d'appui solide quand elle a touché le fond. Un pareil phénomène s'observe aujourd'hui encore dans le delta du Mississipi. Ces observations, font considérer la houille comme un produit *de flottage*.

L'étude du bassin de Commentry, faite avec un soin extrême, par M. FAYOL, montre que les dépôts, dans lesquels sont intercalées les couches de houille, sont des formations torrentielles dues à des cours d'eau chargés de vase, de graviers et de produits végétaux. On a retrouvé dans la houillère de Commentry toutes les particularités des formations torrentielles et les diverses qualités de combustible traduisent les variations dans le régime des torrents : une vase détritique mélangée de débris de plantes produira des schistes bitumineux, tandis que les matières végétales dépourvues de sédiments minéraux, donneront de la houille pure. De plus, l'examen des tissus a montré que les plantes étaient riches en matières résineuses; or, on sait que les matières résineuses donnent, par la chaleur et la pression, un produit analogue au bitume; et comme les divers organes végétaux qui ont concouru à la formation de la houille, sont inégalement chargés de matières résineuses, comme, d'autre part, le transport par eau courante opère un classement des matériaux, on s'explique comment il puisse exister des *houilles maigres*, pauvres en produits bitumineux, et des *houilles grasses*, abondamment pourvues de ces produits.

Des recherches récentes tendent à faire admettre que la houille avait acquis sa composition chimique avant d'être incorporée à un sédiment et qu'elle n'a subi postérieurement qu'une transformation physique. D'après cela, la formation de la houille n'exigerait pas la longue durée que réclame la théorie de la formation sur place; on a trouvé, dans certains bassins du centre de la France des galets de houille, ce qui montre que la minéralisation des couches de débris végétaux était terminée à la base du bassin quand les sédiments supérieurs se sont formés.

Les mouvements du sol ont disloqué les bassins houillers, ont plissé les strates en zigzags et produit de grandes cassures ou *failles*. Certaines houilles ont subi, par suite de l'action de la chaleur développée dans les mouvements du sol, ou par le voisinage d'éruptions porphyriques, une distillation partielle qui les a privées de leurs principes volatils et les ont transformées en **anthracite**; enfin on admet que le **graphite** des environs d'Irkoutsk, qui se présente en paillettes cristallines

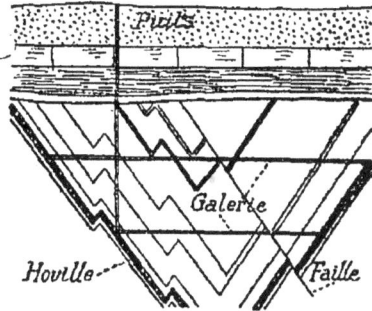

Fig. 10. — Terrain houiller plissé et coupé par une faille, aux environs d'Anzin.

et sert à fabriquer les crayons, est dû au métamorphisme éprouvé par la houille ou par l'anthracite.

Les plus riches gisements de houille se trouvent en Amérique et en Asie. Ceux d'Asie commencent seulement à être exploités. En Europe, l'Angleterre est de beaucoup le pays le plus riche, puis viennent l'Allemagne et la France. Les deux régions houillères principales de la France : région du Nord (Anzin, Valenciennes), région du Plateau Central (Autun, Saint-Étienne, Commentry, etc.) ne renferment pas du charbon de même âge. Les dépôts du Plateau Central ont commencé au moment même où ceux du bassin franco-belge cessaient de se former.

La fermentation houillère peut se produire aussi bien dans les eaux salées que dans les eaux douces; le phénomène de houillification entre donc dans la catégorie des phénomènes de **diagénèse**.

Phénomènes de fossilisation. — A côté des phénomènes précédents, on peut placer les phénomènes de fossilisation qui ont permis aux restes d'êtres vivants de se conserver jusqu'à nous.

Pour qu'un corps organisé puisse devenir un fossile, il faut qu'il soit soustrait aux actions atmosphériques. La protection complète n'a lieu que dans des cas exceptionnels : insectes retrouvés dans l'ambre, mammouths conservés dans les limons glacés de la Sibérie. Généralement, les organismes morts ont été enfouis dans la vase ; là, ils se sont trouvés à l'abri de l'action destructive de l'air, et si leurs parties molles ont disparu, du moins les squelettes, les carapaces et les coquilles ont pu se conserver. Cet enfouissement étant la condition nécessaire de la fossilisation, on comprend pourquoi ce sont principalement des animaux aquatiques, des mollusques surtout, que l'on trouve à l'état de fossiles. Les fossiles d'animaux terrestres sont beaucoup plus rares parce que, pour qu'ils aient pu être conservés, il a fallu qu'ils aient trouvé la mort dans des marécages, ou bien que leurs cadavres aient été entraînés par l'eau au moment des inondations, puis recouverts de limons ; or, ce sont là des cas exceptionnels.

Les parties dures des animaux ne subissent parfois dans le sol que de faibles modifications ; c'est le cas, principalement, pour les os et surtout pour les dents de vertébrés. Mais, le plus souvent, il en a été autrement. La vase dans laquelle les coquilles ont été enfouies peut les remplir ; plus tard, cette vase durcira et, si les coquilles disparaissent, par suite de la circulation des eaux dans le terrain, il ne restera, dans la roche, qu'un *moule interne* de la coquille. Si la vase ne pénètre pas dans la coquille et que celle-ci ne disparaisse qu'une fois la roche solidifiée, il se formera un *moule externe* de la coquille.

Les coquilles sont plus ou moins bien conservées ; en outre, sous l'action de l'eau et de la chaleur, il peut se produire des *accumulations moléculaires* : de la pyrite (sulfure de fer), par exemple. Le dépôt de pyrite est le résultat de réactions qui se sont opérées dans un milieu réducteur, et on peut supposer que la décomposition de la matière organisée y a contribué dans une certaine mesure. Le carbonate de fer se dépose aussi autour des feuilles ou des fragments de squelette de vertébrés ; le dépôt n'a pu se faire que dans un milieu réducteur dû probablement à la décomposition lente des organismes animaux.

Les phénomènes de concentration moléculaire se produisent aussi dans les calcaires : la silice se rassemble sur les baguettes et les tests d'échinodermes, et il y a eu souvent une *substitution moléculaire*. La silice substituée à la matière organique apparaît sous forme de quartz, de calcédoine ou d'opale. Le phosphate de calcium joue un rôle analogue ; ainsi, dans certaines phosphorites, on trouve des fossiles en phosphate de chaux.

Les traces de pas de reptiles, d'oiseaux ou de mammifères ont été conservées. Il a fallu, pour cela, que la vase, après le passage de l'animal, fût immédiatement recouverte de sable ; celui-ci, consolidé en grès, présente en relief l'empreinte des pas de l'animal. Ce phénomène n'est pas spécial au monde animal, car on retrouve les traces laissées sur les dépôts arénacés par les mouvements des vagues, et certains dépôts argileux ont conservé l'empreinte de gouttes de pluie.

VI. Phénomènes de formation des filons métallifères. — Le refroidissement du globe terrestre détermine sa contraction, laquelle se traduit par des plissements et des fractures de l'écorce solide. Ces fractures ne sont pas restées béantes ; indépendamment des matières pierreuses provenant des roches encaissantes, elles se sont remplies de roches éruptives ou de minerais métalliques. Ces fractures ainsi remplies constituent les filons métallifères. Beaucoup de ces filons comprennent, au milieu, la matière minérale, puis, autour d'elle, une matière rocheuse, la *gangue* (quartz, fluorine, barytine [1]), laquelle est entourée par les *salbandes*, généralement argileuses ; les parois des roches encaissantes constituent les *épontes*.

Comment se sont formés ces matériaux de remplissage ?

---

1. La *fluorine* ou *spath fluor* est du fluorure de calcium de couleur variable (verte, bleue, violette, etc.) ; la *barytine* ou sulfate de baryum est blanche, passant au jaune, au brun ; c'est le *schwerspath* ou *spath pesant* des Allemands.

On admet qu'ils sont venus de la profondeur par la circulation des eaux thermo-minérales. Chacun sait que les bassins où s'épanchent les eaux thermales présentent des dépôts de substances métalliques variées, résultant de réactions chimiques accomplies, soit entre les matières minérales dissoutes dans l'eau, soit entre les substances et celles qui constituent la paroi. De pareils dépôts ont pu revêtir les fentes par où s'échappe l'eau thermale, jusqu'à les combler peu à peu, engendrant cette symétrie dans la constitution qui est le propre des *gîtes concrétionnés.* Ainsi se sont formés les **gîtes plombifères** de Vialas et Pontgibaud, en France, ainsi que ceux de Suède et du Colorado.

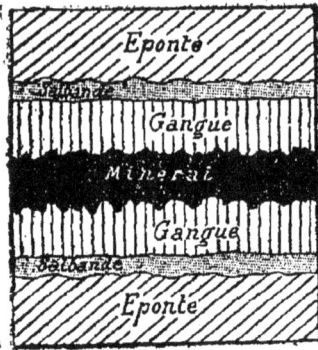

Fig. 11. — Schéma représentant la coupe longitudinale d'un filon.

La plupart des **gîtes cuprifères** semblent s'être formés autrement. Les plissements de l'écorce terrestre, en produisant une pression sur les matières fluides de l'intérieur, ont sollicité celles-ci à s'injecter dans les fractures. Certains produits gazeux ont déterminé des cavités dans la masse, tandis que la contraction de la roche a amené une fissuration. Les substances minérales, encore liquides au moment de la solidification, auront tendance à se réunir dans certaines parties de la fente; il se produit donc une séparation, un départ du minerai. Ces *gîtes de départ* sont en relation avec des roches basiques, aussi le minerai n'est-il pas un oxyde, mais un sulfure (*pyrite de cuivre*). Exemples : les gîtes cuprifères du Monte-Catini (Toscane), en relation avec une diabase; du Rio-Tinto (Espagne), avec un porphyre, etc.

Les **gîtes stannifères** (minerais d'étain) sont en relation avec des roches acides (riches en silice), comme les granites et les granulites. Les émanations de ces roches ont produit le remplissage immédiatement après la cassure et ces *gîtes* sont dits *d'émanation directe.* Tels sont ceux de **Montebras (Creuse),** de Saxe, de Bohême, des Indes, d'Australie, du Mexique, etc. Le minerai est un oxyde (bioxyde d'étain ou *cassitérite*).

Les **gîtes calaminaires** (*calamine* ou carbonate de zinc) forment des épanouissements irréguliers dans les calcaires. Des eaux chargées de sulfate de zinc ont attaqué le calcaire, formé du sulfate de calcium plus ou moins entraîné, et du carbonate de zinc. Ainsi se sont formés : les gîtes de Moresnet, dont certaines poches ont fourni 100 000 tonnes de calamine, ceux de la Vieille-Montagne, près d'Aix-la-Chapelle, etc.

L'étude des filons métallifères met en évidence deux points importants : la relation de chaque type filonien avec une roche éruptive, et le rôle prédominant des sulfures dans le remplissage.

L'étude des volcans nous montrera que chaque émission de laves est accompagnée d'une émission de fumerolles dans lesquelles les composés du soufre sont fréquents et que ces fumerolles déposent des substances métalliques. Il existe en Californie, une coulée

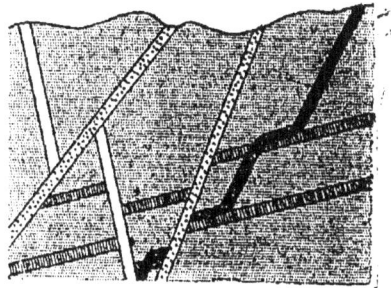

Fig. 12. — Schéma représentant un terrain traversé par plusieurs filons différents.

de lave andésitique, dite *Sulphur Bank*, où une source donne naissance à des dépôts de soufre, de cinabre (minerai sulfuré de mercure, de pyrite (sulfure de fer), de silice, etc.; les dégagements thermo-minéraux représentent l'état actuel d'une ancienne solfatare.

Les filons métallifères peuvent être regardés comme issus d'une action solfatarienne (voir neuvième conférence); celle-ci a amené, dans les fissures, les métaux soit à l'état de sulfures, dissous probablement dans les sulfures alcalins vaporisés, ou à l'état de chlorures. La roche, attaquée sur le parcours de l'émanation, a mis en relation avec cette émanation des substances comme la silice et le carbonate de calcium. A un niveau plus élevé, les eaux thermo-minérales ont rencontré les eaux d'infiltration qui suivent une marche inverse et leur apportent de l'oxygène et du gaz carbonique; ainsi se sont formés les matériaux des gangues, les oxydes, les carbonates. De la sorte, tandis que les métaux facilement oxydables se combinaient à la silice des roches acides, les fumerolles entraînaient les métaux peu oxydables et des chlorures (étain, or); les roches basiques amenaient quelques oxydes (fer, nickel), des métaux inoxydables (comme le platine) et leurs fumerolles entraînaient des sulfures. Parmi ces sulfures, les uns, insolubles dans les sulfures alcalins ont formé les gîtes de départ (filons cuprifères); les autres, dissous par les eaux thermo-minérales, ont engendré les gîtes concrétionnés (filons plombifères). Enfin, les venues minérales, de même que les sources thermales, ont parfois imprégné des couches perméables; ainsi se sont formés les célèbres gîtes aurifères du Witwatersrand, au Transvaal, où les vides d'un conglomérat sont remplis par de la pyrite aurifère (*gîtes d'imprégnation*).

Fig. 13. — Cheminée diamantifère de l'Afrique australe.

Nous ne ferons que signaler les *gîtes sédimentaires* ou *stratifiés* qui résultent d'un dépôt opéré au sein des eaux, soit que ces eaux aient tenu en dissolution les substances métallifères et les aient abandonnées par évaporation, soit qu'après les avoir empruntées à des gisements plus anciens, elles les aient déposées comme tout autre sédiment. Ces gîtes ont l'avantage d'avoir généralement une grande étendue, d'être souvent à peu près horizontaux au lieu de s'enfoncer dans le sol comme les filons et, par suite, de se prêter à une exploration plus facile et plus rémunératrice.

Enfin, pour clore cette étude, nous dirons un mot des *gîtes d'inclusion* existant dans certaines roches éruptives sous forme de cristaux isolés ou groupés en amas; ils tirent leur grande importance de ce qu'ils renferment les plus estimées des pierres précieuses.

Dans l'Afrique australe, **le diamant**, qui n'est que du carbone cristallisé, se rencontre dans une brèche péridotique

avec magnétite abondante, emplissant des sortes de cheminées volcaniques qui se traduisent à la surface du sol par de
petites éminences appelées *kopyes*. Dans cette roche, sorte de
fonte magnésienne surcarbonée, le carbone a cristallisé sous
pression comme le fait le graphite dans les spiegeleisen. Au
Brésil, dans l'Inde et en Australie, les diamants ont pris
naissance dans un bain, non pas basique comme au Cap,
mais acide, avec du quartz sous pression, de sorte que cette
formation se rapproche de celle des filons aurifères, stannifères et titanifères. C'est de même dans de pareilles roches
acides, dont la venue au jour a toujours été accompagnée de
minéralisateurs énergiques, que se trouvent l'**émeraude**, le
saphir, le **rubis**. Les diamants ne sont pas tous du même
âge : ceux de l'Inde et du Brésil datent de l'ère primaire;
ceux du Cap, de l'ère secondaire; ceux de Bornéo et d'Australie, de l'ère tertiaire [1].

VII. Les formations superficielles. — Toutes les roches précédentes constituent le *sous-sol*; elles ne sont visibles que sur
les pentes raides des montagnes, dans les gorges des torrents,
sur les flancs des falaises, dans les carrières ou encore à la
faveur des travaux souterrains. A la surface même de l'écorce
terrestre, se trouve le *sol* meuble qui est d'un très vif intérêt
pour le géographe.

Les formations superficielles comprennent : celles qui
résultent de la décomposition sur place des roches sous-
jacentes, et celles qui sont dues à des phénomènes de transport [2]. La *terre végétale*, où se développent les racines des
plantes, ne forme qu'une couche d'une très faible épaisseur.

L'eau météorique n'est pas pure et contient de l'oxygène
et du gaz carbonique; elle peut ainsi produire des **phénomènes de corrosion et de dissolution**.

Nous savons déjà comment les roches granitiques fournis-

1. Voir G. Eisenmenger. « Le diamant ». *La Science au XXe siècle*, 1906.
2. On donne parfois le nom d'*éluvium* aux produits de désagrégation
restés en place, par opposition à celui de *diluvium*, qui est un terrain
de transport.

sent un sable assez grossier appelé *arène*. Cette arène peut atteindre dans nos climats 15 à 20 mètres d'épaisseur. Les gneiss, en se désagrégeant, donnent aussi une arène gneissique. Les micaschistes, dans le Plateau Central, se présentent souvent dans les vallées sous forme de feuillets pourris; ils sont presque toujours couverts d'une sorte de limon brun dans lequel sont disséminés des fragments de quartz (*limon à cailloux de quartz*). La décomposition superficielle des trachytes et des basaltes donne naissance à des argiles brunes ou noires. Les quartzites, les grès siliceux à grains extrêmement fins, ne sont pas altérables chimiquement par les eaux de pluie; il se produit un simple effritement mécanique conduisant à une couche de sable. Les schistes argileux, même les plus durs, s'altèrent rapidement au contact de l'eau et donnent naissance à des argiles. Les calcaires sont très sensibles à l'action de l'eau météorique; ils possèdent tous une certaine quantité de sels de fer et d'argile; le calcaire est dissous par l'eau chargée de gaz carbonique et l'argile oxydée par les sels de fer prend une teinte rouge : c'est l'argile rouge, la *terra rossa* de tant de pays calcaires. Les terres végétales produites par la destruction des calcaires ont toujours une teinte rougeâtre.

Dans les régions intertropicales, les pluies paraissent plus chargées de gaz carbonique et déterminent une formation spéciale, caractérisée par sa couleur rouge et que l'on nomme *latérite*. La latérite dérive des roches les plus différentes, mais on n'est pas encore d'accord sur son processus de formation. Dans l'Inde, elle est due à l'altération des coulées basaltiques du Decan et atteint une épaisseur de 10 à 60 mètres. En Indo-Chine, à Madagascar, au Congo, etc., on trouve des formations similaires. La latérite, qui est presque toujours décalcifiée, est, en général, assez stérile.

Sur tout le Nord-Ouest de la France, s'étend la couverture fertile du *limon des plateaux* qui, mince en Beauce, devient plus épaisse dans le pays de Caux et prend un large développement en Picardie. Ce limon est le résultat de la décomposition de couches sableuses; c'est le domaine des grands champs de blé. Il fait place souvent à une sorte d'argile rougeâtre entremêlée de silex, l'*argile à silex*, résultat de la dissolution de la craie à silex sous-jacente [1] dont il ne reste plus, avec les silex, que l'argile rougie par les oxydes de fer.

Un certain nombre de formations superficielles ont été transportées sur le sol qu'elles recouvrent et n'ont aucun rapport avec les roches sous-jacentes. Parmi ces terrains, un des plus importants est le *lœss*. Terre végétale, faite de fines particules d'argile et de petits grains de quartz, le lœss forme en Chine dans le bassin du Houang-Ho, des accumulations de 400 à 600 mètres d'épaisseur. En Europe, on le trouve dans

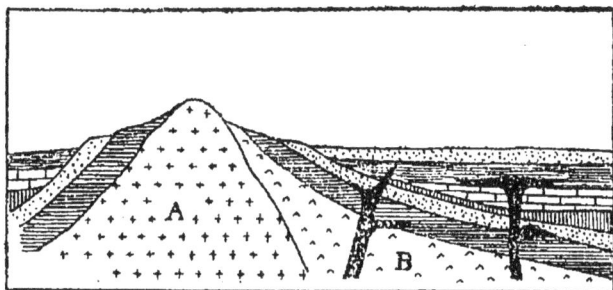

Fig. 14. — Disposition relative des roches dans l'écorce terrestre.
A, massif de granite; B, roches cristallophylliennes. En noir, filons éruptifs. Le reste représente des roches sédimentaires.

les vallées du Rhin, du Danube et de leurs affluents; en Belgique, sur le plateau de la Hesbaye, etc. Le lœss est une terre de choix pour les cultures de céréales. Le *lehm* est un lœss

1. Quelques types de sols agricoles sont encore à citer; parmi eux, la Terre Noire de Russie ou *tchernoziom*. Ce « roi des sols », de couleur gris foncé, presque noir, très riche en humus et en substances nutritives, se rencontre en Hongrie, couvre toute la Russie méridionale, traverse la Sibérie occidentale et reparaît dans le bassin de l'Amour. Le Tchernoziom atteint une épaisseur de 1 mètre à 1 m. 50; il est dû à l'accumulation et à la décomposition séculaire des grandes herbes des steppes, croissant sur un sol sablonneux mêlé d'argile. Le *Regur*, terre à coton, s'étend sur le nord-ouest du Decan et dans la péninsule de Kathiavar : il provient de la décomposition du basalte et forme une sorte de limon noirâtre. Le *Cotton-soil* des États-Unis se développe surtout dans l'État d'Alabama et au sud-ouest des Alleghanys; il est dû à la désagrégation des marnes rougeâtres; des débris organiques lui donnent sa couleur noire.

maigre, sans calcaire. D'après M. DE RICHTHOFEN, le lœss serait dû à l'action du vent : d'autres auteurs le regardent comme un produit de ruissellement.

Enfin, des quantités considérables de matériaux, occupant à la surface du Globe une superficie notable, sont dues à des apports des fleuves, des glaciers, des vents. Dans les plaines et les vallées, les cours d'eau déposent des couches successives d'alluvions et de limons : les glaciers accumulent à leur extrémité la masse confuse de leurs moraines ; les vents édifient des monticules de sable ou étalent sur les plaines une couverture sablonneuse. Nous aurons à revenir sur ces phénomènes.

La *terre végétale* participe souvent des deux caractères des formations superficielles précédentes ; sa composition est très complexe et varie avec le climat et la nature du sous-sol. Elle résulte de l'altération de ce sous-sol et de la décomposition des plantes, enfin d'une certaine quantité de poussières très variées apportées par le vent.

VII. Reproduction artificielle des roches endogènes et des minéraux. — Les connaissances que nous possédons sur le mode de formation des roches endogènes résultent non seulement de l'observation et de l'analyse, mais encore des essais de reproduction artificielle qui sont venus trancher un certain nombre de questions discutées. Deux savants français, MM. FOUQUÉ et MICHEL LÉVY, ont réussi, par fusion ignée, à obtenir des basaltes. En soumettant au refroidissement lent et progressif un mélange fondu de silice, d'alumine et de chaux, ils virent se former successivement : les grands cristaux d'olivine caractéristiques du basalte, puis les microlithes. Le basalte obtenu différait à peine du basalte naturel. Leurs expériences leur ont montré que, suivant les conditions physiques, on peut obtenir avec le même mélange deux ou plusieurs groupements de minéraux distincts qui semblaient au premier abord caractériser des roches très différentes.

La méthode de fusion ignée, employée avec succès pour la reproduction des roches basiques, s'est montrée impuissante à reproduire les roches acides, c'est-à-dire à quartz. Il semble bien comme nous l'avons vu, que l'intervention d'éléments volatils sous pression, notamment de l'eau et des carbonates alcalins, des chlorures et peut-être des borates et des sulfures — autrement dit, de minéralisateurs — a été nécessaire dans la formation des roches naturelles[1]. Les minéraux des filons concrétionnés ont été obtenus par voie hydrothermale en employant deux modes différents suivant qu'il s'agit du groupe stannifère ou du groupe de minéraux sulfurés (plomb, zinc, fer). Dans le premier cas, on est conduit à admettre l'intervention de minéralisateurs chlorurés et fluorés sur des dissolutions soumises à de hautes pressions, dans le second, les sulfures dominent et l'intervention des carbonates ou des sulfures alcalins, suffit pour réaliser la synthèse.

La méthode de fusion ignée devait naturellement engager les chimistes à reproduire les minéraux dits *pierres précieuses*. Elle a permis à M. Verneuil d'obtenir la première pierre de joaillerie sortie d'un laboratoire. M. Ebelmen, reconnaissant que les substances fondues pouvaient jouer le même rôle que les dissolvants par voie humide, a réussi à reproduire par voie sèche un grand nombre d'espèces minérales. La synthèse du diamant ne donne encore que des cristaux microscopiques, celle du saphir n'est pas encore pratique, mais on fait aujourd'hui couramment des rubis et des émeraudes.

La cristallisation de l'alumine, qui donne suivant les cas du rubis ou du saphir, a été tentée très anciennement et par des méthodes très diverses[2]. MM. Feil et Frémy, décomposaient par la silice de l'aluminate de plomb; le bichromate de potassium donnait la couleur rouge. Les cristaux ainsi obtenus avaient le défaut d'être lamelleux, friables et de ne pou-

1. M. Lacroix, professeur au Muséum d'histoire naturelle de Paris, chargé de missions géologiques dans les régions volcaniques, a vu se former, à la Martinique, une roche quartzifère, pour ainsi dire sous ses yeux. Il a constaté que, presque à la surface, la pression de vapeur d'eau, sous une croûte de roche acide, suffisait pour amener la cristallisation, d'abord de tridymite, puis de quartz, dans une andésite. Cette remarque est de nature à faire espérer que l'on atteindra, un jour ou l'autre, la synthèse du granite avec les moyens utilisables dans nos laboratoires.
2. Gaudin, 1837 ; de Sénarmont, 1850 ; Cbelmen, 1851 ; H. Sainte-Claire-Deville, 1858 ; Debray et Hautefeuille, 1875, ont fait cristalliser l'alumine avant les expériences que nous rapportons.

voir être taillés. MM. Frémy et Verneuil ont obtenu de beaux
rubis transparents, épais et brillants, purs comme des rubis
naturels, capables d'être taillés en roses, en chauffant à température très élevée de l'alumine potassée et légèrement
chromée avec du fluorure de baryum, l'acide fluorhydrique
jouant le rôle de minéralisateur [1]. La coloration de l'alumine
en bleu par l'oxyde de cobalt, pour obtenir le saphir, ne va
pas sans difficultés ; M. Paris a montré tout récemment que
la coloration réussit bien en présence de quelques traces de
chaux, mais qu'alors l'alumine ne cristallise plus. Quant à la
reproduction artificielle du diamant, elle a été obtenue pour
la première fois par M. Moissan, professeur à la Sorbonne, en
faisant cristalliser par refroidissement et sous forte pression,
une solution saturée de carbone dans de la fonte de fer préalablement chauffée au four électrique. Par ce procédé, les diamants obtenus sont microscopiques ; peut-être la Nature
opère-t-elle différemment, sous de faibles pressions et par un
très lent refroidissement.

Nous ne saurions nous étendre davantage sur ces questions
de reproduction de pierres précieuses sans sortir du cadre de
cet ouvrage : il était bon de les signaler pourtant pour montrer
comment les chimistes essayent dans leurs laboratoires de
dévoiler les conditions qui ont présidé, au sein de la Nature,
à l'élaboration de ces gemmes.

Les notions acquises dans ces deux dernières conférences,
bien qu'élémentaires et incomplètes, ont fait comprendre de
quelle nature sont les phénomènes qui ont concouru à la formation des roches de l'écorce terrestre. Le point de départ et
l'aboutissement de tous est la cristallisation. Dans l'homogénéité du cristal paraissent réalisés cet ordre et cette symétrie

---

1. Pour *nourrir* les cristaux de rubis, on porte l'un d'eux, à la température de 1 800°, dans le dard du chalumeau oxhydrique ; puis on
apporte successivement au contact de petits grains de rubis : on obtient
ainsi de beaux cristaux dont toutes les parties ont cristallisé en un cristal unique, susceptible d'être taillé comme un cristal naturel. Ces rubis
artificiels reviennent, paraît-il, à 10 francs le carat et peuvent être vendus
le double. On ne les distingue guère qu'à la loupe par la présence de
bulles d'air. Cette méthode de fusion a échoué pour l'émeraude, dont la
coloration disparaît à haute température.

qui ne sont que les conséquences nécessaires de l'équilibre entre les forces. La cristallisation s'opère spontanément dans les réactions profondes de la métallurgie ignée, dans les fusions aqueuses, dans les sécrétions hydrothermales : elle reprend, dans des conditions plus simples et sans intervention de la pression, par l'évaporation des eaux au fond des bassins de concentration ; elle intervient dans tout le métamorphisme et, dans chaque cas, la nature et la forme des produits, comparés avec les résultats de nos synthèses, nous renseignent sur les processus qui ont dû intervenir. Dans les terrains sédimentaires, où le mécanisme de l'érosion a fait disparaître les traces de cristallisation, cette cristallisation tend peu à peu à reparaître par un lent travail moléculaire ; les éléments détritiques ou organiques se réagrègent de nouveau, le sable siliceux passe au quartzite, l'argile au schiste ou à l'ardoise, la craie à la calcite ou au marbre.

Le métamorphisme de tous les éléments géologiques est incessant ; ni roche cristallisée, ni sédiment qui y échappe, et cet invisible travail des forces moléculaires atteint, par un progrès lent et insaisissable, des proportions qui nous étonnent. Les profondeurs du sol, au lieu d'être, comme on se l'imagine volontiers, le domaine de l'immobilité, une sorte de magasin où s'accumulent des productions de tous les âges destinées à s'y conserver indéfiniment, sont, au contraire, un milieu d'une incessante activité.

Et maintenant, si nous cherchons à grouper tous les modes de formation des matériaux de l'écorce terrestre, nous verrons qu'ils viennent se réunir sous les trois titres de : *phénomènes d'éruption, phénomènes de sédimentation, phénomènes orogéniques*, qui sont ceux des facteurs essentiels et permanents de la transformation de notre Globe.

Nous étudierons désormais ces phénomènes dans leurs causes, leurs manifestations et dans la part qu'ils prennent à modifier incessamment la configuration de la Terre.

APPENDICE.

APPENDICE

Le tableau suivant résume les caractères des principales roches et donne un moyen pratique de reconnaître facilement les plus communes.

Le sol est constitué par de la *terre végétale* (mélange de petits fragments de roches avec des débris de plantes) et par le *sous-sol* formé de diverses sortes de roches dont les caractères sont les suivants :

- **Roche non composée de cristaux différents.**
  - **Roche faisant effervescence avec les acides, se rayant par une épingle. Roches calcaires.**
    - Roche ne se rayant pas par l'ongle.
      - Ne pouvant pas acquérir un beau poli . . . . → **Calcaires de construction.**
      - Pouvant acquérir un beau poli . . . . → **Marbre.**
    - Roche se rayant par l'ongle.
      - Ne faisant pas pâte avec l'eau → **Craie.**
      - Faisant pâte avec l'eau (mélange d'argile et de calcaire). . . → **Marne.**
  - **Roche ne faisant pas effervescence avec les acides.**
    - Roche faisant pâte avec l'eau, pouvant se modeler, se rayant par l'ongle . . **Roches argileuses**
      - Ne se séparant pas en feuillets . . . → **Argile.**
      - Se séparant en feuillets. . . . → **Schistes argileux.**
    - Roche ne faisant pas pâte avec l'eau.
      - Roche se rayant à l'ongle. **Roches salines.**
        - Pas de saveur, se transformant en plâtre par la chaleur . . → **Gypse.**
        - Saveur salée caractéristique . . → **Sel gemme.**
      - Roches ne pouvant pas se rayer à l'ongle. **Roches siliceuses.**
        - Roche composée de petits grains réunis par un ciment. → **Grès.**
        - Roche non composée de petits grains réunis comme par un ciment.
          - Masses arrondies à cassure courbe. . . . . → **Silex.**
          - Petits grains libres les uns par rapport aux autres. . . . → **Sable.**
          - Masse renfermant de nombreuses cavités irrégulières . . → **Meulière.**
- **Roche composée de cristaux différents réunis directement entre eux ou par une pâte cristalline. Roches cristallines.**
  - Entièrement composée de cristaux.
    - A cristaux distribués sans ordre . . . → **Granite.**
    - A cristaux distribués en couches.
      - A cristaux distribués → **Gneiss.**
      - Se séparant en lames. . . → **Schistes cristallins.**
  - A cristaux réunis par une pâte cristalline.
    - A pâte non terne, à feldspath non vitreux. → **Porphyre.**
    - A pâte terne, à feldspath vitreux. → **Trachyte.**
    - A pâte terne, à cristaux verts de péridot et de pyroxène. . . → **Basalte, laves.**

QUATRIÈME CONFÉRENCE

LES PHÉNOMÈNES ATMOSPHÉRIQUES

Changements continus et causes actuelles. — Le cycle des phénomènes géologiques. — I. L'atmosphère. — Action de l'air au repos. — II. Le vent et les actions éoliennes. — Les transports éoliens. — L'érosion éolienne. — La sédimentation éolienne. — Les édifications éoliennes. — Dunes littorales. — Dunes continentales. — III. Antagonisme des agents atmosphériques et paysage éolien.

La surface de la Terre éprouve des changements continus. Les causes actuelles. — Les phénomènes sédimentaires, éruptifs et orogéniques, que nous avons vu intervenir dans la formation de l'écorce terrestre, sont aussi ceux qui modifient constamment la configuration de notre planète. Cette idée, qui nous paraît si naturelle, ne fut pas toujours celle des hommes, car, si à l'aube de la pensée humaine, le Temps et l'Espace étaient inconnus, plus tard, et encore au début du dix-neuvième siècle, on expliquait les modifications du Globe par l'intervention subite d'agents et de forces gigantesques.

A en croire les historiens des âges reculés, les continents se seraient soulevés ou abaissés en masse d'un seul coup ; les chaînes de montagnes auraient surgi subitement du fond des flots pour se dresser à plusieurs milliers de mètres de hauteur :

1. C'est dans ses *Principles of Geology* que Ch. LYELL (1797-1875) explique les changements successifs de la croûte terrestre par le refroidissement lent de notre Globe, donne la théorie du système métamorphique et défend, avec un grand talent, la doctrine si féconde des « causes actuelles ».

les mers, chassées violemment de leurs bassins brisés, se
seraient précipitées avec fureur sur d'autres régions pour les
envahir à jamais. En un mot, on ne craignait pas de donner
aux agents chargés de modifier le relief de notre Globe, une
puissance colossale et soudaine, loin de toute proportion avec
la lenteur et le calme ordinaire des phénomènes qui s'accomplissent sous nos yeux.

C'est depuis le milieu du siècle dernier, grâce à l'influence
du géologue français CONSTANT PRÉVOST, et surtout du géologue anglais CHARLES LYELL [1], que l'on s'est aperçu que, pour
expliquer la configuration de notre planète, il suffit de faire
appel aux *causes actuelles*, c'est-à-dire à celles qui sont en
fonction devant nous. Sous nos yeux, des continents s'élèvent
ou s'abaissent avec une grande lenteur ; si ce mouvement
se prolonge pendant des siècles, nous prévoyons qu'il en
résultera de nouvelles émersions de terre ferme sur les côtes,
ou la submersion de points aujourd'hui émergés : ainsi,
autrefois, nos continents sont sortis de la mer ou rentrés
dans la mer par un mouvement lent et insensible. Aujour-
d'hui, nos volcans vomissent d'immenses amas de matières
fondues à la surface du Globe, ou bien ces matières s'arrêtent
entre les couches sédimentaires dont les fractures leur livrent
passage : ainsi se sont produits les terrains anciens cristallisés. Nous voyons les torrents bouillonner dans les montagnes, les cours d'eau charrier une foule de débris, les lacs
se combler peu à peu, les deltas se former et s'accroître à
l'embouchure des fleuves, les mers elles-mêmes perdre de
leur profondeur par l'apport incessant des matériaux ; laissons
ces causes agir pendant une longue période de temps et nous
aurons comme résultat, d'une part, les gorges au fond desquelles mugissent des eaux sauvages, et d'autre part, les
vastes plaines que nous traversons aujourd'hui.

Les mêmes causes continuent d'agir ; elles modifient sans
cesse, comme aux temps passés, le relief du Globe ; elles
poursuivent leur œuvre de destruction, et, avec le temps,
elles apporteront des changements notables à la surface de
la Terre. Une seule hypothèse est nécessaire : une durée de
plusieurs milliers de siècles. Or, c'est là l'hypothèse la moins
hardie que la Géologie puisse se permettre ; nous avons der-

rière nous toute une éternité, et rien n'empêche de reculer l'origine des choses aussi loin qu'il nous plaira dans le passé.

Ainsi, sur la Terre, rien n'est immuable et fixe ; notre Globe, depuis qu'il existe, est soumis à d'incessantes modifications s'effectuant avec une extrême lenteur sous l'influence de lois qui n'ont jamais varié. En étudiant la géologie contemporaine, nous étudions en même temps la *géologie* ancienne et les phénomènes de notre époque nous donneront la clef et l'explication des phénomènes qui se sont accomplis dans les âges les plus reculés de notre planète.

Le cycle des phénomènes géologiques. — Les phénomènes géologiques constituent un cycle fermé : le dépôt des sédiments (*sédimentation*), ainsi que l'injection dans le sol ou l'épanchement à sa surface de matériaux fluides (*éruption*), préparent les roches qui, à la suite des plissements de l'écorce (*orogénèse*), constitueront les chaînes de montagnes. Mais dès que les reliefs apparaissent, les agents atmosphériques s'appliquent à les réduire, finalement à les faire disparaître, cependant que les matériaux désagrégés entraînés par les fleuves vont former, au fond des mers, de nouveaux sédiments.

Le cycle des phénomènes géologiques n'est jamais terminé. *La Terre n'est pas une chose morte* ; elle n'est pas figée en un contour immuable. La conquête de la situation d'équilibre met en mouvement les matières terrestres sous l'effort des agents d'érosion et de la gravité.

Les phénomènes de sédimentation ont pour facteurs l'*air* et l'*eau* ; leur cause réside dans l'*inégale répartition de la chaleur solaire sur la Terre*. En effet, l'atmosphère, inégalement échauffée en ses divers points, devient le siège de courants : les *vents* soulèvent les sables et les accumulent en **dunes**, agitent la surface des mers et augmentent la puissance des *vagues* précipitées sur les côtes. L'évaporation de l'eau des mers, des lacs, des cours d'eau, est suivie de la précipitation de la vapeur sous forme de pluie ou de neige, lesquelles alimentent les *torrents,* les *cours d'eau* et les *glaciers.* A ces phénomènes, on donne aussi le nom de **phénomènes d'origine externe.**

La *contraction lente du noyau central* de notre Globe est la cause des plissements de l'écorce terrestre, des éruptions volcaniques, des tremblements de terre, c'est-à-dire des phénomènes éruptifs et orogéniques, que l'on réunit sous le nom de phénomènes d'origine interne.

Nous commencerons l'étude des phénomènes d'origine externe par les *phénomènes atmosphériques*. L'action des agents externes sera d'ailleurs envisagée au double point de vue de l'*érosion* (destruction) et de l'*édification* ; les éléments détachés d'un point se retrouvant forcément en d'autres endroits.

*
* *

L'atmosphère. — L'étude des phénomènes atmosphériques est du domaine de la Météorologie [1] ; le géologue n'étudie que leur rôle dans l'altération superficielle et dans la formation du modèle.

La Chimie [2] nous enseigne que l'air est formé d'un mélange de quatre cinquièmes d'azote et d'environ un cinquième d'oxygène. Indépendamment de ces deux gaz, auxquels s'ajoutent d'autres en proportion très faible, l'air renferme deux éléments qui jouent un rôle important en Géologie : le gaz carbonique et la vapeur d'eau. L'épaisseur de l'atmosphère est inconnue. Les ballons-sondes ont atteint, à 1 800 mètres, une région où l'air a encore une certaine densité ; on admet que l'épaisseur de l'atmosphère dépasse 60 kilomètres [3].

Action de l'air au repos. — Si l'air était parfaitement sec et calme, son action sur les roches serait à peu près nulle. Or, il n'en est jamais ainsi. La Physique nous apprend que l'air renferme toujours de la vapeur d'eau et que les différences de température et de pression font naître des courants appelés *vents*.

1. Voir G. Eisenmenger. *La Physique* (même collection).
2. Voir Dr Lassar Kohn. *La Chimie* (même collection).
3. Ce nombre est au-dessous de la réalité, car les étoiles filantes, qui ne peuvent devenir incandescentes que par leur frottement dans la masse aérienne, apparaissent à une centaine de kilomètres dans l'espace.

L'action de l'atmosphère est assez complexe dans son ensemble : l'air agissant par sa vapeur d'eau, par ses variations de température, par son gaz carbonique, par ses mouvements et par les particules qu'il transporte.

Pour se rendre compte de l'influence exercée par l'atmosphère sur les roches qui constituent la surface terrestre, il suffit de remarquer que les pierres des vieilles maisons ont une teinte foncée, un aspect terreux et paraissent rongées ; dans les ruines des châteaux, elles sont fendues, écaillées sillonnées de rides ; enfin les sculptures, à l'extérieur des vieilles églises, sont devenues méconnaissables. De pareils phénomènes s'observent partout à la surface du Globe. Lenment, mais continuellement, l'atmosphère attaque les roches soumises à son contact et son action peut finir par les réduire en poussière. L'oxygène, l'acide carbonique, l'eau contenus dans l'atmosphère, jouent chacun leur rôle dans cette désagrégration des roches exposées à l'air.

Quand il fait froid, la vapeur d'eau se condense sur les pierres et pénètre dans toutes leurs fissures. Chaque gouttelette d'eau, au moment du gel, agit comme un outil microscopique, en raison de son augmentation de volume, et c'est ainsi, comme nous l'avons vu, que se forme l'arène granitique. Les calcaires marneux, s'imbibant facilement, présentent plus que d'autres ce phénomène : ce sont des *pierres gélives*.

Les cimes élevées sont continuellement tailladées et il en résulte ces sommets aux formes déchiquetées connus sous le nom d'*aiguilles*. Les alpinistes qui font l'ascension du Mont Blanc savent qu'il faut se hâter en passant sous les pentes de l'Aiguille du Midi ou en certains points de l'Aiguille du Goûter, à cause des fréquentes chutes de pierres détachées des hauteurs par le gel. L'accumulation de pierrailles descendues de la montagne forme, au pied des escarpements, ces amas rocailleux appelés *cônes d'éboulis* (*casses* dans les Alpes du Dauphiné). Souvent ces cônes sont alimentés par des couloirs où les chutes de pierres sont presque constantes.

L'oxygène et l'acide carbonique ne produisent aucune action appréciable quand l'air est sec ; cette action ne se

manifeste qu'en présence de l'eau et elle devient très importante. Chacun sait qu'un morceau de fer exposé à l'humidité perd son aspect brillant, se recouvre de rouille, substance brune, terreuse, qui s'écaille facilement et qui résulte de l'union du fer avec l'eau et l'oxygène atmosphériques. Un phénomène analogue se produit pour beaucoup de roches.

Le gaz acide carbonique a, comme tous les acides, la propriété d'attaquer les roches calcaires. Sous le ciel clair de la Grèce, les monuments et les statues de marbre de l'antiquité se sont merveilleusement conservés, tandis que dans les climats humides du Nord, les roches se corrodent et se dissolvent rapidement.

L'*insolation* est un agent important de désagrégation. Dans les déserts, l'absence de vapeur d'eau entraîne de grands écarts de température : dès que la nuit tombe, le froid de l'espace succède à la chaleur torride du soleil, et le thermomètre peut descendre à 60 ou 70° au-dessous du point le plus élevé marqué dans la journée. Les roches les plus dures ne résistent pas à ces contractions et dilatations successives ; aussi certaines plaines se trouvent-elles couvertes d'éclats pierreux.

Les rayons solaires peuvent aussi produire certaines transformations chimiques. Les explorateurs qui ont traversé les déserts tropicaux ont remarqué, à la surface des grès, une sorte d'écume brune, luisante, appelée *vernis du désert* et qui a surtout été étudiée par Joh. WALTHER (1891). L'évaporation de l'eau d'imbibition produirait une concentration superficielle des sels contenus dans la roche ; pour J. WALTHER, les chlorures alcalins joueraient un rôle essentiel ; pour G. LINCK, la rosée apporterait certains sels. Cette couche d'oxydes de fer et de manganèse se retrouve, bien qu'à un degré moindre, sur les blocs de grès de Fontainebleau et sur les rochers de grès vosgien, en Alsace.

Le Vent et les actions éoliennes. — L'air chaud étant plus léger que l'air froid, et l'air humide plus léger que l'air sec, l'inégale répartition de la chaleur et de l'humidité à la surface du Globe fait naître des *basses* et des *hautes pressions*. L'air, qui cherche son équilibre, se déplace : ainsi naissent les *vents*.

Les vents soufflent des zones de hautes pressions vers les zones de basses pressions (Buys-Ballot) ; leur vitesse est en raison inverse de l'écart des pressions entre les deux points où ils soufflent (Stephenson).

Les vents les plus constants sont les *alizés*, qui sont chauds et soufflent de l'équateur vers les pôles, et les *contre-alizés*, qui sont froids et soufflent des pôles vers l'équateur. D'autres vents ont pour cause la différence de température entre les continents et les mers : ce sont les *moussons*[1] qui soufflent sur toutes les mers tropicales et changent de direction tous les six mois. Il se produit parfois dans les régions tropicales des dépressions donnant naissance à de violents mouvements tourbillonnaires que l'on nomme *cyclones* dans la mer des Indes, *typhons* dans les mers de Chine, *tornados* sur les côtes de Guinée et du Sénégal, *ouragans* aux Antilles. Dans l'Océan Indien, les cyclones se produisent surtout dans la période de troubles de l'air qui accompagne le renversement des moussons. Le mouvement tourbillonnaire peut offrir un maximum de vitesse de plus de 100 kilomètres à l'heure ; rien ne résiste à de pareils souffles : les navires sont engloutis ou jetés à la côte, les habitations et les arbres rasés, les eaux des fleuves repoussées vers l'amont. De grands cyclones ont laissé, dans la mer des Antilles, de terribles souvenirs ; celui de Galveston, qui ravagea en septembre 1900 le sud du Texas, fit plus de huit cents victimes. Nous étudierons successivement le *transport*, l'*érosion* et l'*édification* sous l'action du vent.

Les transports éoliens[2]. — Lorsque le vent rencontre des matériaux meubles suffisamment légers et non protégés par une couverture végétale, il les entraîne avec lui. Les poussières sur les routes, le sable sur les plages, la neige sur les montagnes deviennent la proie du vent et vont s'accumuler en d'autres endroits. L'effet sera d'autant plus intense que les

---

1. *Mousson* vient d'un mot arabe qui signifie *saison*, aussi les moussons sont-elles souvent appelées vents *saisonniers*. Elles jouent un rôle de premier ordre dans le continent asiatique ; la mousson d'été, venant des surfaces marines, apporte la vapeur d'eau et les pluies bienfaisantes ; elle règle les traits essentiels de la vie de l'Inde et de la Chine.

2. *Eole*, dans la mythologie grecque, était le dieu des vents.

particules seront plus aisément transportables, c'est-à-dire qu'elles seront fines et sèches, car l'eau, en les agglutinant, mettrait un sérieux obstacle à leur déplacement. Les régions couvertes de cendres volcaniques, les régions calcaires où l'eau disparaît immédiatement en profondeur (Karst illyrien), les plateaux que l'homme a imprudemment déboisés, les pays secs où il ne pleut pas pendant des années entières, sont les vrais domaines du vent. Or, il existe, depuis la côte occidentale d'Afrique jusqu'au grand désert de Gobi, en Tartarie, sur une étendue de 15 000 kilomètres, une immense ceinture de régions arides où de vastes plaines sablonneuses s'étendent à perte de vue. Les Touaregs ont vu des périodes de neuf années pendant lesquelles il ne tombait pas une goutte d'eau (SCHIRMER); dans le Sahara algérien, la moyenne annuelle de pluie paraît être de 120 millimètres et encore l'eau se perd sans profit dans les profondeurs du sol. Un soleil ardent dévore ces plaines desséchées, en élève la température jusqu'à 70° et, sous l'action incessante de ce foyer, les rocs se divisent et le sol se pulvérise. C'est donc dans les déserts que les actions éoliennes atteignent leur maximum d'intensité.

Il est évident que le vent entraîne les débris d'autant plus facilement que sa vitesse est plus grande[1]. Habituellement, les poussières seules sont transportées au loin ; un vent d'intensité moyenne pousse les grains de sable à la surface du sol et, si sa direction reste constante pendant un temps suffisant, il peut suffire pour former de véritables collines de sable ; un vent d'ouragan peut déplacer des pierres de 1 kilogramme. Dans le désert de Gobi, le vent entraîne parfois des cailloux gros comme le poing.

Le vent est capable de transporter les poussières à de grandes distances ; nous verrons, à propos des volcans, que les cendres volcaniques emportées par le vent se répartissent sur des surfaces considérables. Du 9 au 12 mars 1901, dans l'Afrique du Nord, l'Europe méridionale et centrale, s'est

---

1. La vitesse d'un vent fort atteint 16 mètres par seconde, celle d'un vent violent 25, celle d'un ouragan peut dépasser 40 mètres. Les pressions exercées par mètre carré sont respectivement 25, 65 et 400 kilogrammes.

produite une grande chute de poussière provenant des déserts africains ; on a évalué la masse de poussière tombée sur le sol européen à 1 800 000 tonnes ; ce chiffre montre l'importance que peuvent prendre les transports éoliens au point de vue de la formation des sédiments. A l'ouest du Sahara, des pluies de sable se produisent fréquemment dans l'Atlantique ; le *siroco*, qui souffle d'Afrique vers l'Europe, apporte souvent en Provence les poussières du Sahara ; parfois, dans l'Australie du Sud-Est, soufflent des vents de fournaise (les *hot Winds*), surnommés *bricklayers* (maçons) à cause de l'énorme quantité de poussières dont ils couvrent les maisons.

Les vents des déserts, balayant de vastes surfaces, débarrassent continuellement les roches de leur couverture meuble et les maintiennent constamment en état de subir l'effet des variations de température. De là, les deux aspects que présentent les régions désertiques : les *déserts de pierres* (appelés *Hamada* [1] dans le Sahara) et les *déserts de sable* ou *Erg*. A cette ablation par le vent, le voyageur allemand JOH. WALTHER, qui a longuement étudié la dénudation dans les déserts, a donné le nom de **déflation** [2].

L'érosion éolienne. — En dehors des actions de transport, l'atmosphère en mouvement exerce sur les roches une action érosive très marquée. Chacun sait que, sur les plages, les vitres des cabines de bains sont rapidement dépolies et que l'on peut graver le verre en projetant sur sa surface non protégée en certains points, un jet de sable fin à l'aide d'une machine soufflante.

Le vent chargé de grains de sable est capable d'user, de

1. Le type des *hamada* est l'hamada-el-hamra, dans le nord du Sahara, longue de 600 kilomètres et large de 200, au sud de Ghadamès en Tripolitaine, avec une altitude de 600 mètres environ. Les *sérir* sont une variété d'hamada ; les galets y sont réduits à l'état de cailloux. Les principaux déserts de sable sont l'*Ighidi*, au sud du Maroc, l'*Erg*, au sud de l'Algérie, le désert *libyque* à l'est du continent africain.

2. Cette déflation s'observe dans la forêt de Fontainebleau. Le sable fin est emporté par le vent, tandis que les nodules de grès qui s'y trouvent enclavés s'amoncellent irrégulièrement sur les flancs des coteaux ; ils forment une sorte de *chaos* qui donne à certains points de la forêt un aspect fort pittoresque.

dégrader, de sculpter, de polir les roches les plus dures sur lesquelles il exerce son frottement. Les roches très homogènes, comme les roches cristallines, les calcaires massifs et les grès durs se polissent sous cette action ; on trouve dans les déserts du Sahara, de Gobi, de l'Australie, des amas de cailloux striés et polis par les sables ; certains cailloux prennent une forme prismatique très accusée, ce sont les *cailloux à facettes* que l'on rencontre d'ailleurs dans toutes les plaines sableuses (Brandebourg, Bolivie, etc.). Les roches moins résistantes, les grès friables, les calcaires tendres, sont burinées par les matériaux transportés par le vent ; il se forme ainsi des rainures allongées, plus ou moins profondes, ou encore une structure particulière en forme de *réseau grillagé*. Ce résultat est très net dans les Hamada du Sahara et de l'Arabie ; les parties tendres sont affouillées, tandis que les parties dures, mises en saillie, forment des crêtes irrégulières, grossièrement parallèles et que Sven Hedin a décrites à la suite d'un voyage scientifique dans l'Asie Centrale (1899-1902). Les sillons qui séparent ces crêtes résultent d'une action tourbillonnante analogue à celle qui engendre les marmites de géants (J. Brunhes, 1903). A cette usure des roches par le vent, de Richthofen a donné le nom de **corrasion**.

Quand le vent s'attaque à des formations mal cimentées, des grès tendres, par exemple, il réussit à décaper le manteau sédimentaire qui apparaît alors de place en place en longues falaises, en terrasses isolées, en hauteurs tabulaires. Parfois, il ne reste plus, comme témoins géologiques, que des colonnades, des piliers projetant sur le vide des plaines le profil inattendu de quelque tour en ruine[1]. Plusieurs échancrures, utilisées pour la traversée des chaînes de Californie, semblent dues à l'action du vent, mais, comme l'a fait remarquer J. Walther, cette action se combine avec celle des précipitations atmosphériques. De beaux exemples de rochers façonnés par le sable ont été signalés au Colorado, au plateau de Pamir, où ils prennent des formes très capricieuses et une

---

1. Ainsi se présente, dans le Bas-Sahara, en avant des grandes dunes, la région des Gours ; mais les eaux pluviales d'un âge antérieur ont pris une large part dans ce travail.

surface rappelant une dentelle; parfois, le vent les sape à la base, laquelle s'amincit peu à peu et se transforme en pédoncule étroit : oasis de Khargeh (à l'est du désert libyque), Rocher breek (Arizona), Cap Blanc (Mission Gruvel, 1906). La corrasion se constate aussi dans la vallée du Rhône sur les murs exposés au *mistral* (exemple : près d'Arles, chaîne des Alpines), sur les ruines des châteaux des Vosges ; au château de Heidelberg, en Allemagne, où le vent tourbillonnant, pénétrant par deux ouvertures dans un couloir couvert de la Tour du Théâtre, a creusé des trous de 15 centimètres de profondeur ; enfin la *Table du Diable*, de Saint-Mihiel (Meuse) est un exemple de ces rochers en champignon qui abondent dans les régions désertiques.

La sédimentation éolienne. — Que devient le sable transporté par le vent? Il s'accumule dans les régions basses où le vent se fait moins sentir et arrive à combler le lit de certains cours d'eau qui deviennent alors souterrains : l'oued Rhir et l'oued Igharghar, dans le Sahara, sont dans ce cas. Souvent, le parcours souterrain du fleuve est jalonné d'oasis alimentés par l'eau que l'on fait remonter à la surface par des puits; parfois, comme dans le Souf, au sud-est de Biskra, les indigènes creusent dans le sable une sorte de vallée de manière à planter les dattiers à proximité de l'eau, mais il leur faut constamment lutter contre l'envahissement du sable. Le Nil, en Égypte, le Niger, dans la région de Tombouctou, ne sont pas à l'abri de cette invasion de sable, mais leur grande masse d'eau leur permet d'y résister.

Le sable peut s'accumuler en collines appelées *dunes désertiques*[1] atteignant parfois 200 mètres de hauteur et se déplaçant peu à peu sous l'action du vent; des dunes s'observent aussi sur nos rivages maritimes (voir plus loin). Les dunes sahariennes tendent à combler le Tchad; la région orientale, bordée de dunes, est parsemée de centaines d'îlots auxquels on attribue cette origine[2].

1. Du néerlandais *dune*, même sens; dérivé du celtique *dun*, hauteur.
2. Les sables de Kanem sont chassés en hiver par le vent nord-est; ils comblent peu à peu le lac Tchad et ont déjà produit le renversement du

Les cendres volcaniques, transportées par le vent, peuvent former de véritables dépôts dans les régions voisines des volcans. Dans la vallée du fleuve Jaune, en Chine, existe, comme nous l'avons vu, une épaisseur de 400 à 600 mètres d'une terre jaune que les géologues attribuent, au moins en partie, au transport par le vent des poussières provenant du désert de Gobi. Arrêtées par une abondante végétation de graminées, reprises par la pluie, ces poussières constituent le *lœss*, formation de steppes, alors que les dunes caractérisent les déserts[1]. Aux environs de Paris, il existe aussi du lœss et des limons dont le dépôt serait dû, également pour une part, au vent. En Égypte, de véritables pluies de sables siliceux et calcaires couvrent la vallée du Nil et concourent à la fertilité du sol en alternant régulièrement avec le limon argileux déposé par le fleuve.

Le sable peut s'agglomérer, sous l'influence des pluies et des sels dissous, pour donner des *grès éoliens* que l'on observe, par exemple, au Cap Vert, aux Bermudes, etc.

Les édifications éoliennes. — On désigne sous le nom de **dunes** les collines que le vent édifie sur les plages basses et sablonneuses ou à la surface des régions désertiques de relief uniforme. Elles se présentent dans la topographie sous l'aspect de monticules dont la crête, irrégulièrement découpée,

---

sens du Bahr-el-Ghazal. Ce fait a d'ailleurs été fréquent dans l'histoire saharienne. Le Niger s'est jeté primitivement dans la dépression du Djouf; les sables lui ayant barré la route du nord, le fleuve s'est traîné au pied de la bande sableuse en venant chercher une autre voie d'écoulement; un affluent du bassin du Tilemsi a soutiré les eaux nigériennes au profit d'un fleuve tributaire du golfe de Guinée. Ainsi s'est constitué le Niger actuel.

1. Voir troisième conférence : « Formations superficielles ». La théorie éolienne du lœss n'est pas admise d'une façon absolue; les géologues américains accordent une certaine part à l'action des eaux pluviales. La région du Colorado, une de celles où le vent soulève les plus abondants tourbillons de poussière en raison de l'extrême sécheresse, est complètement dépourvue de lœss. En Chine, le lœss est cultivé à sa surface et habité dans sa partie profonde : les ravinements naturels sont devenus des ruelles au fond desquelles s'ouvrent les demeures des cultivateurs troglodytes.

domine, en général, du côté ou le vent la frappe, un talus à pente très douce où des crêtes moins élevées s'étagent comme des vagues figées. Du côté opposé, le talus est plus raide et présente une inclinaison de 25 à 30°.

L'existence de sable fin sur lequel ne pousse qu'une maigre végétation et celle d'un vent dominant, sont évidemment nécessaires à l'édification d'une dune. Le vent tend à transformer les surfaces planes en surfaces ondulées, ce qui amène la formation de petits monticules susceptibles de devenir une dune [1]. Sur le littoral océanique, en Flandre, en

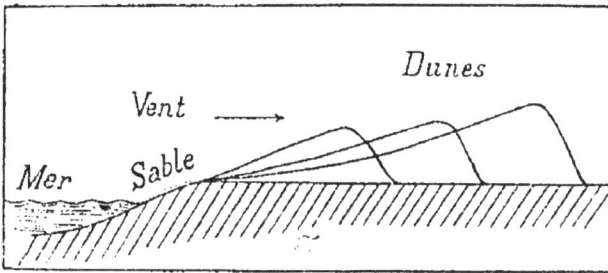

Fig. 15. — Formation des dunes littorales.

Gascogne, au Maroc, ainsi que sur les côtes allemandes de la Baltique, les conditions nécessaires se trouvent réalisées ; sur les plages à faible inclinaison, le flot de marée peut déposer chaque fois les masses de sables qu'il tient en suspension et la chaleur solaire dessèche et rend mobiles les couches supérieures que les vents du large édifieront en dunes.

Quand le vent souffle de la mer, comme cela arrive généralement pendant le jour, par l'effet de la brise de mer, les grains de sable desséché sont poussés vers l'intérieur des terres. Si la pente de la plage est assez faible pour que les

---

1. On croit généralement que la présence d'un obstacle sur le sol est nécessaire à l'édification d'une dune. D'après OTTO BASCHIN (1899), toutes les surfaces planes ont une tendance, sous l'action du vent, à se transformer en surfaces ondulées ; on peut s'en rendre compte en observant les rides régulières, perpendiculaires à la poussée du vent, que le vent produit sur les trottoirs d'asphalte : la poussière y prend l'aspect de dunes.

grains puissent la remonter, le sable pourra être transporté et il s'accumulera contre les obstacles qui seront
bientôt submergés. Le monticule formera un plan incliné
vers la mer, mais comme les grains franchissant la crête,
se trouvent abandonnés à la pesanteur, la pente, de l'autre
côté de l'obstacle, sera plus rapide et correspondra à un
talus normal d'équilibre. La forme générale d'une dune est
celle d'un arc de cercle dont la convexité s'oriente dans la
direction du vent; en effet, les grains de sable ont une
hauteur plus grande à franchir au centre de la dune que
sur les bords, ils cheminent donc moins vite en ce point.
Cette forme en croissant est surtout accentuée dans les dunes
continentales.

Les dunes ne sont jamais en repos. Quand la crête a atteint
l'élévation maxima à laquelle la violence du vent peut faire
monter les grains de sable, l'accumulation se fait en arrière.
La crête se détruit et se reforme constamment, mais comme
le talus, devenu moins raide, est plus facilement remonté, la
crête se reforme en arrière de sa position première. Ainsi, les
dunes forment une série de vagues dont les crêtes sont de
plus en plus élevées à mesure qu'on s'éloigne du rivage.

Les dunes littorales. — Le jeu des marées, l'intensité du vent
du large, la nature du sable de la plage sont les facteurs qui
contribuent à donner leur importance aux dunes littorales.

Sur les bords de la Méditerranée, les dunes ne dépassent
pas 6 ou 7 mètres de hauteur, car les marées sont faibles et
n'apportent que très peu de sable ; sur le littoral de Gascogne,
au contraire, où les dénudations des Pyrénées et du Plateau
Central ont amené de grands transports détritiques, les dunes
atteignent par endroits 80 mètres. En arrière des dunes
landaises apparaissent une longue série d'*étangs* dus à
l'envahissement du lit des cours d'eau : le bassin d'Arcachon
lui-même n'est qu'un de ces étangs, mais il suffirait d'un
apport peu considérable de sable pour combler son chenal et
l'isoler de la mer. Ces étangs se comblent peu à peu. Ainsi
les dunes concourent à l'accroissement des continents : elles
isolent de la mer une partie du domaine recouvert par les
grandes marées et modifient complètement l'aspect du litto-

ral[1]. Les dunes littorales s'observent aussi au voisinage de la baie de la Somme, de Berck-sur-Mer, de Dunkerque, etc.

Ces dunes qui, au premier abord, paraissent immobiles, s'avancent en réalité lentement du côté des terres. Cette « marche » des dunes est parfois très rapide ; celles de Gascogne avançaient autrefois de 20 à 25 mètres par an ; elles ont enseveli l'église de Lège, le village de Vieux-Soulac, les ports de Mimizan[2] et de Cap-Breton. En Danemark, elles ont recouvert l'église de Skagen, dont le clocher seul apparaît au-dessus des sables. Comme vitesse exceptionnelle, on cite

Fig. 16. — Barkhanes du Turkestan.

Dunes mobiles, avec versant à l'opposite du vent, en forme de faucille.
(D'après J. Walther.)

celle de la dune de Saint-Pol-de-Léon (Finistère) qui, de 1666 à 1722, avait conquis plus de 25 kilomètres avançant à une vitesse annuelle de 500 mètres environ.

A la fin du dix-huitième siècle, les dunes de Gascogne menaçaient Bordeaux et, sur une longueur de 120 kilomètres, retenaient les eaux des rivières et les empêchaient de se jeter à la mer. L'ingénieur français BRÉMONTIER reconnut que le régime dunaire existait depuis la destruction des anciennes forêts littorales et entreprit de reconstituer, à la surface de ces monticules mouvants, l'ancien manteau forestier. C'était

I. Voir la huitième conférence : « Action de la mer ».

2. D'après le témoignage des habitants du pays, l'ancien Mimizan reposerait sous la dune d'Udos, belle colline aujourd'hui boisée, à laquelle un majestueux isolement, l'inclinaison régulière des pentes et une double cime conique donnent l'aspect remarquable d'un volcan.

la seule façon d'arrêter la marche envahissante des sables : les arbres diminuent l'action du vent par leurs branches et leurs feuilles, tandis que les feuilles mortes qui jonchent le sol protègent le sable contre l'enlèvement. Les plantations de pins maritimes, assurées depuis par l'administration forestière, ont non seulement arrêté la marche des dunes landaises, mais encore ont mis en valeur ces surfaces jadis improductives. Les *pinadas* ou forêts de pins des Landes, par le bois, la résine, l'essence de térébenthine qu'elles fournissent, sont devenues une source de richesse[1].

Pourtant, il convient de remarquer que l'on ne ralentit la marche désastreuse des dunes littorales que si des conditions hydrographiques et éoliennes de la côte permettent au mur de sable d'empiéter sur l'Océan par la surélévation de la côte. Quand ces conditions ne sont pas remplies, l'invasion éolienne déborde dans la direction du vent, atteint, puis engloutit les bois protecteurs : la dune s'exhausse, comble les « lètes » profondes et atteint les dunes voisines. La marche éolienne suit alors son cours normal et ne peut être enrayée qu'en arrière, assez loin de la mer, mais jamais sur le rivage.

Les dunes continentales. — Si les dunes littorales se trouvent arrêtées à quelque distance de la mer par la végétation, il n'en est pas de même de certaines dunes désertiques qui peuvent envahir peu à peu des surfaces immenses. Au Sahara, des amoncellement énormes de sable existent dans l'Iguidi, dans l'Erg, dans le désert libyque; en Asie, les dunes occupent le désert d'Arabie, du plateau de l'Iran, du Turkestan russe, du bassin du Tarim et du Gobi; en Australie, une grande surface est occupée par les dunes : elles font une ceinture autour du centre et couvrent la plus grande partie de l'Australie occidentale. On peut dire que les 7/100ᵉ

1. Dans ce travail de fixation des dunes, on consolide d'abord le sol par des semis d'herbes et d'arbustes, bruyères, ajoncs, genêts, etc.; puis on établit des plantations de pins maritimes. Le semis est couvert de branchages qui le protègent contre l'action du vent. On opère toujours les plantations du littoral vers l'intérieur des terres ; d'ailleurs, on édifie des dunes de défense formées de pieux et de branchages.

de la surface de la Terre appartiennent au paysage éolien.

Les dunes continentales présentent parfois le type de crêtes parallèles longitudinales en raison de l'existence de vents dominants réguliers. Les *dunes longitudinales* sont très développées en Australie ; D. W. Carnegie en 1896-1897 a traversé ces dunes sur plus de 500 kilomètres, dans le désert de l'Ouest. Elles s'alignent, dit-il, sans interruption, « avec la régularité des sillons d'un champ labouré » ; ces dunes ont généralement des talus raides des deux côtés. Très souvent, les dunes présentent un *enchevêtrement* de rides, de creux, de crêtes où il est difficile de démêler une direction : c'est le cas des dunes sahariennes dans le désert libyque et dans l'Erg. Ces types de dunes sont peu mobiles, elles ne subissent qu'un déplacement insignifiant : le vent modifie simplement la crête dont les changements ont été décrits par M. Foureau (1905). En Australie les dunes ont fréquemment une base stable, et il en est de même de certains groupes de dunes du Turkestan, consolidés par l'humidité que provoque la fonte des neiges.

Les *dunes en croissant* se montrent nettement dans les

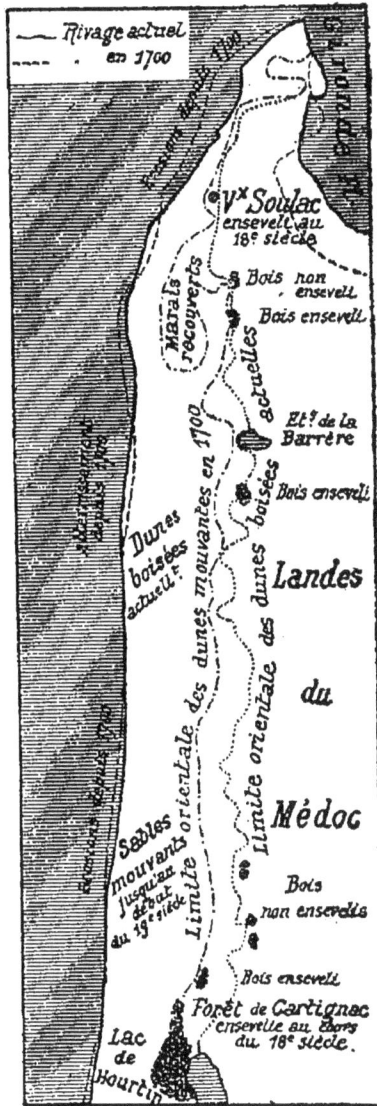

Fig. 17. — Progression des dunes en Gascogne, d'après la carte de Claude Masse, comparée aux cartes modernes. (D'après Ch. Duffart.)

siouf du Sahara et dans les *barkhanes* du Turkestan; elles sont souvent groupées deux par deux. Le savant allemand Johannes Walther (1891-1900) considère les barkhanes comme le type de dunes prenant naissance sur les surfaces planes et duquel découlent tous les autres.

La hauteur des dunes continentales est très variable : 10 à 12 mètres en Australie et au Turkestan, 90 mètres dans le désert de Victoria, 150 à 200 mètres dans le Sahara; au Congo, les dunes provenant de l'altération de massifs de grès atteignent 300 mètres de hauteur.

M. Rolland (1882) a étudié, avec beaucoup de soin, la composition des dunes du Sahara; il a observé que les grains de sable qui les constituent ont la même grosseur depuis la base jusqu'au sommet de la dune, et qu'ils proviennent des alluvions sableuses très répandues à la surface du désert, ainsi que de la désagrégation lente et continue des roches gréseuses. Polis et colorés en rouge orangé par de l'oxyde de fer, ces grains de sable prennent, en masse, une teinte d'or mat, magnifique sous le soleil du Sahara. Dans le groupe marocain de l'Iguidi, les dunes se chargent de schistes cristallins et prennent une teinte noirâtre.

Les dunes des déserts ne sont pas, comme on pourrait le croire, les parties les plus desséchées; elles constituent, au contraire, de précieux réservoirs d'eau, et c'est à cette humidité qu'elles doivent, dans certains cas, leur immobilité relative, ainsi que leur végétation broussailleuse, servant de nourriture aux chameaux. La nappe aquifère peut être atteinte par les puits, et apparaît à l'air libre sous la forme de sources autour desquelles se groupe la population indigène (oasis de sources). Ainsi, les dunes contribuent à corriger, dans une certaine mesure, la sécheresse du désert à laquelle leur existence est due.

Enfin, en dehors des dunes de sable, il faut citer les *dunes de neige* édifiées par le vent, vers les crêtes élevées des montagnes. Les ripple marks, ces innombrables rides et ondulations qui recouvrent le sable des plages à marée basse, sont dus au clapotement de l'eau agitée par la brise; le fait se produit directement aussi sur le sable sec et pulvérulent, ainsi que sur la neige poudreuse.

Antagonisme des agents atmosphériques et paysage éolien. — Nous avons vu que les actions éoliennes ne sont prépondérantes que si le sol est privé de sa couverture végétale, c'est-à-dire si l'humidité atmosphérique tombe au-dessous d'une certaine limite. Si donc, dans une région, la quantité de vapeur d'eau que renferme l'atmosphère, ne donne naissance qu'à des pluies insuffisantes pour entretenir la vie des végétaux, il se formera d'abord une *steppe*, où croît encore une herbe bientôt desséchée, puis — si la sécheresse persiste et si l'insolation devient active — le régime désertique s'établira.

La grande bande de déserts qui s'étend depuis le Sénégal à la Mandchourie, sur une longueur de 15 000 kilomètres, semble bien être passée par ces divers états. Partout, en effet, elle porte la trace de vastes réseaux hydrographiques, qui s'étaient ébauchés à l'époque des pluies intenses du début de l'ère quaternaire. La sécheresse vint, pour des causes diverses; alors, le vent, agent de désordre, commença à rendre précaire et à supplanter l'action des eaux courantes; le sol apparut encombré de matériaux désagrégés; les dunes envahirent les lits des cours d'eau; les formes de la surface devinrent incohérentes et, par le travail d'accumulation et de remplissage, les déserts nous apparaissent comme des régions « en travail de mort », s'ensevelissant sous leurs ruines.

Les explorations récentes de M. Foureau, du colonel Laperrine, du commandant Theveniaut, de MM. Gautier et Chudeau, dans le Sahara, ont montré que ce qui constitue aujourd'hui le Sahara du Nord, le « pays de la soif », était autrefois parcouru par de grands cours d'eau, dont l'oued Igharghar constituait l'artère maîtresse (Foureau). Les dunes sahariennes se sont édifiées en partie avec les nappes d'alluvions de l'ancien système fluvial (Gautier). Au contraire, la zone nigérienne, avec ses « dunes fossiles » recouvertes de mimosées, témoigne de la substitution récente d'un climat humide à des conditions désertiques; c'est la steppe qui remplace le désert. Ainsi, *les phénomènes atmosphériques ont déplacé le désert vers le nord.* Au début de l'ère quaternaire, le Sahara, avec ses grands fleuves, devait présenter l'aspect de l'Égypte actuelle.

Remarquons qu'un désert apporte de lui-même une sorte

de limite à son extension. Les régions échauffées deviennent des centres de basses pressions et les vents, qui affluent pour rétablir l'équilibre, peuvent apporter l'humidité nécessaire pour que le régime steppique s'établisse [1].

En résumé, le *vent*, comme agent géologique, est dans un certain sens, l'antagoniste de l'*eau*. Dans les régions sèches, le vent règne en maître absolu; dans les régions tropicales qui se signalent par une période de sécheresse prolongée, le vent et l'eau agissent tour à tour : partout où l'eau est à l'œuvre d'une manière réelle, le vent, au point de vue géologique, perd toute importance. Dans la conférence suivante, nous étudierons l'action de l'eau à la surface du Globe, et nous verrons que si le modelé par les influences éoliennes est essentiellement indécis, celui qui s'opère par les eaux courantes est toujours nettement déterminé.

1. Pour la fertilité d'une contrée 400 millimètres d'eau suffisent ; pour une steppe, 300 et même 200. Le long du Sahara, la steppe herbeuse passe progressivement aux régions de forêts et de cultures entretenues par les pluies équatoriales. Les immenses steppes des Kirghizes marquent le bord septentrional de la dépression aralo-caspienne, au fond occupé par les déserts du Turkestan. La Mongolie est aussi une steppe gigantesque préparant la transition du désert de Gobi aux forêts de la Sibérie.

CINQUIÈME CONFÉRENCE

PHÉNOMÈNES PRODUITS PAR LES EAUX COURANTES

L'Eau dans la Nature, son rôle géologique. — I. « Phénomènes d'érosion » par les eaux sauvages. — II. Les torrents et leurs phénomènes destructeurs. — Marmites de géants. Inondations torrentielles. — III. Lois régissant les phénomènes d'érosion par les eaux courantes. Régime et nature du sol. Inondations. — IV. « Phénomènes de creusement » des vallées. Façonnement des versants Phénomènes de capture. Les pénéplaines. Les phénomènes de creusement et les conditions géologiques du sol. Rapidité du creusement et de l'aplanissement du sol. Particularités des phénomènes d'érosion. Phénomènes d'épigénie. — V. « Phénomènes d'alluvionnement ». Comblement des lacs. Deltas. — Mesure de l'activité des eaux courantes.

L'Eau dans la Nature, son rôle géologique. — L'eau est le facteur essentiel du modelé de la surface terrestre. L'action de l'atmosphère ne peut guère déterminer que des modifications locales, aussi l'*école neptunienne* considérait-elle l'eau comme le seul agent formant et déformant l'écorce terrestre.

L'eau à l'état solide (neiges et glaciers) n'intéresse que les pays de montagnes élevées : l'effort des mers, comme nous le verrons, est limité aux rivages, mais l'action de l'eau courante s'étend à l'ensemble de la surface émergée à l'exception évidemment des régions désertiques déjà signalées. *L'eau courante est l'agent géologique responsable du façonnement de la surface du Globe.*

La Géographie enseigne que la répartition des pluies est

8

très inégale à la surface du Globe. Abondantes dans la zone des calmes équatoriaux où les *cloudrings* (anneaux nuageux) se précipitent en trombes diluviennes ; coupées par des intervalles de sécheresse dans les zones tropicales ; faibles dans les régions des alizés qui poussent leurs vapeurs dans des régions de plus en plus chaudes, les pluies sont extrêmement variables dans les régions tempérées, tant au point de vue de la régularité et de la quantité, qu'à celui de l'époque et de la durée. Les régions côtières battues par les vents marins et les régions montagneuses reçoivent infiniment plus d'humidité que le centre du continent.

Le relief exerce une grande influence sur la quantité d'eau tombée et, par suite, sur les actions que cette eau ne manque pas d'exercer. Tandis, par exemple, que la vallée du Rhin ne reçoit annuellement que 0 m. 56 de pluie, les Hautes Vosges sont l'objet d'une précipitation atteignant 1 m. 20. L'air qui franchit une chaîne de montagnes, se dilate, donc se refroidit, et ce refroidissement condense sa vapeur d'eau à l'état de pluie ou de neige. Plus l'air s'élève rapidement, plus grande sera la précipitation aqueuse (CÉZANNE), et c'est ainsi que le pied de l'Himalaya reçoit annuellement de 12 à 14 mètres d'eau.

Si la température est inférieure à 0°, la vapeur d'eau se congèle en petits cristaux enchevêtrés constituant la *neige*, laquelle, en s'accumulant dans les montagnes, donne naissance aux *glaciers*. En été, neiges et glaces fondent, au moins partiellement, et leur eau de fusion grossit les cours d'eau qui la transportent à la mer. Il y a ainsi, entre la Terre et l'Atmosphère, un échange perpétuel, une véritable circulation qui joue, dans la vie du Globe, un rôle analogue à celui de la circulation du sang chez les animaux ou de la sève chez les plantes.

Tombée à l'état de pluie sur le sol, l'eau, suivant la nature géologique de la région, suivant la pente du terrain et aussi l'abondance des précipitations antérieures et la saison, se divise en trois parts. L'une coule à la surface du sol : c'est l'*eau de ruissellement* ; l'autre pénètre dans la profondeur : c'est l'*eau d'infiltration* ; la troisième retourne à l'atmosphère d'où elle vient, c'est l'*eau d'évaporation*. Cette dernière est considérable, surtout dans la saison chaude, et l'on peut dire que, dans nos pays, les pluies d'été ne profitent pas aux cours d'eau (DAUSSE). SIR JOHN MURRAY (1889) a calculé que sur les 122 500 kilomètres cubes d'eau que reçoivent annuellement les continents à l'état de pluie, 27 200 seulement sont restitués à la mer.

L'eau joue partout le même rôle géologique : elle désagrège, transporte et dépose les matériaux de la terre ferme; d'où trois points à considérer : l'*érosion*, le *transport*, la *sédimentation*. Partout et toujours, l'eau tend à *niveler le sol*.

Nous étudierons dans cette conférence, l'action des eaux sauvages, puis celle des torrents qui bouillonnent dans les montagnes, enfin celle des cours d'eau qui sillonnent les plaines.

I. Phénomènes d'érosion par les eaux sauvages. — Les *eaux sauvages* sont les eaux qui ruissellent à la surface du sol sans suivre un chemin bien déterminé, alors que les *eaux courantes* empruntent un lit bien défini. Dans les deux cas, l'écoulement de l'eau entraîne une incessante modification de la surface sur laquelle il s'accomplit. L'eau de ruissellement exerce en effet : une *action mécanique*, une *action dissolvante* et des *actions plus complexes*.

Les eaux sauvages agissent *mécaniquement* en entraînant avec elles des parcelles de terre et des petites pierres : après une averse, chacun a pu voir sur une route empierrée, les cailloux, apparaître plus nettement qu'auparavant. Si l'averse a été violente, une partie des cailloux a pu être aussi enlevée, laissant place à une rigole plus ou moins profonde. Les mêmes phénomènes se produisent sur tous les endroits en pente, surtout ceux qui sont dépourvus de végétation. Les effets mécaniques du ruissellement sont d'autant plus grands, que la pente est plus rapide : ils sont maximum dans les régions montagneuses, surtout quand elles sont déboisées : les sommets perdent toute leur terre végétale enlevée au fur et à mesure de sa formation.

Les effets du ruissellement s'observent sur tous les sols imperméables et même sur les terrains perméables quand la pente est rapide. Dans les terrains imperméables, argileux ou

granitiques, l'eau détermine la formation d'un réseau serré
de gouttières et de rigoles qui sillonnent les surfaces dans le
sens de la pente. En France, le Limousin, le Morvan sont des
régions de ruissellement intense. Si l'eau pluviale tombe sur
des terrains perméables, elle donne lieu aux phénomènes de
circulation souterraine que nous étudierons plus tard. Le
contraste est donc très net entre deux régions de perméabilité
différente.

L'action mécanique des eaux sauvages peut conduire, dans
certains cas, à des **curiosités naturelles.**

Quand le sol est formé de roches assez dures, mais fissu‑

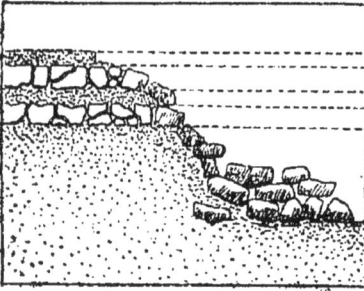

Fig. 18. — Formation des chaos
de grès dans la forêt de Fon‑
tainebleau.

Fig. 19. — Chaos granitique d'Huel
goat (Finistère). Le Ménage de
la Vierge.

rées, comme le grès bien cimenté, l'eau pénètre à travers les
fissures ou diaclases, les ronge, les élargit, et finit par les
découper en *colonnades,* en *piliers naturels,* en *arcades.* On
en voit de remarquables exemples dans la Suisse saxonne, au
point où l'Elbe sort de la Bohême ; elle traverse des couches
horizontales de grès, où elle a découpé les curieux piliers de
la Bastei ; ceux-ci, avec leur teinte jaunâtre, simulent assez
bien des entassements de miches de pain. Dans la partie gré‑
seuse des Vosges, les piliers de grès évoquent parfois la
silhouette de vieux burgs démantelés. Toutes les parties du
grès ne sont pas également résistantes ; celles qui ne se désa‑
grègent pas donnent naissance à des accumulations de rochers,
des *chaos,* comme ceux des gorges de Franchard et d'Apremont
dans la Forêt de Fontainebleau.

Si le terrain est constitué d'éléments peu consistants, les eaux sauvages creusent des rigoles profondes et découpent le sol en *aiguilles, pyramides* isolées. Parfois, des blocs de pierre sont disséminés dans la masse (c'est le cas des dépôts glaciaires), alors chaque grosse pierre joue le rôle d'un parapluie pour tout ce qui est au-dessous ; il en résulte des colonnes de terre de 15 à 20 mètres de hauteur portant à leur sommet la pierre protectrice. Ce sont les *cheminées des Fées* de Saint-Gervais (Haute-Savoie), les *colonnes coiffées* de Vaularia (Hautes-Alpes), les *demoiselles* d'Orbanne ; en Suisse, ce

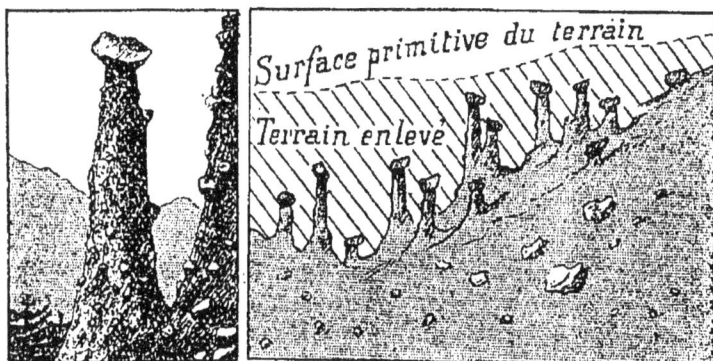

Fig. 20 et 21. — Formation des pyramides d'érosion. Cheminée des Fées, près de Saint-Gervais-les-Bains.

sont les *colonnes* d'Useigne, les *rouvines* de Villars et d'Arveye ; en Autriche, ce sont les *pyramides* de Ritten (Tyrol), etc. Ces colonnes ne sont pas absolument à l'abri de l'action de l'eau : elles s'amincissent peu à peu ; alors la pierre protectrice tombe et la colonne disparaît rapidement [1].

Bien souvent, l'action mécanique se complique d'une *action dissolvante*; le cas se présente non seulement pour le gypse [2]

---

1. Des pyramides minuscules se produisent souvent sur les tas de terre ou de graviers quand ils sont frappés pendant un certain temps par une pluie fine.

2. Un fort édifié sur la colline gypseuse de Romainville se trouvait récemment dans une situation périlleuse ; on dut préserver le soubassement contre la pluie.

et le sel gemme, mais encore pour le calcaire soluble dans l'eau chargée de gaz carbonique. Cette action dissolvante de l'eau est la corrosion.

Dans les calcaires, les eaux de pluie creusent de petites rigoles et forment des ravinements sinueux, généralement étroits et peu profonds, un véritable réseau de rainures. Ces rigoles peuvent être déchiquetées et séparées par des arêtes très étroites. On leur donne le nom de lapiez dans la Suisse française, de *Karrenfelder* dans la partie allemande, de *rascles* en Savoie et dans le Dauphiné. Sur les surfaces inclinées, les rigoles sont très régulières et suivent les lignes de plus grande pente.

L'inégale résistance du calcaire dans les différentes parties de sa masse peut donner lieu à des effets curieux. Le calcaire inégalement rongé prend l'aspect de tours ruinées, de voûtes, de maisons effondrées. Ce phénomène a pris une réelle ampleur dans les Causses du Massif central, notamment à *Montpellier-le-Vieux*, sur le Causse Noir ; l'aspect est celui d'une ville détruite, avec des remparts, des donjons, des rues, des portes colossales, elle a même ses arènes et son cimetière ; citons la Porte de Mycènes, la Marmite, le cirque des Amats, etc. Les Alpes dolomitiques du Tyrol fournissent aussi des exemples fort admirés.

Quand des couches de terrain sont fortement inclinées, même redressées verticalement, il en résulte, surtout dans les cas de formations schisteuses, des crêtes dentelées avec arêtes vives ou de véritables *aiguilles,* comme celles du massif du Mont–Blanc (Aiguille du Dru, Aiguilles rouges, aiguilles vertes, etc.). Les roches non stratifiées prennent généralement des formes arrondies : c'est la désagrégation en boules si fréquente avec les granites. Les affleurements granitiques présentent ordinairement une succession de dômes, de gibbosités, de mamelons aux pentes douces, les profils y sont peu accusés ; c'est le paysage ordinaire de certaines parties de la Bretagne, du Massif Central, des Vosges, de la Bohême, de l'Ecosse. Les gneiss offrent un paysage plus effacé. Les calcaires compacts prennent des formes lourdes et aplanies, dominant les vallées étroites et profondes qui les traversent, par des rebords abrupts et en falaises, tels sont, en France, les Causses, le Dévoluy, le Diois, le Vercors, le Plateau de Langres. Enfin, les calcaires tendres et perméables comme la craie, sur lesquels le ruissellement devient négligeable, dessinent des croupes arrondies ; c'est le cas des *Downs* de l'Angleterre méridionale et des rebords crayeux du cours inférieur de la Seine.

Les granites dont la résistance n'est pas la même dans toutes les parties de la masse, donnent lieu à des chaos fort curieux, comme ceux d'Huelgoat (Finistère), du Morvan, du Sidobre (Tarn). Les roches branlantes sont d'énormes blocs placés en équilibre relativement instable et qu'un effort assez faible peut déplacer ; on cite généralement la *Roche-qui-remue* de la forêt de Fontainebleau, le *Lottenfels* en Alsace, la *Pietra movediza* en République Argentine.

II. Les torrents et leurs phénomènes destructeurs. — Lorsqu'en pays de montagnes, les eaux de ruissellement se réunissent en grandes quantités dans un chenal déterminé, elles donnent naissance à des *torrents*, courants éphémères et violents, capables d'exercer de puissants effets de destruction. Le point où affluent les eaux forme le *bassin de réception* : de là, elles s'échappent par un ravin profond et étroit, bordé de véritables murailles et de forte pente qui est le *couloir d'écoulement*. Les matériaux entraînés, arrondis par le frottement, s'entassent quand la pente diminue et forment une sorte de remblai appelé *cône de déjection*, qui n'est pas sans rapports avec les deltas formés par les cours d'eau.

Le *bassin de réception* a généralement une forme demi-circulaire et des parois abruptes d'où l'eau tombe en cascades : tel est le cirque de Gavarnie dans les Pyrénées. Souvent le bassin de réception a été creusé par les eaux pluviales et ses parois offrent toutes les particularités des phénomènes d'érosion par les eaux sauvages. La concentration des eaux s'y fait parfois avec une grande rapidité.

Le *couloir d'écoulement* est le siège de l'action mécanique du torrent. Les matériaux et les blocs énormes entraînés, heurtent les parois comme des béliers, les rabotent, les déchaussent et des masses de roches s'éboulent dans l'eau écumante. Parfois, des arbres déracinés ou des éboulements forment des barrages en arrière desquels s'amoncellent les masses d'eau et les blocs de pierre; sous l'énergique poussée, le barrage éclate et entraîne une partie des rives. L'air mis en mouvement peut suffire, dans les étranglements, à entraîner des quartiers de rochers; on a même vu des ponts emportés sans avoir subi le contact de l'eau. Les Pyrénées, les Cévennes, les Alpes, sont ainsi déchirées et éventrées par les torrents.

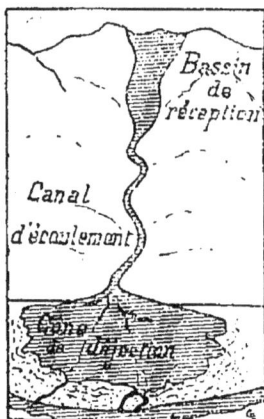

Fig. 22. — Torrent et son cône de déjection.

Quand le torrent de montagne aboutit à une vallée, la pente plus faible du sol ralentit subitement son cours, les matériaux les plus gros se déposent, les matériaux vont un peu plus loin et les sables s'arrêtent les derniers. L'ensemble qui prend la forme d'un talus conique, le *cône de déjection*, est néanmoins un entassement irrégulier par suite des variations de régime du torrent. Dans les régions schisteuses, les cônes sont très surbaissés, tandis que dans les régions calcaires, la pente est plus forte et les matériaux plus grossiers[1]. Parfois, le torrent transporte une boue tellement épaisse, que les blocs de rochers peuvent y flotter; alors c'est une véritable *lave* que le torrent répand sur son cône de déjection, à la façon d'une coulée volcanique.

Le Valais est un exemple typique de grande vallée alpine à cônes de déjection. Les villages, fuyant les bords marécageux du Rhône, se sont portés sur les cônes malgré les dangers qui peuvent résulter des déplacements du lit et des crues foudroyantes des torrents. En face de Louèche, le cône de déjection de l'Ill a refoulé le Rhône contre la rive droite, de même que celui des Bois-Noirs qui, en aval de Martigny, oblige le Rhône à des rapides et lui fait subir une dénivellation de

1. La pente des cônes de déjection est comprise généralement entre 2 et 8°; le chiffre de 4° est déjà fort.

Cliché L.L.

Creusement des gorges par les torrents.
Gorge de la Tamina (Suisse).

Cliché G. Eisenmenger.

Boue et pierres entraînées par un torrent.
Catastrophe de Modane (1906).

30 mètres source de force motrice. On cite encore, comme beaux cônes de déjection, celui du Riou-Bourdoux dans la vallée de l'Ubaye, ainsi que ceux du Grésivaudan, de la Tarentaise, de la Maurienne, de la vallée de l'Arve ; ceux des autres parties des Alpes ne sont pas moins caractéristiques. Nous parlerons des cônes de déjection lacustre à propos des phénomènes d'alluvionnement.

L'ingénieur Surell, à qui l'on doit la première étude vraiment scientifique des torrents (1841), a montré que ces appareils temporaires d'érosion tendent vers un état où l'action destructive ne s'exerce plus que d'une façon restreinte ; quand le torrent a établi son *profil d'équilibre*, il ne creuse plus son lit et ne dégrade plus que très faiblement ses berges. L'herbe et les forêts peuvent même s'étaler dans le bassin de réception et le torrent n'est plus dangereux.

Le déboisement inconsidéré des montagnes a détruit cet état d'équilibre ou l'a rendu irréalisable. Cédant au désir d'un bénéfice immédiat, l'homme s'est mis à exploiter les richesses forestières qu'il a livrées aux scieries mécaniques ; il a établi des pâturages où les moutons s'appliquent à tondre constamment l'herbe. Les pluies ont emporté la terre végétale et la montagne, privée du manteau que la Nature lui avait donné, présente aujourd'hui des cimes dénudées, exposées à l'action incessante du soleil, de la pluie et de la gelée qui les désagrègent. Les eaux des averses dévalent rapidement le long des pentes et causent les dégâts que l'on déplore tous les ans. En bien des points, les Alpes du Dauphiné, par exemple, ne dominent que les ruines de leurs flancs déchirés. A la richesse d'un pays forestier a succédé la désolation sur la montagne, la misère dans les vallées. En quarante ans, de 1846 à 1886, le département des Basses-Alpes a perdu 28 400 habitants. Le déboisement des Pyrénées a fait sentir ses effets jusque dans la plaine de la Garonne en favorisant les crues subites de ce fleuve qui sont parfois très désastreuses au printemps.

Le remède consiste à rendre à la montagne son enveloppe protectrice d'autrefois : les plantes dispersent l'eau de pluie, la terre végétale en retient beaucoup et l'infiltration plus considérable entraîne la réapparition de sources taries. Il faut donc gazonner et reboiser les parois des bassins de réception, briser la pente du canal d'écoulement en élevant, de distance en distance, des sortes de barrages transversaux qui coupent la vitesse du courant, enfin, il faut fixer les berges au moyen de pieux et de branchages entrelacés qui préviennent les éboulements et permettent à la végétation d'en prendre possession. En France, depuis la promulgation de la loi de 1860, l'État s'occupe activement de reboiser nos montagnes, surtout les Pyrénées et les Alpes ; des milliers d'hectares de forêts nouvelles ont été créés et les torrents ont modéré leur allure dévastatrice [1].

Les marmites de géants. — Les phénomènes d'érosion par les torrents peuvent conduire à des curiosités naturelles. Nous signalerons ici les *marmites de géants*, nous réservant de parler des gorges et des cascades à propos des conditions générales d'érosion par les eaux courantes.

Au point de vue érosif, l'eau pure a peu d'action ; ce sont les sables, les galets qu'elle transporte qui sont actifs [2] ; or, l'action du sable et des cailloux sur la roche vive est d'autant plus grande que les remous sont plus puissants. Si donc les eaux d'un torrent coulent sur une roche de dureté inégale ou dont la résistance a été affaiblie par des cassures, il se forme sur le lit des creux déterminant des tourbillons ; le mouvement giratoire de l'eau entraîne les sables et les cailloux, de sorte que le creux s'approfondit de plus en plus. Ainsi se forment ces excavations connues sous le nom de marmites de géants ; au fond, se trouvent un ou plusieurs blocs arrondis qui n'ont pas eu, dans le creusement, le rôle qu'on leur avait tout d'abord attribué (J. Brunhes). Ce mode particulier d'éro-

1. Les dépenses sont relativement peu élevées. Un ingénieur a calculé que, pour éviter les inondations de l'Aude en 1872, 1874, 1876, il aurait fallu reboiser 14 000 hectares : or, ces trois inondations ont coûté 16 millions de francs, autant que le reboisement lui-même. On peut observer des travaux de barrages, de drainage des eaux, de rectification de lit sur le parcours de l'Arve, en vue de protéger la ligne du chemin de fer du Fayet-Saint-Gervais à Chamonix.

2. On en a un bon exemple dans le Valais, en Suisse. A peu de distance l'un de l'autre, deux torrents, la *Salanche* et le *Trient*, arrivent dans la vallée du Rhône ; le premier roule des eaux pures et se précipite en cascade ; le second entraîne du sable siliceux et s'est creusé une gorge.

sion est un des traits les plus caractéristiques de l'action des torrents sur la roche et l'on peut dire que *le tourbillon est l'outil par excellence du creusement du lit torrentiel.* Quand plusieurs marmites se sont formées bout à bout, elles finissent par se confondre en raison de l'usure des parois qui les séparaient. Le lit se trouve ainsi approfondi et les parois, entre lesquelles le cours d'eau est encaissé, présentent des excavations juxtaposées, à surfaces polies, qui témoignent de l'ancienne présence des marmites. On peut suivre facilement le processus de formation d'un chenal torrentiel et l'évolution des marmites de géants au pont des Oules, sur la Valserine.

Les marmites de géants s'observent dans la plupart des gorges des torrents des Alpes[1] : gorges de l'Aar à Meiringen, du Trient à Vernayaz, du Gorner près de Zermatt, etc. On les retrouve au pied des cascades ou même à une certaine hauteur où elles marquent les étapes successives du creusement à travers le barrage de roche dure (cascade de Triberg, dans la Forêt Noire ; de la Rue, dans la Corrèze ; cataracte d'Assouan, en Egypte). Le jardin des glaciers de Lucerne possède une trentaine de ces excavations produites par un torrent glaciaire : la plus grande a 8 mètres de diamètre et 9 m. 50 de profondeur.

Les inondations torrentielles. — Les torrents, qui nous charment en temps ordinaire par la variété des aspects que présente leur cours, deviennent, en temps de crue, des voisins fort redoutables. A la suite de fortes averses ou de fontes brusques des neiges, ils débordent, ravagent les cultures, détruisent les villages, qu'ils ensevelissent sous un déluge de pierres et de boue. Des catastrophes de ce genre ne sont que malheureusement trop fréquentes[2]. En 1906, à la suite d'un violent

1. G. EISENMENGER. « Les gorges des torrents alpins. » *La Science au XXe siècle*, 1906, n° 43.
2. Dans la nuit du 23 au 24 octobre 1910, une pluie diluvienne a fait grossir subitement les torrents des environs de Naples et de Salerne qui, charriant des blocs de pierre, des troncs d'arbres, des débris de toute sorte, ont détruit les voies de communication et causé d'énormes dommages matériels à Torre del Greco, Resina, Casamicciola, Amalfi, etc. Le chiffre des morts a dépassé deux cents.

orage, le torrent du Charmaix, roulant des blocs énormes, envahissait le village des Fourneaux, près de Modane, démolissait les maisons, déposait dans l'église 50 centimètres de « lave », recouvrait totalement le cimetière et obstruait pour plusieurs semaines la voie ferrée du Mont–Cenis ; les habitants eurent à peine le temps de fuir devant le flot envahisseur.

Il est à remarquer qu'en très peu de temps tous les ravins situés dans un certain périmètre entrent en fonction et de la même manière ; ainsi, le même jour et à la même heure que la catastrophe des Fourneaux, le ruisseau de Rieuroux, en amont de la gare de Modane, coupait la route nationale. Un torrent insignifiant peut causer des ravages terribles : tel le petit ruisseau de Soubralets qui, le 9 septembre de la même année, ravageait le village de Betpouey (Hautes–Pyrénées).

III. Lois régissant les phénomènes d'érosion par les eaux courantes. — Un cours d'eau possède une masse et une vitesse, donc il dispose d'une certaine force vive qui le rend capable d'effectuer un travail. Ce travail consiste à creuser et à déblayer son lit.

En vertu de la loi qui règle le fonctionnement de toutes les puissances naturelles, un cours d'eau tend vers la conquête de l'*équilibre stable,* c'est-à-dire qu'il tend à réaliser un lit disposé de telle façon qu'en chaque point la puissance vive de l'eau en mouvement soit exactement contre-balancée par le frottement du lit. Cette condition ne peut être réalisée que si la *courbe* du lit est *continue.* De plus, comme la vitesse augmente avec la descente et que la masse d'eau s'accroît par l'arrivée d'affluents, il faut, pour compenser l'augmentation de force vive, que la pente diminue sans cesse jusqu'à l'embouchure où elle devient nulle. Quel que soit à l'origine le profil du terrain, le fleuve, prenant pour *niveau de base* son débouché dans la mer ou dans un lac, entaillera son lit pour le rapprocher peu à peu du *profil d'équilibre.* Au début, la courbe provisoire offre des ressauts correspondant aux parties dures du terrain, mais peu à peu le travail se régularise et *le creusement progresse de l'aval vers l'amont* ; il se fait par **érosion régressive.**

L'état d'équilibre est rarement atteint par les cours d'eau ;

pour des causes diverses, les fleuves sont très inégalement
avancés dans leur travail d'érosion. Ils ont pu, en effet, commencer à des dates différentes, se trouver en présence de difficultés très diverses, ne disposer que de ressources irrégulières. De plus, à la suite d'un mouvement du sol, si le niveau
de l'embouchure s'élève ou s'abaisse, tout le travail est à
recommencer; dans le premier cas, le creusement de la majeure partie de la vallée est arrêté et le cours d'eau alluvionne
(c'est le cas du Rhin actuel qui s'écoulait autrefois sur l'emplacement de la Mer du Nord et qui s'ensable dans les Pays-

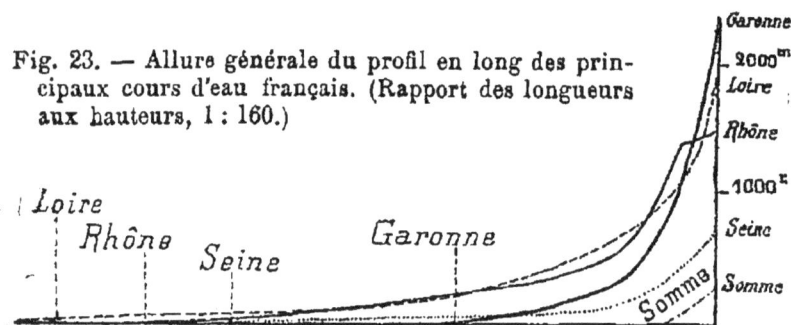

Fig. 23. — Allure générale du profil en long des principaux cours d'eau français. (Rapport des longueurs
aux hauteurs, 1 : 160.)

Bas); dans le second cas, le creusement reprend avec plus
d'intensité, le cours des rivières s'enfonce dans le sol, s'en-
caisse et l'on voit apparaître, comme vestiges des anciens
niveaux, des terrasses sur les flancs des vallées (c'est le cas du
Rhin qui a creusé dans le massif rhénan la magnifique gorge
de Bingen à Coblentz). La figure 23 montre les profils actuels
des grands fleuves de France; ils se rapprochent sensiblement
de la courbe d'équilibre qui doit être tangente à la verticale
à sa source et tangente à l'horizontale à l'embouchure. Les
affluents travaillent de leur côté comme le cours d'eau principal, prenant comme niveau de base l'altitude de leur confluent. Quand le système hydrographique a atteint son état
d'équilibre, la courbe de chaque affluent développée dans le
même plan vertical que celui du cours d'eau principal devient
tangente à celle-ci au point de contact (DE LA NOE ET MAR-
GERIE); il y a concordance des embouchures.

Un même cours d'eau passe par différentes phases dont la
succession constitue un cycle d'érosion, un « cycle vital »,

d'après l'expression de M. W. MORRIS DAVIS, le savant géologue-géographe anglais qui a si bien mis en lumière l'évolution du réseau hydrographique et précisé ses rapports avec les formes de relief. La première phase est une phase de *jeunesse*, pendant laquelle le creusement prédomine sur l'alluvionnement ; le cours d'eau traverse une succession de plaines et de gorges ; exemple : la Durance. La seconde est dite phase de *maturité* ; le profil d'équilibre est atteint, le creusement et l'alluvionnement s'équilibrent ; c'est le cas de la Seine. Enfin la dernière est une phase de *vieillesse* où l'alluvionnement s'étend, le creusement ne s'opère plus et le cours se ralentit ; le Mississipi semble être parvenu à cette phase. Ce n'est que lorsqu'un cours d'eau est parvenu à maturité que l'on peut distinguer un cours supérieur, un cours moyen et un cours inférieur, lesquels rappellent, dans l'espace, les différentes phases qu'un même cours d'eau traverse dans le temps.

Le régime des eaux et la nature du sol. — Les inondations. — Le régime d'un cours d'eau est défini par l'écart entre la moyenne des plus basses eaux (*étiage*) et les plus hautes eaux (*crues*). Il dépend d'un très grand nombre d'influences : conditions d'alimentation, nature du sol, pente et vitesse, présence de forêts, de lacs régulateurs, etc. Dans les terrains imperméables et quand la pente est suffisante, l'eau converge immédiatement vers les gouttières principales dans lesquelles il se produit de très fortes montées d'eau, d'où crues hautes et violentes. Au contraire, dans les terrains perméables, les eaux s'infiltrent dans le sol et reparaissent en sources abondantes, les crues sont alors lentes, durables et moins élevées que dans le cas précédent.

L'influence de la nature du sol se fait bien sentir dans le bassin de Paris. L'entonnoir que forme la région parisienne reçoit toute l'eau tombée sur une surface de 40 000 kilomètres carrés, laquelle est soumise au même régime météorologique. Les trois régions qui donnent naissance à la Marne, la Seine, l'Yonne — bien que recevant des pluies abondantes et en même temps — se comportent différemment, pour ce qui tient à l'écoulement de leurs eaux, selon la nature des terrains qui les composent. Dans le sous-bassin de l'Yonne, les terrains sont en grande partie imperméables et les pentes y sont relativement fortes ; leurs eaux affluent rapidement à la Seine et déterminent une première crue bien avant que la haute Seine et la Marne n'aient commencé à grossir. Le plus souvent, la crue de l'Yonne a passé Paris quand arrive celle de la Seine et de la Marne. Le cours supérieur de la Seine et celui de la Marne baignent des terrains perméables, sauf le Grand et le Petit Morin, affluents de la Marne, où les crues sont aussi subites que celles de l'Yonne. On considère que chaque fois qu'une crue des deux Morin coïncide avec une crue de l'Yonne, il y aura, trois jours après, montée notable du niveau de la Seine à Paris ; généralement, le flux est passé quand arrive le contingent de la haute Marne et de la haute Seine. Ce ne fut malheureusement pas le cas en janvier 1910, où une seconde crue de l'Yonne, plus forte que la première, arriva en même temps que celle de la Marne et de la Seine. Le 28 janvier, l'eau atteignit 8 m. 50 au pont de la Tournelle, dépassa largement 9 mètres[1] au pont Royal, submergea la banlieue et plus de 1 000 hectares de Paris, causant des désastres incalculables. Le mois de janvier 1910 restera inscrit comme une date néfaste dans l'histoire de notre capitale.

La Garonne et le Rhône ont des crues soudaines et fortes en raison de leur pente rapide et de la faible perméabilité de leurs bassins ; le 21 juin 1875, la Garonne mesurait à Agen 1 m. 90, et, trois jours après, 11 m. 70 ; cette crue causa des ravages considérables dans toute la vallée ; dans la

---

1. Les zéros des ponts de Paris ne correspondent pas ; le mieux établi est celui du pont de la Tournelle. En novembre 1910, les conditions du mois de janvier se trouvèrent à nouveau réalisées à Paris ; la crue de la Seine s'arrêta à quelques centimètres du niveau à partir duquel les crues deviennent désastreuses. Cotes atteintes le 21 novembre 1910 : pont d'Austerlitz, 5 m. 96 ; pont de la Tournelle, 5 m. 81 ; pont Royal, 6 m. 84. A la fin de novembre 1910, tous les cours d'eau français étaient en crue et les inondations prirent des proportions inattendues. Elles furent surtout désastreuses dans la vallée de la Loire. Le 1er décembre, près de Tours, une digue fut rompue sur une longueur de 100 mètres ; le 2 décembre, près de Nantes, la rupture de deux digues livra 8 000 à 9 000 hectares et une demi-douzaine de communes à l'envahissement des flots. Cette catastrophe, en faisant baisser de 60 centimètres les eaux de la Loire, sauva la ville de Nantes.

seule ville de Toulouse, plus de 1 200 maisons s'écroulèrent.

Dans les pays intertropicaux et dans les régions de moussons, les habitants attendent les inondations qui sont le plus
souvent bienfaisantes par les limons fertiles qu'elles déposent
sur les terres ; telles sont celles du Nil, produites par la fonte
des neiges du plateau montagneux de l'Ethiopie ; la zone cul-
tivable se limite à la zone qui, tous les ans, disparaît sous les
flots jaunâtresdu fleuve.Les inondations des grands fleuves
asiatiques se signalent parmi les plus meurtrières et les plus
dévastatrices ; celle du fleuve Jaune (1876) fit périr deux millions d'habitants ; le fleuve ne reprit son cours habituel que
deux ans après.

L'homme ne peut guère lutter contre les inondations, car
il ne peut empêcher la cause, qui est la pluie, et la fonte des
neiges ; d'autre part, il ne peut créer de réservoirs assez grands
pour y emmagasiner les eaux en excès. Son intervention se
borne au reboisement des montagnes et à la protection des
terres au moyen de *digues*. Mais, dans ces conditions, les alluvions ne pouvant se répandre sur les terres voisines,
exhaussent le lit du fleuve et l'amènent peu à peu à un niveau
supérieur à celui de la plaine ; il faut donc surélever constamment les digues, ce qui crée le danger d'une rupture et d'un
désastre plus grave encore.

Les phénomènes de creusement des vallées. — Un cours d'eau
commence par établir la courbe de son lit et se comporte
comme un torrent : c'est une *rivière torrentielle* ; des fragments de rochers arrachés aux rives cheminent sur le fond,
se morcellent et s'arrondissent, constituent un lit de cailloux
roulés et de graviers qui se déplacent sans cesse. Quand le lit
est creusé, l'énergie des eaux se porte sur les parois qui ne
tardent pas à s'écrouler. La vallée, dont le profil transversal
rappelle la lettre V, s'élargit de plus en plus, et bientôt le lit
de la rivière est assez large pour ne plus être rempli que par
les eaux de crues. A partir de ce moment, le cours d'eau tend
à acquérir sa situation d'équilibre par des changements de
lit, la rivière *divague* et ses affluents sont obligés de subir,
près de leur confluent, des déplacements analogues. Il en

Méandres d'une rivière en plaine.

Vue de la Nahe, près de Bingen (Allemagne).

Méandres encaissés.

Le Rhin dans sa traversée du Massif schisteux rhénan.
(De Welmich à Loreley).

résulte des sinuosités ou **méandres**, lesquels sont nécessaires, car le cours d'eau, ne creusant plus son lit, ne peut réduire sa pente qu'en allongeant son parcours.

Comme tout corps en mouvement, l'eau courante a une tendance à continuer son chemin en ligne droite; lorsque le lit décrit une courbe, l'eau vient heurter la rive dont la concavité est tournée vers le cours d'eau, elle la ronge, de sorte que cette rive forme le plus souvent une berge à pic; au contraire, sur la rive opposée, la vitesse est moindre et les alluvions se déposent. Il y a donc *affouillement des rives concaves et alluvionnement des rives convexes* : la différence est d'autant plus marquée entre les deux rives que le cours est plus sinueux. Les rives convexes, en s'accroissant de plus en plus, forment des promontoires qui resserrent le lit du cours d'eau; c'est sur eux que les centres habités viennent se placer. Le Rhin, avant sa correction, décrivait, en amont de Mayence, une multitude de boucles de ce genre; le cas se présente encore pour la Seine, de Paris à la mer; pour la Marne, aux environs de Paris; un cas extrême est celui de la Moselle dans le Massif rhénan et surtout de la Semoy, qui roule un volume d'eau plus faible.

Une rivière vigoureuse peut arriver à couper ses boucles; le fait s'observe pour la Marne, aux environs de Paris, pour la Moselle, pour le Neckar dans les plaines du Wurtemberg. Dans l'ancien méandre, le courant précipite ses alluvions, édifie une sorte de digue; il en résulte une **fausse rivière** qui devient eau dormante et peu à peu se dessèche par infiltration, quand la rivière s'enfonce plus profondément dans la vallée.

Ainsi, les rives qui nous paraissent immobiles, se déplacent d'une façon insensible et continue; le cours d'eau tout entier arrive à *balayer* et à *remanier* successivement tous les points du fond de sa vallée. De là, cette disproportion marquée entre la largeur de la vallée et le mince ruban d'eau qui la parcourt; l'allure d'une rivière peut être comparée à la progression d'un serpent qui laisse sur le sable une trace beaucoup plus large que celle de son corps. A Paris, la vallée de la Seine a 6 kilomètres de largeur.

Le déplacement des cours d'eau donne lieu à la formation

9

des terrasses. Les terrasses sont des lambeaux d'alluvions anciennes déposées sur les pentes des vallées et qui dominent le cours actuel à des niveaux se correspondant d'un côté et de l'autre de la vallée. Il faut considérer, en effet, que la rivière ne fait pas qu'osciller dans le sens de la largeur de sa vallée, elle progresse aussi dans le sens vertical, creusant toujours son lit plus profondément et se trouvant, à chacune de

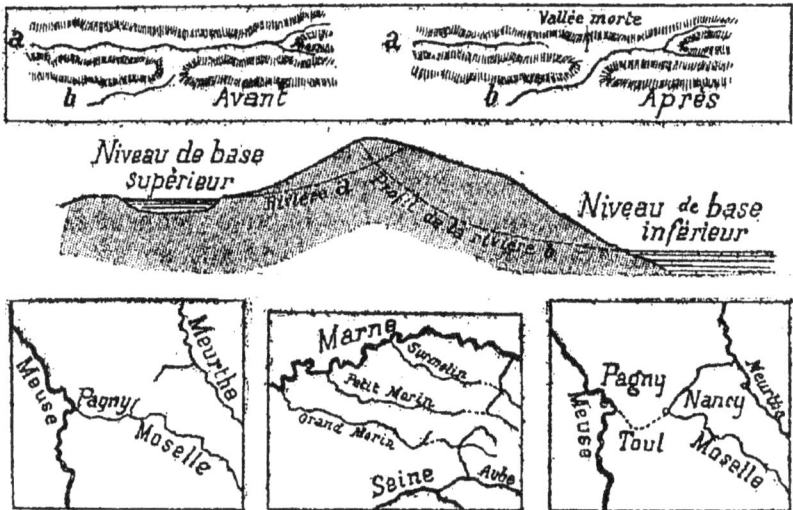

Fig. 24 à 28. — Phénomènes de capture de rivières. En haut : rivière *a* décapitée par la rivière *b* dont le niveau de base est inférieur à celui de la rivière *a*. En bas : capture de la Moselle par la Meurthe (cours ancien et cours actuel de la Moselle). Phénomènes de capture en Champagne. Au milieu : explication générale.

ses oscillations, à un niveau inférieur à celui qu'elle occupait lors de son dernier passage ; elle respecte ainsi une partie de ses dépôts.

Le façonnement des versants. — Indépendamment des phénomènes d'éboulement et de glissement (solifluction, ANDERSON, 1906), le façonnement des versants se poursuit de par le travail même des torrents affluents et cela d'autant plus vite que leur confluent est situé plus bas, c'est-à-dire que l'approfondissement du cours principal est plus avancé. *La surface des versants évolue vers une surface limite, tangente aux talwegs* *des torrents affluents*. Si le creusement est plus intense que l'aplanissement des versants, la vallée sera étroite et encaissée; dans le cas contraire, elle sera large, aux versants effacés. Un façonnement inégal engendrera une *vallée dissymétrique* [1].

Les phénomènes de capture. — Le travail de creusement d'un cours d'eau se poursuivant de l'aval vers l'amont, il en résulte que la source recule de plus en plus. Il peut se faire — dans le cas d'un niveau de base peu élevé, — que les eaux de tête soient poussées dans un autre domaine hydrographique, et qu'une rivière se trouve détournée de son chemin primitif : il y a *capture* d'une rivière au profit d'une autre.

Les exemples de capture sont extrêmement nombreux. En Asie, le large fleuve Amou-Daria, qui se jetait autrefois dans la mer Caspienne par un lit aujourd'hui desséché, porte actuellement ses eaux dans la mer d'Aral : un affluent de cette mer a capturé les eaux qui se rendaient à la Caspienne. La Meuse lorraine était autrefois un affluent de la Seine par l'Oise : elle a été capturée à Mézières par la Meuse de Dinant. La Moselle, affluent de la Meuse à Pagny, a été capturée par un affluent de la Meurthe, à Toul (si l'on tenait compte des données de la géologie, c'est la Meurthe qui devrait donner son nom à la sinueuse rivière qui porte au Rhin les eaux du versant occidental des Vosges). Le Neckar, qui coule dans la région du Jura Souabe, à une altitude inférieure à celle du Danube, a capturé les affluents supérieurs de ce fleuve. L'auteur de cet ouvrage a signalé un grand nombre de captures survenues dans les Alpes lépontiennes en raison de l'affaissement de la plaine du Pô [2]; il considère la forme compliquée du Neckar et du Main comme le résultat de captures multiples de rivières appartenant antérieurement à des bassins différents [3]. Le cas le plus curieux de capture récente se présente

1. Dans l'hémisphère nord, les fleuves ont une tendance à ronger la berge droite en s'écartant de la rive gauche. MM. J. et B. BRUNHES pensent que la rotation terrestre influe sur les tourbillons qui opèrent le creusement.

2. Le Pô, depuis le quinzième siècle, a élevé son lit de 5 m. 50.

3. G. EISENMENGER, *Académie des Sciences de Paris*, 4 mai et 30 novembre 1908.

dans les Andes Méridionales et a produit des difficultés entre
le Chili et la République Argentine. La proximité du niveau
de base a donné un tel avantage aux rivières du versant
pacifique des Andes, qu'elles ont capturé le cours supérieur
de presque toutes les rivières argentines, les obligeant à se
couder brusquement en les attirant dans les gorges profondes
par lesquelles elles atteignaient la côte chilienne. La capture

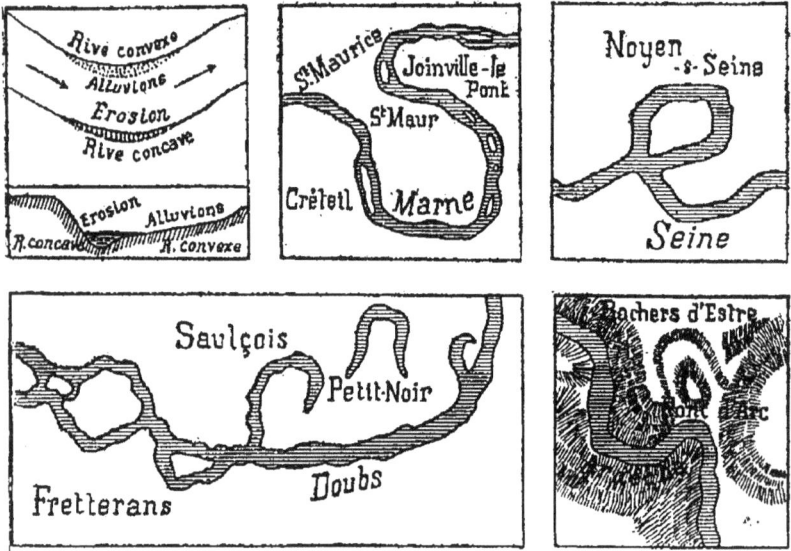

Fig. 29 à 33. — Affouillement des rives concaves et alluvionnement
des rives convexes. Évolution d'un méandre depuis le rapprochement
des courbes jusqu'au desséchement.

du Rio Fénix est si récente que l'explorateur STEFFEN, a pu,
en faisant creuser une tranchée par quelques hommes, le
ramener dans son ancien lit.

Les pénéplaines. — Le premier résultat du creusement est de
faire apparaître des rigoles et des saillies dans un territoire ;
mais comme le travail de creusement des vallées entraîne
l'aplanissement des versants et que chaque affluent opère
comme le cours d'eau principal, le résultat final du travail
des eaux courantes doit être l'aplanissement de la surface

livrée à l'érosion. Peu à peu, les sommets s'abaissent : le fleuve n'a plus qu'un cours indécis, les faux bras se multiplient : il arrive même qu'il hésite sur la direction à prendre et qu'il écoule ses eaux dans deux sens différents. Il s'établit alors des communications d'un fleuve à l'autre ; c'est le cas du Cassiquiare, affluent de l'Orénoque, qui rejoint un affluent du Rio-Negro et, par ce dernier, l'Amazone, etc. Ces surfaces aplanies, de relief insensible, portent le nom de **pénéplaines** que leur a donné M. Morris Davis. Les exemples les plus caractéristiques sont : le *plateau de Finlande*, le *plateau canadien*, le *seuil* entre la Madeira, affluent de l'Amazone, et le bassin supérieur du Paraguay. Les *Ardennes* constituent aussi une pénéplaine, résultat de la disparition d'une ancienne chaîne de montagnes qui était probablement aussi élevée que les Alpes, mais le plateau des Ardennes ayant subi un mouvement de soulèvement, les cours d'eau ont recommencé un nouveau cycle d'érosion.

Les phénomènes de creusement et les conditions géologiques du sol. — Le creusement des vallées se fait mieux dans les terrains détritiques non cimentés : les berges s'écroulent et les vallées s'élargissent rapidement. Dans les sables, les grès poreux, les calcaires, l'eau s'infiltre dans le sol et le creusement s'opère lentement : il en résulte des vallées larges, à fond plat ; au contraire, dans les territoires argileux où l'infiltration est faible, le ruissellement est intense, les vallées étroites et indéfiniment ramifiées. Si la région est formée de calcaires compacts, la vallée sera très étroite, prenant la forme d'une gorge profonde à parois surplombantes.

Dans un pays où le sol a subi des plissements, comme le Jura, par exemple, les cours d'eau occupent évidemment le fond des dépressions longitudinales (synclinaux), désignés du nom de *val* dans le Jura ; des cours d'eau peuvent ainsi s'établir parallèlement aux précédents, au sommet des voûtes (anticlinaux), on dit qu'ils occupent une *combe*. Il peut arriver que le val soit formé de roches dures et la combe de roches tendres ; dans ces conditions, le travail avancera plus vite au sommet de la voûte que dans le fond de la dépression

et le résultat sera la mise en saillie du fond de cette dépression.
C'est le phénomène d'inversion du relief, très fréquent dans
les régions montagneuses et qui est l'indice d'une évolution
hydrographique poussée jusqu'à la maturité. La *Dent de
Jaman* (1 879 m.), que connaissent bien les excursionnistes
des environs de Montreux (lac Léman), n'est autre qu'un
sommet synclinal très aigu de calcaire compact isolé sur un
socle de schistes plus tendres.

**Rapidité du creusement et de l'aplanissement du sol par les eaux
courantes.** — On peut avoir une idée de la vitesse de creusement des vallées, en observant le lit des rivières que l'on a
déplacées de leur cours primitif. La Kander, affluent de l'Aar,
fut détournée dans le lac de Thoune, en 1714; le niveau de
base ayant été abaissé, il en est résulté un furieux travail d'érosion : le lit s'est approfondi de 45 mètres et le creusement est
remonté vers l'amont sur un espace de 9 kilomètres.

Le travail de creusement est discontinu dans le temps et
dans l'espace; il est éminemment spasmodique. Quelques
jours suffisent parfois pour opérer plus de changements que
plusieurs années ; et même dans une rivière où le travail de
creusement se poursuit d'une manière visible, on passe
alternativement d'un endroit où la rivière bouillonne à un
autre où elle semble dormir (les *planiols* du Tarn).

La circulation des eaux courantes sur une région déterminée n'a pas moins pour effet d'aplanir cette région. On a
calculé que le Rhône, dans son cours supérieur, enlève à son
bassin une couche de 0,288 millimètres par an. Le géologue
allemand PENCK admet que 1 440 ans suffisent pour abaisser
le sol de 1 mètre.

Quelques particularités des phénomènes d'érosion. — Le travail
de destruction des cours d'eau varie d'après la résistance des
roches : la rencontre des roches dures oblige le cours d'eau
à des efforts prolongés pour établir et niveler son lit; de là,
vient la formation de **rapides**, où l'eau se divise en courants
et en remous violents. Ces rapides sont de sérieux obstacles
pour la navigation; on en trouve sur le Niger, le Congo, le
Zambèze, le Mékong ; les rapides du Nil sont connus sous le

nom de « cataractes » ; ceux du Vuoski, en Russie, sont très remarquables et s'étendent sur une longueur de 500 mètres.

Si la différence de vitesse d'affouillement est grande entre la roche dure d'amont et la roche tendre d'aval, il en résultera une cascade et même une cataracte. La cataracte peut être aussi déterminée par une différence du niveau entre deux régions au milieu desquelles un cours d'eau a creusé son lit. La *cataracte du Niagara* doit son origine et son recul à ces deux particularités. Le puissant Niagara, venu du lac Erié, se précipite d'un seuil calcaire entaillé en fer à cheval, d'une hauteur de 47 mètres, sur une largeur d'environ 1 kilomètre. Les *Victoria Falls*, sur le Zambèze, surpassent celles du Niagara par le volume d'eau et la hauteur de la chute qui dépasse 100 mètres. La chute du Niagara recule peu à peu, mais le recul n'est pas le même en tous les points de la largeur du fleuve, sans doute par suite d'une résistance inégale des roches ; en soixante-trois ans, de 1842 à 1905, la partie de la chute comprise entre l'île de la Chèvre et la rive canadienne a reculé de 100 mètres, soit de 1 m. 60 par an ; l'autre partie recule infiniment plus lentement. Il en résulte donc, à la longue, un changement dans la forme de la chute. Le fleuve, après avoir calmé ses remous dans le fameux Whirpool, coule sur une douzaine de kilomètres dans un lit très profond, encaissé dans des rives verticales ayant la même composition géologique que l'escarpement de la cataracte ; on pense que ce lit a été creusé par le recul progressif de la chute et que celle-ci s'est faite au début à l'emplacement occupé aujourd'hui par Queenstown [1].

Ainsi, par usure lente d'un seuil rocheux, une cascade peut se transformer en rapides et se trouver remplacée par une gorge.

Si la roche tendre se trouve à l'amont de la roche dure, il

1. On explique généralement le recul de la chute du Niagara par l'affouillement des marnes et grès tendres formant le soubassement de la chute ; le couronnement de calcaire s'écroulerait peu à peu. Les géologues américains ne sont pas d'accord sur ce point ; pour M. SPENCER (1907), l'érosion aurait lieu par attaque directe du calcaire qui forme le bord de l'abrupt. Le mot *Niagara* est un mot indien signifiant « tonnerre des eaux ».

en résultera un lac. Nous aurons l'occasion de voir que d'autres conditions créent les cascades, les gorges et les lacs.

Phénomènes d'épigénie, Gorges, cañons, méandres encaissés. — La loi du niveau de base est d'une importance extrême, puisqu'elle régit le modelé de la surface terrestre par les eaux courantes. La connaissance de cette loi permet d'expliquer certains phénomènes de creusement dont les résultats sont bien connus des touristes : les gorges, les cañons, les méandres encaissés.

Supposons que, par suite d'un retrait de la mer, du desséchement d'un lac, ou d'un mouvement d'affaissement d'une région, le niveau de base d'un cours d'eau se trouve abaissé. Le cours d'eau ayant son embouchure plus bas, recommencera, à partir de ce point, l'établissement d'un nouveau profil d'équilibre ; le creusement reprendra avec une activité nouvelle et rétrogradera vers l'amont jusqu'à ce que l'équilibre soit de nouveau rétabli. Le cours d'eau, revenu rivière torrentielle, se trouve rajeuni ; mais il n'en est pas moins, comme l'a fait remarquer le géologue américain POWELL, « plus ancien que la vallée qui l'abrite ».

Rien ne peut arrêter une rivière dont le niveau de base a été ainsi abaissé : elle s'enfonce progressivement à la façon d'une scie à travers les roches les plus dures, et il ne faut pas s'étonner de voir certaines rivières en pays de montagnes passer d'un synclinal à un autre en pratiquant une entaille au travers de l'anticlinal qui les sépare. C'est le cas de la Birse, dans le Jura bernois et neuchâtelois, qui arrive à Bâle après avoir traversé, par des gorges, plusieurs chaînons successifs. M. DE RICHTHOFEN a donné le nom d'**épigénie**[1] à ce mode de creusement de vallées transversales, tandis que les auteurs américains parlent de *cours surimposés*.

On s'explique facilement la formation des **gorges** étroites et profondes, et des **cañons**[2] plus profonds encore, forés

1. *Epigénie*, du grec *épi*, sur ; et *gènos*, naissance.
2. *Cañon* est un mot espagnol signifiant canal. Il est évident que les cours d'eau profitent aussi des fractures existant dans le massif et que certaines gorges n'ont pas d'autre origine.

Plissements du sol.

"Chapeau de Gendarme" et cascade de l'Envalude (Jura)

Chute du Rhin, à Neuhausen,
près de Schaffouse. Vue générale.

par des cours d'eau importants. Les cañons les plus célèbres
sont ceux des plateaux du *Colorado* et de l'*Arizona* aux
États-Unis, creusés par le Rio Colorado et ses affluents, dans
des couches énormes de calcaires compacts, de grès durs et
même de granite (Cañon de Marbre ou Grand Cañon) ; la longueur de ces gorges formidables est de près de 500 kilomètres.
Le plateau ayant subi un relèvement en masse de plusieurs
milliers de mètres, les cours d'eau ont fini par couler, en
certains endroits, à plus de 1 000 mètres au-dessous de la
surface sur laquelle ils circulaient à l'origine. Toute l'énergie
de l'eau courante a été employée à creuser le lit et à faire
descendre la rivière, aussi les parois sont-elles verticales souvent sur un millier de mètres et distantes seulement de 20 à
30 mètres ; le cañon de la Vierge, profond de 600 mètres, n'a
pas plus de 6 à 7 mètres de largeur. Les diverses couches
géologiques traversées, que l'on voit par la tranche, donnent
en certains points, à ces gigantesques parois, l'aspect d'esca-
liers, d'arcs-boutants, de tours, de minarets, tandis que sur
leurs couleurs diverses, se jouent de perpétuels effets de
lumière, d'ombre et de soleil. Les mêmes circonstances ont
produit, en France, les célèbres **gorges du Tarn**, de la
Jonte, du *Lot*, si pittoresquement creusées dans les Causses
de la Lozère ; les gorges du Tarn, ont une longueur de 52 kilomètres et une profondeur de 400 à 600 mètres ; les falaises
de calcaire dolomitique, découpées en créneaux, tourelles et
donjons, bariolées de nuances diverses, leur donnent une
beauté toute particulière. Les gorges du *Verdon* (Basses-Alpes)
sont aussi des cañons typiques visités entièrement, pour la
première fois, en août 1905, par MM. MARTEL [1], JANET, LE
COUPPEY DE LA FOREST [2].

1. E.-A. MARTEL, spéléologue français, a créé, par ses explorations
souterraines, une branche nouvelle de la géographie physique, la *Spéléo-
logie* (du grec *spélaion*, caverne). Après avoir exploré les causses céve-
nols, les gouffres de Dargilan, Bramabiau, Padirac, il fit de semblables
excursions en différents pays de l'Europe.
2. Il n'est guère d'exemple plus remarquable, sur la Terre, d'entaille
pratiquée par les eaux dans l'épaisseur des roches (E. RECLUS). Le grand
cañon du Verdon est une incomparable merveille, ce que je connais de
plus admirable en France, beaucoup plus grandiose et plus extraordi-

Les méandres encaissés ont la même origine que les cañons : ce sont les méandres d'un cours d'eau arrivé à maturité qui se sont enfouis progressivement dans le sol en raison du soulèvement tardif de la région qu'il traversait. On les observe dans le Plateau central, l'Ardenne, le Massif rhénan où les rivières coulent au fond de gorges sinueuses et encaissées : c'est le cas de la *Moselle* de Trèves à Coblenz, de la *Meuse* de Givet à Namur, de la *Semoy* qui, née à 70 kilomètres de son confluent, parcourt 200 kilomètres à l'intérieur des Hautes-Fagnes, du *Rhin* de Bingen à Coblenz. Le long des falaises de la Meuse et de la Moselle, on a trouvé des placages d'alluvions qui témoignent des différentes étapes de creusement ; aux environs de Trèves, il existe même une série de méandres abandonnés à des niveaux progressivement décroissants ; l'un d'eux, aux environs de Berncastel, a été coupé jadis par la Moselle.

Au début de l'ère quaternaire, comme les précipitations atmosphériques étaient plus grandes qu'à notre époque, les fleuves avaient une vitesse et un débit qui leur ont permis d'accélérer, dans de notables proportions, leur travail d'érosion.

V. Phénomènes d'alluvionnement produits par les cours d'eau. — Pendant la période de creusement de leur lit, les cours d'eau roulent des matériaux solides vers l'aval et les déposent aux points où la vitesse diminue. Ces matériaux sont appelés *alluvions* et le travail mécanique de dépôt sous l'action de la pesanteur est l'*alluvionnement*.

La grosseur des matériaux transportés dépend de la vitesse du cours d'eau. Une vitesse supérieure à 3 mètres, comme celle des Gaves pyrénéens, permet l'entraînement de gros blocs, et il faut une vitesse au fond de 1 m. 20 par seconde pour qu'une rivière puisse entraîner des pierres de la grosseur d'un œuf. Remarquons que, même en temps de crue, la

naire que les cañons des Causses et de l'Ardèche (E.-A. MARTEL). Les fissures dans le calcaire ont eu une large part dans le creusement de cette gorge de 21 kilomètres de longueur ; le torrent se perd en plusieurs endroits dans les roches fissurées.

Seine, par exemple, n'atteint pas ce chiffre et qu'elle ne peut entraîner que du gravier : les gros cailloux roulés, que l'on trouve dans son lit et dans la plupart de nos rivières, ont été amenés à une époque où les relations de niveau entre la terre ferme et l'Océan étaient différentes des relations actuelles. Le transport continuel des matériaux dans les rivières a pour conséquence la formation de cailloux roulés, de graviers, de sables. La rapidité avec laquelle se fait cette usure varie évidemment avec la nature des pierres ; les calcaires s'usent très rapidement, alors que le quartz conserve plus longtemps sa forme primitive.

Comblement des lacs. — Au point où un torrent arrive dans une vallée, il forme, comme on l'a vu, un cône de déjection ; s'il arrive dans un lac, il produit un *cône lacustre* ou **delta torrentiel** qui contribue à combler le lac. Les cailloux et les graviers tombent dès l'embouchure en formant un talus plus ou moins raide, les couches se superposent et empiètent sur le lac ; les sables et les limons peuvent rester longtemps en suspension, tandis que les gros galets se déposent à la partie supérieure du talus.

Le delta torrentiel est souvent émergé en partie ; c'est un cas assez fréquent dans les grands lacs de l'Italie du Nord ; un des plus intéressants et des plus jolis cônes lacustres est celui sur lequel est bâti le village de Silvaplana (Engadine). Ce sont les alluvions déposées par le Lombach et la Lütschine qui ont établi le seuil d'Interlaken et d'Unterseen, séparant les deux lacs actuels de Brienz et de Thoune. Le Rhône a comblé la corne antérieure du lac de Genève sur une longueur de 23 kilomètres (de Saint-Maurice à Villeneuve) et une largeur de 8 kilomètres (du Bouveret à Villeneuve) ; l'embouchure de la Reuss dans le lac des Quatre-Cantons, du Rhin dans le lac de Constance, etc., sont importants par l'étendue des dépôts qui s'y sont effectués. D'après M. Heim, la Reuss apporte annuellement au lac des Quatre-Cantons 150 000 mètres cubes de dépôts ; la Kander, d'après M. Steck, 800 000 mètres cubes au lac de Thoune ; en comptant un dépôt de 10 millimètres par an au fond des lacs, il faudrait cent vingt-cinq siècles pour combler le lac de Constance, deux cents

pour le lac des Quatre-Cantons, trois cents pour faire disparaître le lac de Genève.

Formation des bancs d'alluvions et des îles. — Nous avons vu
que les cours d'eau, dans les courbes, alluvionnent leurs
rives convexes et que, sur le promontoire ainsi formé, les
villages généralement s'établissent. Les dépôts d'alluvions
peuvent se faire dans le lit même du fleuve et donner naissance à des *bancs* et à des *îles*. Si le fond du lit présente un
obstacle capable de contrarier le courant, il se formera, en
aval de cet obstacle, un banc de sable d'abord immergé, mais
qui, en augmentant de volume, émergera et formera une *île*.
Les îles, que l'on trouve généralement en chapelet dans le lit
des fleuves, ne sont pas immobiles ; le courant affouille la
pointe d'amont et dépose du sable à la pointe d'aval, de telle
sorte que les îles se déplacent peu à peu dans le sens du courant. Ces îles sont nombreuses dans la Loire, dont les eaux
sont peu abondantes en été ; dans la Seine, aux environs d'El-
beuf ; dans le Rhin, en aval de Mayence, etc.

Distribution des alluvions et surélévation des rives. — Au moment des crues, un puissant charriage de cailloux et de graviers se produit, mais dès que les eaux débordent, la vitesse
s'amortit ; les *cailloux roulés* se déposent immédiatement,
puis les *graviers* et les *sables*. Le *limon*, formé de particules
ténues, ne se dépose qu'en dernier lieu, à une certaine distance du lit normal. On provoque artificiellement le dépôt
de limon en dirigeant, à l'aide de canaux, les eaux chargées de
matières en suspension sur les terres que l'on veut fertiliser :
c'est le *colmatage*. L'ensemble des dépôts formés par le fleuve
constitue la *plaine alluviale* qui peut être extrêmement large
(Mississipi, Amazone, Gange, etc.).
Une des conséquences du dépôt des alluvions est la surélévation des rives qui peut entraîner la formation de fausses
rivières ou de marécages,

Déplacement des confluents. — Chacun a pu remarquer que
si deux cours d'eau se réunissent, le lit commun n'atteint pas
une largeur égale à la somme des deux cours d'eau. Le

volume d'eau ayant augmenté, la profondeur et la vitesse s'accroissent, il en résulte que le dépôt d'alluvions ne pourra se faire qu'à la pointe même, là où les remous se produisent. La rivière la moins forte rencontrera à son confluent une bande d'alluvions qui la repoussera peu à peu vers l'aval. Ce phénomène est très net dans la vallée du Rhin entre Bâle et Mayence; les affluents coulent parallèlement au fleuve avant de se joindre à lui. Dans les montagnes, les cours d'eau se rencontrent presque perpendiculairement et le fait ne se produit pas.

Barres et Deltas. — Que deviennent les alluvions lorsqu'un fleuve arrive à la mer ?

Tantôt le fleuve se partage en plusieurs bras entourant des îles basses, formées d'alluvions; l'ensemble, rappelant la lettre Δ de l'alphabet grec, porte le nom de *delta* : le Rhône, le Nil, finissent par un delta. Tantôt le lit du fleuve, au voisinage de l'embouchure, s'élargit et forme un *estuaire* dans lequel la marée se fait sentir assez loin : la Seine, la Gironde, la Tamise se terminent par un estuaire. Bien que l'estuaire apparaisse d'un accès facile pour la navigation, il est encombré de bancs de sable ou de vase qui émergent légèrement à marée basse; c'est ce que les marins appellent la *barre*.

Comment explique-t-on ces phénomènes ?

Le fleuve arrivant à la mer annule sa vitesse et dépose les matériaux qu'il tenait en suspension; ce dépôt est hâté par ce fait que l'eau de mer se clarifie environ quinze fois plus vite que l'eau douce, en raison des sels qu'elle tient en dissolution. Si cette tendance existait seule, le dépôt d'alluvions produirait un delta ; mais les eaux de la mer sont sans cesse agitées et dispersent les alluvions. *La tendance de la mer est donc de détruire le delta que le fleuve tend à édifier* ; les vagues dispersent les alluvions sur une surface plus grande sous forme de *cordons* moins exposés à l'action des flots.

Selon que la première ou la seconde de ces tendances prévaudra, le fleuve édifiera ou non un delta.

Plus le cours d'eau est puissant et chargé d'alluvions, plus la tendance édificatrice est grande : le Rhône a un delta,

tandis que l'Aude, l'Hérault n'en ont pas. Inversement, plus
la mer est agitée, plus la tendance destructive est grande.
La Méditerranée, l'Adriatique, la mer Noire, la Caspienne
ont des marées faibles ou nulles ; les fleuves qui s'y jettent :
Rhône, Nil, Pô, Danube, Volga, ont un delta. Au contraire,
la plupart des fleuves qui aboutissent à l'Océan, où les marées
sont fortes, se terminent par un estuaire : le Saint-Laurent,
par exemple. Pourtant, même dans l'Océan, si les alluvions
charriées par le fleuve sont apportées en quantité considérable, le delta pourra exister : c'est le cas du Mississipi.

Le Congo et l'Amazone font exception : ce sont les fleuves
les plus puissants du monde et pourtant ils n'ont pas de
delta ; c'est que leur cours se poursuit longtemps en mer à
une assez grande distance des côtes et les alluvions se trouve
entraînées au large.

Lorsque le fleuve est faible, il dépose ses alluvions en
arrière du *cordon* que les vagues édifient et comble peu à peu
son estuaire ; la Somme présente un estuaire comblé. Le delta
du Nil n'est pas autre chose qu'un ancien estuaire dont le
comblement remonte plus loin que les temps historiques [1] ;
le Nil est un fleuve parvenu à la stabilité et son delta ne
s'accroît plus. Au contraire, le Rhône et le Pô accroissent
leur delta ; le premier de 57 mètres, le second de 80 mètres
par an [2].

Ainsi, les deltas ne s'accroissent pas constamment. Quand
un fleuve approche de la stabilité, la quantité d'alluvions
qu'il apporte à la mer diminue et il doit arriver un moment
où, non seulement les progrès du delta s'arrêtent, mais où le
courant n'a plus assez de force pour entraîner ses alluvions
jusqu'à la mer; le cas se présente pour plusieurs fleuves de
l'Asie centrale.

Les accroissements de deltas peuvent déterminer la *réunion*

1. Hérodote avait déjà remarqué que tout le pays situé autour de
Memphis semblait avoir été un bras de mer comblé peu à peu par le
fleuve.
2. La ville antique d'Adria, qui a donné son nom au golfe dit « mer
Adriatique », était un port au temps d'Auguste; aujourd'hui, elle est à plus
de 8 lieues dans les terres. Ravenne, qui était aussi un port, se trouve
maintenant à 2 lieues du rivage.

de deux régions deltaïques voisines : la Hollande est la réunion des deltas de l'Escaut, de la Meuse et du Rhin ; le Brahmapoutre et le Gange entremêlent leurs bras. Il peut se produire aussi *agglutination au continent des îles voisines de la côte* : l'Aspropotamos, en Grèce, a réuni à la terre ferme quelques-unes des îles Échinades ; la grande péninsule du Chan-tong, entre le golfe de Tche-li et la mer Jaune, a été rattachée au continent par les affluents du Houang-Ho.

Mesure de l'activité des eaux courantes. — Quelques fleuves transportent des masses énormes de matières en suspension : l'apport du Rhône est de 20 millions de mètres cubes ; le Pô dépasse en moyenne 40 millions ; le Danube 60 millions ; c'est peut-être le Houang-Ho (fleuve Jaune) qui transporte la plus grande quantité de matières terreuses. On peut dire, suivant une expression aussi juste que pittoresque, en voyant couler de tels fleuves, que « c'est le convoi de la Terre qui passe[1] ». Sir JOHN MURRAY a évalué à 10 kilomètres cubes la perte infligée annuellement aux continents ; il estime que la seule érosion continentale, en se poursuivant dans les conditions actuelles, exigerait 700 millions d'années pour amener la disparition complète de la terre ferme.

C'est ainsi que les hauteurs s'abaissent chaque jour. Le riche delta du Nil est descendu des montagnes de l'Éthiopie ; la Hollande n'est autre chose qu'un lambeau de la Suisse, déroulé comme un vaste tapis sur le sous-sol antique ; les terres des grandes vallées américaines où la végétation se développe avec une grande puissance ont été apportées des Montagnes-Rocheuses ou de la chaîne des Andes. Les mêmes phénomènes se passent depuis que l'eau existe à la surface du Globe : bien des chaînes de montagnes ont disparu et constitué nos continents actuels, de même que les chaînes actuelles peu à peu disparaîtront et serviront à édifier les continents futurs.

1. Pour le Rhône, les observations et calculs minutieux de M. Uetrecht (1906), ont conduit au résultat suivant : 4 milliards de kilogrammes de matières en suspension dans l'espace d'un an. La Seine, d'après M. Muntz, charriait, le 25 janvier 1909, 18 800 tonnes de limon.

SIXIÈME CONFÉRENCE

PHÉNOMÈNES PRODUITS PAR LES EAUX SOUTERRAINES

Nappes d'infiltration et sources. — Les eaux artésiennes. — Phénomènes chimiques produits par les eaux d'infiltration. — Phénomènes visibles à la surface du sol (dolines du Karst, avens). — Phénomènes souterrains (grottes et galeries). — Stalactites et stalagmites. — Grottes remarquables. — Cours et lacs souterrains. — Effondrements, glissements, éboulements.

Nous avons vu qu'une partie seulement des eaux pluviales ruisselle à la surface du sol sous la forme d'eaux sauvages, de torrents, de rivières ou de fleuves : la Seine, par exemple, ne roule que les 28/100ᵉ de l'eau météorique tombée sur son bassin ; le Nil, les 3/100ᵉ seulement. La plus grande partie de l'eau tombée retourne à l'atmosphère (*eau d'évaporation*) ou descend dans la profondeur du sol (*eau d'infiltration*).

Nappes d'infiltration. Les sources. — L'eau, sollicitée par la pesanteur, ne peut descendre dans le sol qu'à la faveur des roches dites *perméables*, c'est-à-dire des *sables*, qui laissent entre leurs grains de nombreux vides, et de toutes les *roches fissurées*. Lorsqu'elle rencontre une couche *imperméable*, formée d'*argile* ou de *marnes* dont les particules très fines ne laissent pas entre elles de vides appréciables, elle s'arrête, imbibe cette couche, s'accumule au-dessus et forme une nappe d'infiltration.

Cette nappe qui, dans une région donnée, est d'autant plus voisine de la surface que les précipitations ont été plus abon-

dantes, présente une surface ondulée, reproduisant grossièrement les accidents de la surface du sol : elle se relève sous
les lignes de relief. On comprend dès lors pourquoi, lorsqu'on
creuse un *puits* sur le bord d'une grande vallée, le niveau de
l'eau dans ce puits soit d'autant plus élevé qu'on s'éloigne
davantage du cours d'eau. Ce ne sont pas, comme on le croit
souvent, les infiltrations de la rivière qui alimentent ces
puits, mais au contraire, *les nappes d'eau rencontrées* par
les *puits* qui *alimentent la rivière*. Les habitants qui creusent
un puits au bord de la mer, savent qu'ils n'y rencontrent
que de l'eau douce ; l'Océan draine les continents comme une
vallée draine les coteaux qui la dominent.

Même en l'absence de couches imperméables argileuses, et
même en suivant les fissures du sol, l'eau ne saurait descendre indéfiniment. A partir d'une certaine profondeur, il
n'existe plus de vides, en raison de la pression ; de plus vers
10 000 à 12 000 mètres, la température est voisine de la température critique de l'eau (365°) et l'eau se trouve à l'état de
vapeur. Ainsi, les réserves d'eaux souterraines ne se trouvent
que dans les couches superficielles de l'écorce terrestre.

Si les couches où se produit l'infiltration affleurent par
leur tranche sur le flanc d'un coteau, l'eau, arrêtée par l'argile, ruissellera à la surface du sol suivant la pente du coteau.
Dans le cas de formations sableuses, elle peut se réunir en
une seule nappe, continue et régulière, et fournit des suintements tout le long de la ligne d'affleurement. Dans les
calcaires, au contraire, obligée de suivre les crevasses, elle
ne peut revenir à la lumière qu'en des points déterminés :
les sources. Aussi les sources sont-elles très fréquentes dans
la région des Causses, dans le Jura, dans les calcaires de
Bourgogne, dans la craie de Champagne et de Picardie. Parfois, à la faveur de plusieurs couches superposées d'argile,
il existe plusieurs niveaux d'eau étagés, trahis par les rubans
de peupliers et de hêtres, qui sont un des charmes de bien
des vallées de la région parisienne.

Comment expliquer ces nappes d'eau étagées? Une couche
d'argile ne saurait être comparée à un vase parfaitement
étanche, mais bien plutôt à un vase ayant de *légères fuites*.
De plus, les roches sédimentaires ne sont pas d'une horizon-

10

talité parfaite, la surface du sol présente souvent des ravins ou des vallées, de telle façon qu'en certains endroits les eaux des pluies ne sont pas arrêtées par la première nappe d'argile, et sont recueillies par une autre plus inférieure. Les eaux de ces deux nappes n'ayant pas traversé les mêmes couches perméables, peuvent ne pas avoir les mêmes propriétés ; l'une, par exemple peut être chargée de gypse, comme le fait se présente dans la région de Paris.

Le *débit des sources* issues des terrains calcaires est généralement abondant; il peut être aussi soumis à de grandes variations. Il existe des sources *permanentes* ou *pérennes*, et des sources *intermittentes* parfois régulièrement périodiques ou temporaires et capricieuses ; ces dernières peuvent s'expliquer par l'existence dans le sol d'une anfractuosité remplie par l'eau, et qui se vide lorsque le canal d'écoulement, en forme de siphon, se trouve amorcé.

Bien souvent, en pays calcaire, les sources ne sont que la réapparition d'un cours d'eau qui a disparu dans une fissure du sol ; on leur donne le nom de *sources vauclusiennes*, du nom de la célèbre fontaine de Vaucluse qu'alimente la Sorgues. Ce ne sont pas à proprement parler des sources; à peine sorties du sol, elles mettent en mouvement des moulins et des turbines, le nom de **résurgences**, qu'a proposé pour elles M. Martel (1896), leur convient beaucoup mieux.

Il se produit en maints pays un *enfouissement* progressif des eaux souterraines, qui a pour résultat la disparition des sources. La descente des sources dans la direction aval par réduction de débit est un cas fréquent. Des exemples ont été relevés dans l'Aisne, la Dordogne, le Gard, le Lot, etc., et il n'est pas rare de rencontrer des moulins qui attendent le retour des eaux sur les bords d'un ravin desséché.

Les plus intéressantes sources de France sont : la Fontaine de Vaucluse, la source de la Touore (Charente), les sources du Lison et du bief Sarrazin (Doubs) qui sont très pittoresques, les sources de la Loire et du Ponté, la source du Germe, à Sassenage (Isère), qui sort d'une vaste grotte, la Fontaine de Tourne (Ardèche), etc.

Le débit des sources n'est pas en rapport immédiat avec les phénomènes météorologiques ; le retard peut être de plusieurs mois. Les rivières alimentées par des sources conservent parfois pendant un été sec, des eaux normales à cause des pluies de l'hiver précédent.

Les eaux artésiennes. — Si une couche de sable, après avoir affleuré sur une étendue suffisante plonge sous des assises imperméables pour se relever ensuite en formant une sorte de cuvette profonde, l'eau qu'elle contient acquiert une pression d'autant plus grande qu'elle descend plus bas. Si l'on pratique une perforation dans la couche imperméable formant plafond, l'eau jaillira au dehors, si le point d'affleurement du trou de sonde est situé plus bas que le niveau d'affleurement de la couche sableuse [1]. Ce phénomène est une conséquence du principe des vases communicants étudié en Physique [2]. Les puits de ce genre étaient connus des Égyptiens et des Romains ; le premier creusé en France fut celui du couvent de chartreux de Lilliers, dans l'Artois (1126), d'où le nom de **puits artésiens** qu'on leur a donné [3].

Le bassin de Paris est favorable au creusement de ces puits. La couche perméable est constituée par des *sables verts* que recouvre l'*argile* dite *du Gault* : ces couches affleurent sur les hauteurs qui s'étendent des Ardennes à l'Yonne à une altitude supérieure à celle de Paris. Les plus anciens puits artésiens de Paris sont ceux de Grenelle (548 mètres), de Passy (580 mètres) et de la raffinerie Say (600 mètres). Les autres sont plus récents : celui de la Chapelle date de 1887, et celui de la Butte-aux-Cailles de 1898. Le débit, d'un puits

1. Théoriquement, l eau devrait monter jusqu'à l'altitude de l'affleurement de la couche sableuse, mais la résistance de l'air et les frottements opposent à la pression hydrostatique, une résistance qui n'est pas négligeable.

2. Voir G. EISENMENGER. *La Physique* (même collection).

3. Il n'est pas nécessaire, comme on le croit quelquefois, que la nappe d'eau soit enfermée entre deux couches imperméables pour être jaillissante. Il suffit qu'elle soit comprimée par une seule couche d'argile qui maintienne la surface supérieure, car, en vertu de l'état de saturation de l'écoge terrestre, l'eau de la nappe ne peut être attirée vers le bas. La déperdition ne serait à craindre que si la nappe trouvait un écoulement vers la mer. (A. DE LAPPARENT.)

à l'autre est variable : celui de la Raffinerie Say est de 6 000 mètres cubes par jour.

Dans toutes les contrées où les puits artésiens jaillissent, ils rendent les plus grands services, soit pour l'alimentation des villes, des usines, soit comme source d'énergie utilisée comme force motrice. Dans certaines régions, ils ont pris une importance que l'on peut dire vitale. C'est ainsi que dans le Sahara, sur un sol brûlé et nu, sont nées des oasis, asiles de fraîcheur et de verdure; en Californie, l'eau souterraine a permis les cultures ; dans la Nouvelle-Galles du Sud et dans le Queensland, des centaines de puits artésiens permettent d'irriguer les terres, et surtout d'abreuver le gros bétail et les moutons qui, jadis, périssaient par millions autour des sources taries. En Australie existent aussi des puits artésiens naturels, en particulier autour de la cuvette déprimée du lac Eyre.

Phénomènes chimiques produits par les eaux d'infiltration. — L'eau qui circule dans les couches superficielles de l'écorce terrestre produit des phénomènes d'hydratation, d'oxydation, de dissolution, de décomposition, de cimentation et de dépôt.

Les **phénomènes d'hydratation** se traduisent par la transformation du fer oligiste en hématite brune (sesquioxyde de fer hydraté), des silicates d'alumine en kaolin (silicate d'aluminium hydraté), du péridot en serpentine (silicate de magnésie hydraté).

Les **phénomènes d'oxydation** produisent la transformation des sulfures en sulfates, la rubéfaction des calcaires renfermant du carbonate de fer.

Les **phénomènes de dissolution** sont plus importants. Les chlorures et sulfates alcalins donnent aux *eaux minérales* de Niederbronn, Rheinfelden, Salins, Salies-de-Béarn, etc., leurs propriétés. Les eaux chargées de gypse sont dites *séléniteuses*; les effondrements produits par les parties enlevées se traduisent à la surface du sol par des sortes d'entonnoirs connus, dans les Alpes françaises, sous le nom d'*oulettes*. Celles qui sont chargées de calcaire grâce, comme nous l'avons vu, au gaz carbonique qu'elles ont pris à l'air ou au sol, sont dites *dures* [1]; une longue circulation dans les calcaires peut amener une véritable *décalcification*.

Les eaux sursaturées de carbonate de chaux peuvent le déposer soit sur les parois des grottes (voir plus loin), soit en arrivant au jour. On donne le nom de *sources* ou *fontaines pétrifiantes*, ou plus exactement *incrustantes*, à celles qui opèrent ce dépôt. Les objets sur lesquels les eaux suintent sont bientôt recouverts d'une couche de carbonate de calcium, comme on peut le voir dans le Puy-de-Dôme, à Saint-Nectaire, à Clermont-Ferrand [2]. Lorsque ces eaux calcaires suintent sur des mousses ou autres végétaux, il se forme une roche caverneuse, le *tuf calcaire*; certaines sources chaudes ou fortement calcaires effectuent des dépôts importants appelés *travertins*. Ceux-ci, épais et compacts, se produisent : tantôt à la surface du sol, en formant des nappes comme au Parc de Yellowstone (États-Unis), de Hamman Meskoutine (Algérie); tantôt sur le trajet des cours souterrains. Les eaux de la source du Mammouth (Yellowstone) ont formé, sur le flanc d'une colline, une série de gradins ressemblant à de grands coquillages aux bords festonnés, et qui constituent un spectacle inoubliable. Dans l'Arizona, existe une forêt de 800 hectares dont les pins, noyés sous des eaux calcaires et siliceuses, ont été remplacés molécule à molécule par de la silice; rien n'est plus étrange que cette forêt dressant vers le ciel, des arbres dont le vent ne fait jamais frissonner les feuilles [3].

Des formations sédimentaires anciennes, peuvent subir une

1. Le degré hydrotimétrique est la teneur des eaux en calcaire. 1 degré = 5 milligrammes de chaux par litre ; l'eau potable titre de 20 à 25° ; au delà de 36°, l'eau ne peut plus servir à la boisson ni à la cuisson des légumes.

2. A Saint-Allyre, près de Clermont-Ferrand, pour la distraction des visiteurs, on incruste les objets les plus divers : paniers d'osier, mannequins représentant des personnages, des animaux, etc. Dans la région, il existe d'anciens volcans, et l'on a constaté, en beaucoup d'endroits de l'Auvergne, un dégagement de gaz carbonique par les fissures du sol.

3. Il existe aussi en Europe d'importantes terrasses de tuf : Tivoli (Italie), Kerka (Dalmatie), dont l'épaisseur dépasse 100 à 150 mètres. En Provence, il en résulte des sites extrêmement pittoresques : Cotignac, Barjols, Sillans, etc.

transformation curieuse, grâce au pouvoir dissolvant des eaux d'infiltration : l'*argile à silex*, les gîtes de *sables phosphatés*, l'*alios* des dunes landaises et des forêts de Fontainebleau et de Chantilly, que nous avons étudiés dans la troisième conférence, entrent dans cette catégorie de formations récentes.

Enfin, les substances enlevées dans la zone d'altération de l'écorce terrestre peuvent aller cimenter des roches plus profondes, en cristallisant dans leurs vides. De ces **phénomènes de cimentation** résultent en particulier des silex, des grès et des marbres.

Phénomènes produits à la surface du sol par le travail souterrain des eaux d'infiltration. — A la surface des pays calcaires, l'action mécanique et surtout la corrosion chimique des eaux d'infiltration déterminent des accidents caractéristiques et un modelé tout particulier. Les régions où ces phénomènes se produisent avec le plus d'intensité sont, en France : le Jura, les chaînes calcaires des Alpes et surtout les Causses du Massif Central ; ils se développent dans toute leur ampleur dans la région du *Karst* (Carniole et Istrie), de sorte que l'on parle souvent de **phénomènes du Karst** ou *phénomènes carsiques* ; on les retrouve dans les Alpes dinariques et jusqu'à l'extrémité de la Morée.

Nous connaissons déjà le phénomène des *lapiez* produit par les eaux de ruissellement. L'action chimique de l'eau météorique peut former à la surface, en dissolvant le calcaire, des dépressions et des cavités dans lesquelles les eaux se perdent ; leur forme est celle d'un entonnoir à contour circulaire ; ce sont les *dolines* dans le Karst, les *cloups* dans le Lot, les *sotchs* dans les Causses, les *emposieux* dans le Jura. Ces creux ont des dimensions variables, un diamètre allant de 10 à 1 000 mètres, une profondeur de 2 à 100 mètres. Rarement isolés, ils forment des alignements ou se juxtaposent côte à côte ; les dolines du Karst sont tapissées par la *terra rossa* ou argile rouge de décalcification ; elles aboutissent à des fissures et non généralement à des galeries souterraines dont le toit se serait effondré, ainsi qu'on l'avait cru tout d'abord. Pourtant, des dolines de ce genre existent; celles qui jalonnent le cours souterrain de la Réka en sont un exemple. Le Karst, extraordinairement sec et sans arbres, refroidi par les tempêtes du *bora*, apparaît comme une vaste écumoire; les trous sont de véritables oasis dans ce désert de pierre (d'où le nom de Karst en celtique) ; les villages s'y blottissent avec leurs jardins et leurs champs.

Les dépressions de la surface peuvent se prolonger dans le sol par des *puits verticaux*, des *gouffres*, des *abîmes* vertigineux. Ce sont les *avens* des Causses, les *chourums* du Dévoluy, les *embucs*, les *igues*, les *tindouls*, de diverses régions françaises, les *swallow-holes* du Yorkshire. Il peut se former des vallées fermées comme les *catavothra* de Grèce, les *polje* du Karst ou *Kesseltäler* (vallées-chaudrons) des Allemands.

Un certain nombre de ces gouffres de surface sont le résultat de l'écroulement de la voûte de cavités souterraines formées par les eaux d'infiltration (E.-A. MARTEL), mais la plupart d'entre eux, les 9/10es environ, sont des puits creusés par les eaux sauvages qui ont profité des fissures naturelles du terrain. Les dolines du Karst semblent bien être le résultat de la corrosion et de l'érosion de l'eau météorique dont le croisement de plusieurs cassures a facilité le travail[1] (DE MOSJISOVICS, 1880). Les *polje* sont de larges et longues cuvettes à fond plat : leur origine est encore incertaine. On les observe généralement dans les régions disloquées par les mouvements orogéniques et non dans celles où les couches sont restées horizontales. La plupart sont des vallées inachevées, dont l'emplacement avait été déterminé par les circonstances géologiques, mais dont le creusement s'est arrêté là où les fissures du sol ont permis un écoulement suffisant.

M. E.-A. MARTEL est le premier explorateur des gouffres de France. Il en a découvert et visité un grand nombre souvent obstrués par des éboulis ou se terminant par des fissures étroites. Dans l'Hérault, l'*abîme de Rabanel* a 212 mètres de profondeur; dans l'Aveyron, l'*aven de Tabouret*, s'enfonce dans le sol en une série de six cônes réguliers jusqu'à la pro-

---

1. En Irlande, où les pluies sont abondantes, on voit l'eau s'engouffrer dans les fissures du sol et entraîner avec elle des sables et des cailloux qui activent le creusement.

fondeur de 130 mètres. Dans le Lot, le *puits de Padirac* est aménagé à l'usage des touristes, il conduit à un cours souterrain, la rivière de Padirac qui coule dans des corridors étroits ou sous des voûtes immenses. Le gouffre le plus profond de France est le *Chourun-Martin* dans les Hautes-Alpes (310 mètres). On n'en connaît pas jusqu'à présent qui dépasse en profondeur le *Trou de Trebiciano*, aux environs de Trieste et qui possède un lac à 322 mètres au-dessous de la surface du sol.

Phénomènes souterrains produits par les eaux d'infiltration. — Certains *avens*, avons-nous vu, sont l'indice d'un travail des eaux se passant dans la profondeur de la Terre. Les eaux descendent en suivant les plans de stratification, les failles, les fissures ou *diaclases*. On conçoit que, dans une masse calcaire de plusieurs centaines de mètres d'épaisseur, il y ait des différences de composition et de compacité; or, ces différences se manifestent par une division de la masse en couches parallèles ou *bancs*. De plus, chaque banc est fissuré, soit par les variations de température, soit par les tassements, soit par d'autres causes que nous expliquerons plus tard. Ces fissures offrent une voie facile à l'eau d'infiltration, mais comme elles peuvent ne pas se correspondre d'un banc à l'autre, les eaux se trouvent retenues à la surface de séparation des deux bancs successifs; le contact prolongé de l'eau et du calcaire à ce niveau permet une dissolution plus grande et le vide qui s'élargira entraînera le *décollement* des parties supérieures insuffisamment soutenues. A la corrosion chimique, il faut d'ailleurs joindre la pression hydrostatique de l'eau (E.-A. MARTEL). Le mode de formation des cavités par décollement est très net en Belgique, au Trou de Belvaux, origine du cours souterrain de la Lesse et au Trou Maulin sur les bords de la Lhomme.

L'eau, en séjournant à un certain niveau, peut mettre à nu des fissures du banc inférieur ou agrandir des fissures trop petites, elle en profite pour atteindre un niveau inférieur où il pourra se former à la longue un *nouvel étage* relié au précédent par une sorte de puits. Le même fait pourra se répéter plusieurs fois si la masse de calcaire est assez épaisse.

Le résultat de ce travail souterrain est la formation de *galeries* et de *grottes*. Leur forme est liée à la constitution de la roche, mais surtout à leur mode de stratification. Tandis que dans les strates, il se forme des tunnels plus larges que hauts, les diaclases donnent des allées étroites et très élevées : la combinaison des deux systèmes de galeries produit quelquefois un réseau assez compliqué. Les effondrements engendrent ensuite de véritables salles : dans la *grotte de Han* (Belgique), la salle du Dôme a 150 mètres de longueur, sur 14 de largeur et 120 de hauteur[1]. C'est au moment où les rivières sont gonflées par des pluies abondantes que tous ces effets se produisent avec une réelle intensité et que les rivières souterraines deviennent de puissants agents d'érosion. Au début de l'ère quaternaire, les pluies étaient plus abondantes qu'aujourd'hui et les actions invoquées plus haut, s'exerçant dans des conditions de rapidité plus grandes, ont pu donner naissance aux grottes que nous admirons aujourd'hui.

La formation des grottes doit donc être attribuée à des actions torrentielles dont le début vient se placer à une époque antérieure à la nôtre ; les eaux actuelles sont beaucoup moins abondantes que les eaux anciennes et ce desséchement lent, mais certain, de l'écorce terrestre, sera une grave préoccupation pour les générations futures. Il est vrai que le desséchement n'est que superficiel, les eaux arrivent rapidement au fond des grottes et sont peut-être en train de creuser de nouveaux étages situés plus profondément ; on expliquerait aussi, par l'enfoncement progressif des eaux dans les régions calcaires, la diminution sensible du débit de certains ruisseaux, comme, par exemple, l'Alezou à Rocamadour, qui pouvait autrefois faire tourner un moulin, et qui est aujourd'hui presque toujours à sec.

Stalactites et stalagmites. — Quand les eaux chargées de calcaire (à l'état de bicarbonate) arrivent à suinter au plafond

---

1. G. EISENMENGER. Les grottes de Han et de Rochefort. *La Science au XX° siècle*, 1907. La Lesse, qui traverse la grotte de Han, enlève annuellement 7 600 mètres cubes de calcaire. Des ossements quaternaires et des vestiges humains faisant remonter l'origine de cette grotte à 5 000 ans au moins, la Lesse a dû emporter 35 millions de mètres cubes de calcaire, ce qui correspond bien au cube total des cavernes.

d'une grotte, par évaporation et par perte de gaz carbonique, elles déposent un anneau de carbonate de calcium cristallisé (calcite). Ce même phénomène, se répétant pendant des siècles, d'autres anneaux concentriques se superposent au premier et ainsi se constituent les pendentifs, cônes creux à l'intérieur, que l'on appelle stalactites [1]. Il arrive que les gouttes d'eau qui suintent le long des stalactites et pendent à leur sommet, ne s'évaporent pas entièrement ; entraînées par leur poids, elles tombent sur le sol de la grotte où leur évaporation s'achève : ainsi se produit un *plancher stalagmitique* d'où s'élèvent des **stalagmites**. Celles-ci sont exactement situées sous les stalactites, s'accroissent peu à peu et finissent par rejoindre les stalactites correspondantes ; il en résulte des *colonnes* dont les dimensions vont ensuite en augmentant.

Ces formations calcaires, souvent d'un blanc éclatant, apparaissent miroitantes et translucides quand on éclaire la grotte ; elle produisent alors un effet magnifique. Sur les parois des grottes, elles forment parfois un brillant revêtement qui simule d'une façon frappante des fleurs variées, des dentelles délicates... fort rudes au toucher.

Les stalactites se produisent surtout dans les parties où les voûtes sont fissurées et où les suintements sont abondants et par suite dans les salles hautes, plutôt que dans les galeries à section irrégulière. La forme primitive est toujours le cône effilé et terminé à son extrémité par une goutte suspendue. Si l'eau s'écoule de préférence suivant une génératrice déterminée ou vient à tourner autour du cône, on aura les apparences de tuyaux d'orgues ou de pendeloques plus ou moins contournées. Les stalactites s'alignent suivant les diaclases ; si toute la diaclase participe à la formation, on aura une draperie qui peut constituer une véritable paroi. Ainsi s'explique la formation de ces stalactites en lames auxquelles les lisérés ferrugineux donnent l'apparence de rideaux, ou de serviettes. Les stalagmites ont plus de tendance à s'élargir qu'à s'élever ; Leur forme est irrégulière et mamelonnée ; elles simulent des clochers des minarets, etc. Si, par suite d'une arrivée

---

1. Les mots stalactite et stalagmite viennent du grec : *stalaktos*, qui coule goutte à goutte ; et *stalagmos*, écoulement.

moins abondante des eaux, les gouttelettes se disposent en surplomb sur la périphérie, il en résulte des aspects divers auxquels l'imagination des guides a donné des noms d'animaux ou de plantes fantastiques [1].

Quelques grottes remarquables. — Les grottes sont très nombreuses en France, dans les régions calcaires, et notamment dans les Causses. La *grotte de Padirac* (causse de Gramat) renferme une rivière de 2 kilomètres de longueur qui forme douze lacs ; on peut les visiter depuis 1899. La *grotte de Dargilan* (causse Noir) est la plus belle de France ; elle présente vingt salles d'une richesse inouïe en stalactites. La *grotte de Han* (Belgique), traversée par la Lesse, est un merveilleux labyrinthe formé par des galeries tapissées de stalactites brillantes et par des salles grandioses dont les voûtes hardies se perdent dans les ténèbres ; la salle des Mystérieuses est la merveille de la grotte. La plus belle du monde, et en même temps la plus grande d'Europe, est la *grotte d'Adelsberg*, en Carniole, traversée par la Piuka ; on y connaît 10 kilomètres de galeries. La *grotte du Mammouth* (États-Unis) est remarquable par ses dimensions colossales ; la longueur totale de ses avenues souterraines est de 350 kilomètres ; elle contient tout un système de lacs et de rivières à divers étages. Ces grottes ont été maintes fois décrites, mais aucune description, aucun dessin ne peut donner, à ceux qui ne les ont pas visitées, une idée exacte de l'étonnante beauté de ces merveilles souterraines.

Cours et lacs souterrains. — L'eau qui descend en profondeur finit par former des cours d'eau souterrains. Les évidements dans lesquels coulent ces rivières ont des formes très variées ; ce sont tantôt des tunnels, tantôt des couloirs diversement ramifiés, tantôt des fentes hautes et étroites, parfois des chambres immenses où les eaux s'étalent en lacs ; des cascades qui descendent de gradin en gradin et des puits où l'eau

1. Le phénomène des stalactites se produit parfois en petit, sous les voûtes des ponts construits en pierres calcaires, sous l'influence des eaux de pluie qui s'infiltrent à travers la voûte.

se précipite en bouillonnant viennent encore accidenter le cours mystérieux de ces rivières.

Beaucoup de ces cours souterrains sont constitués par des rivières superficielles qui disparaissent dans les fissures du sol. Le fait est très fréquent dans le Karst où le réseau hydrographique s'est, pour ainsi dire, transporté dans le sous-sol. Les rivières réapparaissent en sources vauclusiennes ou bien forment un lac dans les *polje* — telle est l'origine du lac de Yanina, en Épire — mais plusieurs rivières du Karst ont un cours entièrement souterrain [1].

Les rivières souterraines sont nombreuses en France. Citons, outre la *rivière de Padirac,* sur laquelle les touristes peuvent circuler en barque, celle du *Bramabiau,* formée par la disparition sous terre d'un ruisseau appelé le Bonheur. La fameuse *perte du Rhône,* près de Bellegarde, semble présenter une complète analogie d'origine et de formation avec certaines rivières coulant dans des diaclases, comme les deux précédentes ; en ce point, le lit horizontal du Rhône deviendrait vertical (E.-A. MARTEL, 1909). La disparition momentanée des cours d'eau au fond d'anfractuosités, de fissures, de gouffres est très fréquente dans le Jura ; le Doubs se perdait en aval de Pontarlier avant que l'on eût obstrué les fissures de son lit : l'Orbe se perd entre le lac de Joux et Vallorbe, et semble attarder ses eaux dans une série de lacs souterrains. La majeure partie du canton de Neufchâtel est privée de cours superficiels, alors que tout le long de la chaîne du Jura et à son pied, l'eau jaillit du sol. Un jour viendra où les rivières jurassiennes auront totalement disparu de la surface.

Le Danube se perd dans les calcaires du Jura souabe et ses eaux réapparaissent à la surface de l'Aach de Hegau, affluent du lac de Constance. Si l'on ne bouche pas les entonnoirs dans lesquels s'engouffrent les eaux danubiennes, ceux-ci finiront par absorber complètement le fleuve ; à ce moment existera, en aval du point d'absorption, une vallée desséchée, tandis qu'en amont une vallée aveugle sera drainée par une

---

1. Certains lacs de la Carniole sont intermittents, celui de Zirknitz, par exemple. Il en existe aussi en Russie, dans les gouvernements de Novgorod, Oufa, Arkhangel'sk (YERMOLOFF, 1907).

rivière souterraine, à peu près comme celle de la Foïba en Istrie ou celle de la Réka, près de Saint-Cazian[1].

Effondrements, glissements, éboulements. — On conçoit que l'agrandissement des cavernes parsemant les cours souterrains provoque des effondrements capables de former, à la surface, des *gouffres* ou *entonnoirs*, semblables à ceux dont il a déjà été question. A Lons-le-Saulnier, en 1792, se forma ainsi un gouffre de 22 mètres de diamètre où furent engloutis plusieurs maisons sous une couche d'eau de 15 mètres.

Le délayage des couches d'argile par les eaux d'infiltration permet d'expliquer les phénomènes de glissements et d'éboulements fréquents surtout dans les montagnes. Si une couche d'argile est inclinée et affleure au flanc d'une vallée, les terrains qui la surmontent, mal assis sur cette couche devenue glissante, descendront vers la vallée.

C'est ainsi qu'en février 1896, la ligne de chemin de fer à la Grand'Combe, près d'Alais, dut être déplacée à cause du glissement lent d'une colline qui a été surnommée la *Montagne qui marche*. On rapporte des cas très curieux : en 1661, une forêt qui dominait le village d'Aubersdorf (Flumenthal) descendit de 3 kilomètres. Une partie du mont Goïma (Vénétie) descendit, pendant une nuit, jusqu'au fond de la vallée avec toutes les maisons qui s'y trouvaient, et assez doucement pour que les habitants se trouvassent étrangement surpris, à leur réveil, d'avoir été transportés au pied de la montagne.

Malheureusement, le glissement, au lieu de conserver cette allure paisible, augmente le plus souvent sa vitesse et devient un **éboulement**, producteur de catastrophes. L'une des plus célèbres est celle du *Rossberg*, en Suisse, montagne qui fait face au Rigi et dont une partie, à la suite d'un été pluvieux, se mit à glisser sur l'argile délayée ; en quatre minutes,

---

1. Les captures souterraines sont fréquentes dans le Karst et dans l'Herzégovine, où une série de vallées sont décapitées et où leurs cours supérieurs prennent directement un chemin vers la mer. Pour plus de détails sur les cours souterrains du Danube et de la région du Jura, voir G. EISENMENGER, *Etudes sur l'évolution du Rhin et du système hydrographique rhénan* (Paris, 1907), p. 273 et 356.

trois villages et plus de quatre cents personnes furent engloutis par les 10 millions de mètres cubes de débris qui s'abat-
tirent avec fracas dans la belle plaine de Goldau (2 sept. 1806).
On voit encore aujourd'hui les blocs éboulés, dont plusieurs
sont aussi gros que des maisons ; dans leur intérieur, on a
pratiqué une tranchée pour la ligne du Saint-Gothard. Le
voyageur qui porte ses yeux vers le Rossberg aperçoit les déchirures encore vives de la montagne et la trace des torrents
de pierres qui s'en sont détachés. L'éboulement du *Conto*, en
1618, ensevelit le village de Pleurs (Grisons) avec 2500 personnes. L'éboulement des *Diablerets* (1714 et 1749) représente
une masse de 50 millions de mètres cubes ; cette chaîne qui
se hérissait de cinq pics audacieux n'en possède plus que
trois ; celui d'*Elm* (1881) a accumulé 10 millions de mètres
cubes dans la vallée. En Suisse, le plus considérable de ces
éboulements est celui de *Flims,* dans la vallée du Rhin antérieur ; survenu pendant la période glaciaire, il a formé un
amoncellement de 400 mètres de hauteur et dont le volume
est au moins mille fois celui de l'éboulement du Rossberg ; le
Rhin a été barré pendant une période très longue et la vallée
d'amont transformée en lac ; aujourd'hui, le lac est vidé, mais
le fleuve a dû se creuser, dans la masse d'éboulis, une gorge
atteignant 300 mètres de profondeur. La chaîne des Apennins
et la Sicile ont été aussi éprouvées par ces glissements en
masse ; en 1881, la catastrophe de *Castelfrontano* a été produite par un éboulement de 9 millions de mètres cubes.

Il ne se passe guère d'années où l'on n'observe, dans les
régions montagneuses de tels éboulements ; quand la masse
éboulée obstrue le cours d'une rivière, il se produit un lac
temporaire dont les eaux, insuffisamment retenues par les
matières provenant de l'éboulement, s'écoulent en quelques
heures, et produisent des ravages considérables. De tels événements ont dû survenir à plus d'une reprise dans la période
de formation des vallées [1].

1. Le lent glissement des dépôts meubles sur les pentes (*Phénomènes
de solifluction*) qui s'opère sous l'action d'un climat humide, semble,
d'après des travaux récents, jouer un rôle dans l'élaboration des croupes
montagneuses (Götzinger. 1907).

Enfin, il peut arriver que des lits d'argile se trouvent suffisamment délayés pour se précipiter dans les vallées en torrents de boue (*lave* dans les Alpes françaises). Weggis, assise au pied du Rigi, fut ensevelie, en 1795, par une coulée de boue de 12 à 15 mètres d'épaisseur.

En RÉSUMÉ, les eaux d'infiltration, qui descendent sous l'action de la pesanteur, traversent les roches perméables et sont retenues par les roches imperméables (argiles, marnes); elles forment des *nappes* qui alimentent les *sources*, les *puits ordinaires* et les *puits artésiens*. Elles produisent des actions dissolvantes : sur le gypse (*sources gypseuses*), sur le sel gemme (*sources salées*), sur le calcaire où l'action destructive (*grottes, cavernes, galeries étagées*) se complique d'une action édificatrice (*stalactites* et *stalagmites*). Enfin, elles produisent des actions mécaniques entraînant le *déplacement des constructions*, les *glissements* et *éboulements* dans les montagnes.

SEPTIÈME CONFÉRENCE

PHÉNOMÈNES PRODUITS PAR L'EAU SOLIDE.
LES PHÉNOMÈNES GLACIAIRES

Effets géologiques du froid dans les montagnes. — I. « Les neiges persistantes ». — Fusion et évaporation de la neige. — Les avalanches. — II. Formation des « glaciers ». — Les Névés. — Principaux types de glaciers. — Leur répartition géographique. — III. Phénomènes dont les glaciers sont le siège (mouvement, regel, crevasses, fusion, capture). — IV. Phénomènes dont les glaciers sont la cause (transport de moraines, corrosion, érosion, paysage morainique). — Ancienne extension des glaciers. — Érosion glaciaire, surcreusement. — Les fjords, les lacs et les phénomènes d'épigénie. — Terrasses fluvioglaciaires et histoire des cours d'eau. — V. Phénomènes de creusement des vallées. — Changement de lits des fleuves. — Modifications géographiques produites par les extensions glaciaires. — VI. Causes des phénomènes glaciaires. — Congélation des lacs, des rivières et des mers. — Phénomènes glaciaires dans les régions polaires et à travers les âges.

Effets géologiques du froid dans les montagnes. — Quand on s'élève sur une haute montagne, on constate un abaissement progressif de la température pouvant aller au-dessous de 0°. Sur ces régions élevées, l'eau ne peut plus tomber sous forme de pluie : en été comme en hiver, c'est de la neige qui tombe sur le sol. Cette neige recouvre les sommets, les pentes, les dépressions, faisant ainsi, dès parties supérieures des montagnes, un massif éblouissant de blancheur.

Cliché Coll. Molteni.

Glacier polaire.
Glacier de Svartisen (Cap Nord).

Cliché LL.

Séracs du glacier des Bossons
(Mont Blanc).

L'eau, que nous avons vue si vivante dans les torrents ou dans le frissonnement des sources, est encore, à l'état solide, un agent géologique important. Elle produit, précisément dans les régions où le relief est le plus heurté, des modifications rapides et imposantes. L'empire de la neige et de la glace — qui a été, à une époque très rapprochée de la nôtre, beaucoup plus étendu que de nos jours — a subi un ensemble de modifications dont la connaissance permet de comprendre le modelé actuel de bien des régions du Globe.

Nous savons déjà (Quatrième conférence) que l'eau à l'état solide est un agent destructeur par excellence. Le flocon de neige, que retiennent les aspérités des rocs, n'attend que le soleil pour prendre l'état liquide, pénétrer dans les fissures des pierres et les faire éclater quand reviendra la gelée. Par les alternatives de gel et de dégel, les roches s'effritent et les montagnes se démolissent. Ainsi se forment ces pointes aiguës appelées *aiguilles* (région du Mont-Blanc), *dents* (Suisse française), *horn* (Oberland bernois), *piz* (Grisons) qui font ressembler les montagnes granitiques à une gigantesque cristallisation; par le même mécanisme, prennent naissance ces murailles verticales, ces masses crénelées, ces sortes de forteresses géantes traversées de coupures profondes, qui donnent aux montagnes calcaires — et en particulier aux Alpes dolomitiques du Tyrol — un aspect *ruiniforme* nettement caractérisé.

Les neiges persistantes. — A partir d'une certaine altitude, la quantité de neige tombée annuellement est telle qu'elle ne peut arriver à fondre entièrement. La neige *persiste* toujours sur les hautes montagnes et constitue un de leurs plus puissants attraits. Cette persistance est due à la pénétration du froid de l'espace dans l'atmosphère raréfiée; celle-ci a, en effet, perdu une grande partie de la propriété isolante qui lui permet, dans les régions inférieures, de limiter le rayonnement ou déperdition de la chaleur terrestre.

La calotte de neige qui revêt les hautes régions est limitée en bas par une ligne plus ou moins irrégulière constituant la *limite des neiges persistantes*. Située à une altitude de 4 500 à 6 000 mètres dans les montagnes des régions tropicales, cette ligne s'abaisse à mesure que l'on se rapproche des pôles, se trouve à 3 000 mètres environ dans les Alpes, 950 mètres en Islande, 500 mètres seulement au Spitzberg, et atteint presque le niveau de la mer dans les régions polaires.

Bien que de nouvelles neiges tombent constamment sur les montagnes, le volume total des neiges y demeure à peu près constant. Il faut donc que, sans cesse, il y ait perte d'eau ou de neige. Cette perte a lieu de quatre façons différentes : par *fusion*, par *évaporation*, par les *avalanches*, enfin par les *glaciers*.

Fusion et évaporation de la neige. — La *fusion* de la neige donne naissance à de petits ruisselets qui, souvent, se perdent dans le sol immédiatement. C'est par fusion que la limite inférieure des neiges se relève en été; elle se fixe à l'altitude pour laquelle la chaleur de l'été suffit à fondre toute la neige tombée en hiver. La neige diminue aussi par *évaporation*; quand l'atmosphère est sèche, la neige et la glace émettent des vapeurs même au-dessous de 0°. On rapporte que, dans les Andes boliviennes, quand on contemple de loin les sommets, on voit des vapeurs s'élever au-dessus de la région des neiges.

Avalanches. — Les avalanches sont des masses de neiges qui, entassées sur des pentes trop raides, dans un état d'équilibre instable, s'écroulent avec fracas, glissent en roulant sur ces pentes et finissent par s'écraser au pied des montagnes.

C'est principalement au printemps que les avalanches sont redoutables; à cette époque de l'année, la fusion qui se produit à la limite inférieure des neiges crée des sortes de plateaux de neige suspendus qui, tout à coup, glissent et s'écroulent dans la vallée; c'est là le type des *avalanches de fond* si redoutées des montagnards. Les *avalanches de sommets* sont moins dangereuses : elles sont produites par l'accumulation de la neige le long d'un obstacle dont elles se détachent tout à coup, soit lorsque celui-ci cède, soit lorsque la masse est ébranlée par l'air. La moindre secousse suffit à provoquer le glissement : le choc d'une pierre, le passage d'un chamois, le bruit d'une arme à feu, etc. L'avalanche se déchaîne avec un bruit d'ouragan et entraîne tout sur son passage ; la compression brusque de l'air engendre un vent extrêmement violent, capable de déraciner du même coup des centaines d'arbres qui se couchent dans le même sens, comme des paquets d'allumettes ; on a vu des maisons s'écrouler à de grandes distances par le seul fait de l'ébranlement de l'air.

La masse de neige qui tombe des sommets peut former dans la vallée un entassement de 15 à 20 mètres de hauteur et de 1 million de mètres cubes (cône d'Amsteg) ; parfois, elle forme digue en travers d'un torrent, provoque la formation d'un lac temporaire qui ajoute aux ravages de l'avalanche ceux de l'inondation. En janvier et février 1897, le dégel, survenu après de fortes chutes de neige, produisit des avalanches désastreuses dans les Alpes. Aux environs de Saint-Christophe, dans le massif du Pelvoux, pendant trente-six heures, les avalanches roulèrent sans répit. En 1910, dans le canton de Glarus, en Suisse, la voie du chemin de fer électrique qui relie Elm et Schwanden fut entièrement ensevelie entre les villages d'Elm et de Matt ; il fallut creuser une tranchée longue de 300 mètres [1]. Remarquons que ces avalanches se forment dans des endroits bien connus et le long de *couloirs* creusés par les chutes précédentes [2].

Certaines *avalanches*, dites *poudreuses* [3], se produisent en hiver et seulement par une température rigoureuse. Par une basse température, la neige tombe grenue et pulvérulente ; elle ne fait pas corps avec la couche sous-jacente qui est gelée, de sorte que la moindre secousse détermine l'éboule-

---

1. Déjà en 1895, dans le canton de Glaris, il avait fallu creuser un tunnel de 300 mètres pour permettre à la diligence de continuer son service régulier ; au mois de juin suivant seulement la route a pu être complètement déblayée.

2. Pour s'en préserver, on plante dans les « couloirs » des pieux ou même des bois de sapins et l'on reboise les pentes. Parfois, on élève de véritables digues pour protéger les habitations ; certaines constructions ont une forme en coupe-vent, afin d'assurer leur stabilité contre l'ouragan déchaîné par le déplacement d'air.

3. Les montagnards donnent aux avalanches poudreuses le nom « d'avalanches froides », par opposition à celui « d'avalanches de chaleur », réservé aux avalanches de fond ou de sommet.

ment. Les tourbillons soulevés par la masse qui se détache produisent un coup de vent bien autrement violent que celui dont s'accompagnent les avalanches de printemps. En Savoie, pendant l'hiver de 1881, la haute vallée de l'Isère fut ainsi le théâtre d'une épouvantable catastrophe : du mont Pourri, une formidable avalanche s'abattit sur le village'de Brevières, qui laissa sous ses ruines un grand nombre de victimes.

L'effet géologique des avalanches est de transporter des débris du sol, pierres et quartiers de rochers, arrachés sur leur passage ; au débouché des couloirs d'avalanches, se voient des amoncellements de débris rocheux ou *cônes d'avalanches* capables de devenir dangereux, comme le grand cône des environs de Cauterets (Hautes-Pyrénées) qui, avant sa fixation, menaçait l'établissement thermal. Cet effet des avalanches, comparable à celui des torrents temporaires, est en réalité beaucoup plus grand qu'on ne l'avait cru tout d'abord.

Formation des glaciers Les névés. — A côté des avalanches, il existe des glissements de neige, plus réguliers et plus continus qui, cantonnés dans les hauts sommets, accumulent la neige dans des dépressions ou *cirques*. Par l'effet du tassement, l'air s'échappe peu à peu, et les cristaux de neige commencent à adhérer les uns aux autres. L'eau, provenant de la fusion superficielle produite par le soleil, s'infiltre dans la masse, se congèle et agglutine la neige voisine ; celle-ci, imparfaitement solidifiée, forme une matière granuleuse, aux grains rugueux, sans grande cohésion, mais pesant déjà six fois et demie plus que la neige, et assez résistante pour que la marche, si pénible dans la neige poudreuse, y devienne commode. On dit que la neige est transformée en **névé** (*firn* dans la Suisse allemande). Dans les Alpes, les *champs de névé* ne se rencontrent qu'au-dessous de 3 300 mètres ; au-dessus, en raison de la sécheresse et de la raréfaction de l'atmosphère, le soleil a peu d'action ; la neige reste poudreuse, s'enlève parfois en tourbillons dangereux pour les alpinistes, ou s'accumule en dunes dans les endroits bien abrités.

Dans les parties profondes du névé, la masse granuleuse devient de plus en plus compacte et passe à l'état de *glace bulleuse* (*firneiss* ou névé à grains cimentés). Ce névé, à son tour, presse de tout son poids sur les névés précédemment formés, les comprime, de sorte que les cristaux se soudent et que le pétrissage, dû aux inégalités de vitesse des différents points, facilite l'expulsion de l'air. Il en résulte une masse homogène, transparente, veinée de belles teintes bleues et qui n'est autre que la glace [1].

Le névé est très instable ; il descend doucement le long des pentes et se sépare de la neige que retiennent les versants

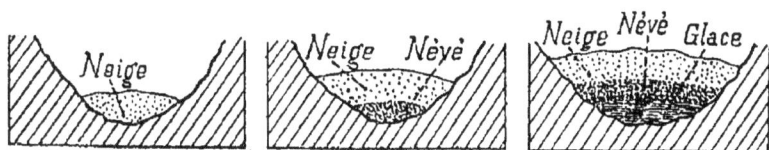

Fig. 34 à 36. — Transformation de la neige en névé et en glace.

par une crevasse, appelée *rimaye* dans les Alpes du Dauphiné. Cette crevasse indique le commencement du glacier ; celui-ci n'est encore formé que de névé et ce n'est qu'en poursuivant sa marche qu'il deviendra glace.

Les glaciers peuvent descendre bien au-dessous de la limite des neiges perpétuelles, mais comme ils gagnent ainsi des régions de plus en plus chaudes, leur fusion s'opère de plus en plus vite et devient complète. Alors le glacier se termine et ses eaux se réunissent en un cours d'eau.

Principaux types de glaciers. Répartition géographique. — Tous les glaciers ne sont pas dans les mêmes conditions de développement. Les uns occupent le fond des vallées qu'ils ont d'ailleurs approfondies : ce sont les *glaciers encaissés*, nombreux dans les Alpes. Les autres sont situés sur les pentes,

1. Tout en devenant plus compacte et plus homogène, la glace du glacier ne se rapproche nullement de celle des lacs et conserve jusqu'au bout la structure d'agrégat irrégulier propre au névé qui lui a donné naissance. Le seul changement qui intervient est l'accroissement progressif du volume des grains, chacun d'eux s'augmentant de l'eau de fusion qui vient se congeler à son contact.

étalent une nappe large et peu épaisse : ce sont les *glaciers suspendus*, fréquents dans les Pyrénées, où les hautes vallées sont rares et les précipitations atmosphériques moins abondantes que dans les Alpes. Dans toutes les grandes régions glaciaires, on rencontre ces deux types de glaciers : *alpin* et *pyrénéen*.

Dans les Alpes, et surtout en Suisse, les phénomènes glaciaires présentent une ampleur exceptionnelle. On a calculé que la surface occupée par les glaciers, dans l'ensemble des Alpes, est voisine de 4 000 kilomètres carrés. Plus d'un millier de glaciers appartiennent aux Alpes suisses ; le plus considérable est le *glacier d'Aletsch*, dans l'Oberland bernois, qui s'étend sur 24 kilomètres et s'alimente à des champs de névé de 100 kilomètres carrés. Dans le Massif du Mont-Blanc, les glaciers du versant français sont les plus développés, tels sont ceux d'Argentière, des Bossons, du Géant et la Mer de Glace qui a 12 kilomètres de longueur. Le Caucase — principalement sur le versant nord — n'est pas inférieur aux Alpes pour le développement des glaciers. Du Karakoroum et de l'Himalaya descendent d'énormes langues de glace, dont certaines atteignent 100 kilomètres de longueur. Dans l'Amérique du Nord, les glaciers ne dépassent pas 40° latitude nord et, en Patagonie, le 45° latitude sud. En Scandinavie, les glaciers offrent le spectacle saisissant d'arriver jusqu'à la mer ; ce qui devient la règle pour les glaciers arctiques. Les glaciers du *type scandinave* ne sont pas individualisés comme ceux du type alpin : leurs névés s'étalent sur de vastes plateaux ondulés qui servent de réservoir commun à plusieurs traînées de glace. Les névés du Justedal ont environ 900 kilomètres carrés. Nous parlerons plus loin des glaciers polaires qui présentent des conditions spéciales.

L'épaisseur d'un glacier est difficile à mesurer. Elle dépend non seulement du rapport entre l'alimentation et la fusion, mais encore du profil plus ou moins encaissé de la gorge. On estime que l'épaisseur de la Mer de Glace est d'au moins 150 mètres ; celle du glacier de l'Aar atteint, en certains endroits, 400 mètres ; dans les régions polaires, on a observé des épaisseurs supérieures à 600 mètres.

Phénomènes dont les glaciers sont le siège. — Maintenant que

nous connaissons le mode de formation des glaciers, leur
répartition géographique et leurs principaux types, nous
devons examiner les phénomènes dont les glaciers sont le
siège ou la cause.

Les glaciers qui nous apparaissent immobiles, cheminent
dans le sens de la pente, à la façon des cours d'eau, mais
avec une vitesse extrêmement faible. L'attention des savants
a été attirée sur ce **mouvement des glaciers** dans la première
moitié du siècle dernier. Une échelle abandonnée au pied

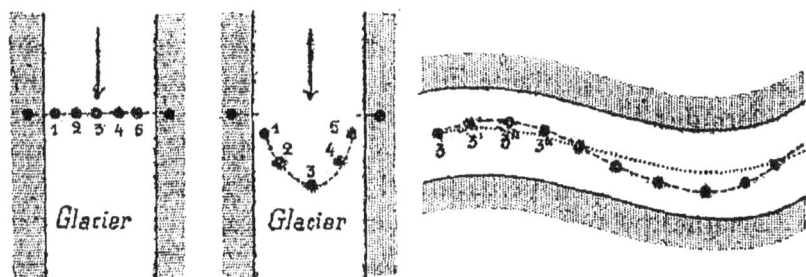

Mouvement des glaciers. — Fig. 37. Série de piquets plantés à la surface d'un glacier. — Fig. 38. Les mêmes quelques mois après. —
Fig. 39 Le piquet 3 se rapproche des rives concaves et s'écarte des
rives convexes. Ces expériences montrent que le mouvement des glaciers est analogue à celui des torrents.

de l'Aiguille Noire en 1788, par les guides de DE SAUSSURE[1],
fut retrouvée, en 1832, 4050 mètres plus bas ; on calcula
qu'elle avait avancé de 92 mètres par an. La cabane que le
professeur Hugi avait construite, en 1827, sur le glacier de
l'Unteraar, dans le but de faire des observations, se trouvait,
en 1841, à 1432 mètres de son point de départ : le glacier
avait avancé en moyenne de 102 mètres par an.

Les lois de la progression des glaciers sont aujourd'hui
bien connues. Un moyen simple de constater le déplacement
d'un glacier consiste à planter une série de pieux suivant une

1. DE SAUSSURE, naturaliste et physicien suisse (1740-1799), fut l'un
des premiers à atteindre le sommet du Mont Blanc. Il fit des observations
du plus haut intérêt en géologie : ses recherches sur les glaciers sont
classiques.

ligne perpendiculaire à la longueur de la langue de glace. Au
bout de quelque temps, les pieux ne sont plus en alignement
avec ceux des rives jouant le rôle de repères, leur ensemble
présente une ligne courbe dont la concavité est dirigée vers
la vallée : donc le glacier descend, et sa vitesse est plus
grande au milieu que sur les bords. On a en outre établi : que
le déplacement est plus grand à la surface qu'au fond, plus
grand aussi dans une portion resserrée que dans une portion
élargie ; que dans les tournants, la ligne de vitesse maximum
se rapproche de la rive concave ; et que dans une gorge, il y a
gonflement vertical. Ce sont là, exactement, les lois de l'eau
courante : les glaciers peuvent donc être considérés comme
des *fleuves solides*. Leur vitesse est faible : en général, les
glaciers des Alpes ont une vitesse de 100 mètres par an ; au
Groenland, elle est plus grande : le glacier de Jacobshavn
avance en moyenne d'environ 16 mètres par jour[1].

Certaines propriétés de la glace permettent d'expliquer le
mouvement des glaciers. La glace, par sa *plasticité*, est capable
de se mouler exactement sur les parois contre lesquelles elle
se trouve pressée ; le phénomène du regel, étudié en Physique,
en donne la raison[2]. On sait que deux morceaux de glace
pressés l'un contre l'autre se soudent ; la pression amène un
abaissement du point de fusion, puis l'eau de fusion, se libé-
rant de la pression, se trouve à une température inférieure
à 0° et prend l'état solide. La marche d'un glacier résulte
donc de son propre *poids* sur la *pente* de son lit ; il est, en
outre, poussé par la masse toujours renouvelée des névés
supérieurs ; enfin, cette marche est favorisée par la structure
grenue de la glace, structure qui la rend plus sensible aux
efforts de compression. Dans ces conditions, il se produit
une fusion partielle de la masse, puis un déplacement de ses

1. On cite des cas exceptionnels comme celui du glacier de l'Œtztal
qui, dans la seule journée du 1er juin 1845, avança de 12 mètres ; de
1846 à 1850, la Mer de Glace eut une vitesse moyenne de 68 centimètres
par jour. On admet généralement qu'il faut de 120 à 140 ans à la glace
du Col du Géant pour arriver à l'extrémité inférieure de la Mer de Glace
(trajet total : 12 km.). Le glacier de l'Unteraar met 342 ans à parcourir les 24 kilomètres de son trajet.
2. Voir G. EISENMENGER. *La Physique* (même collection).

éléments intimes, et dès qu'il y a décompression, le regel a lieu. Ces déplacements trouvent évidemment plus de facilité vers les pentes et concourent à accuser la marche du glacier.

Malgré sa plasticité, la glace ne peut subir de grands efforts de compression ou de tension sans qu'il se forme des cre- vasses : celles-ci, avec leurs parois bleuâtres dont la teinte devient très sombre dans le fond, offrent un spectacle sai- sissant. Les crevasses apparais- sent d'abord à l'état de fissures, qui s'ouvrent peu à peu jusqu'à atteindre une grande largeur ; en raison du mouvement de progression du glacier, le bord amont penche au-dessus de la crevasse, puis s'écroule dans le gouffre : grâce au regel, le glacier retrouvera sa compacité et une autre crevasse s'ouvrira dans le voisinage. Les cre- vasses apparaissent toujours dans les mêmes régions d'un glacier. Si, en un point, la val- lée glaciaire subit un étrangle- ment, la masse glacée se trouve obligée de passer dans un vé- ritable laminoir ; alors se for- ment les crevasses dites *longi-*

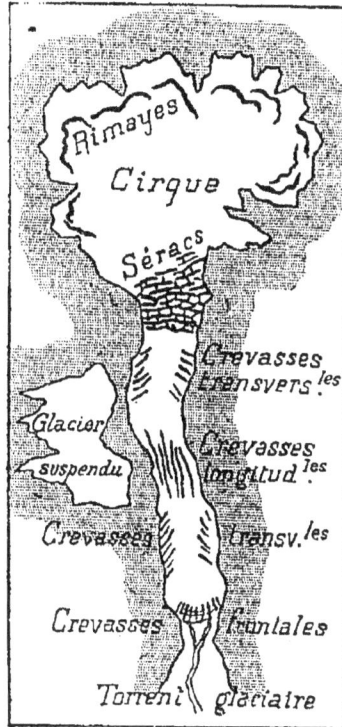

Fig. 40. — Carte schématique résumant les principaux ca- ractères d'un glacier.

tudinales, dirigées dans le sens de la progression. La vitesse du glacier étant plus rapide au milieu qu'au bord et la flexion de la glace étant insuffisante pour compenser cette différence de vitesse, la tension produit, sur les bords du glacier, des crevasses transversales ou *marginales.* Enfin, si le lit présente une rapide dénivellation, un tournant brusque, la glace éprouve un système de déchirures qui se referment plus loin. Il peut même arriver que le glacier se brise complètement et qu'il se produise une véritable cascade de glace ; il en résulte des amoncellements de blocs du plus curieux effet, auxquels on a donné le nom de **séracs**. Dans le massif du Mont-Blanc, les séracs de la jonction du glacier des Bossons et ceux du glacier du Géant sont d'une incomparable beauté.

Les crevasses, surtout quand elles sont dissimulées sous de fragiles ponts de neige, rendent dangereuse la traversée des glaciers. C'est pourquoi les alpinistes, dans ces excursions hasardeuses, s'attachent les uns aux autres par une longue corde qui servira à retenir et à remonter le voyageur tombé dans une fissure [1].

La fusion de la glace se produit dès que la température dépasse 0°, ce qui arrive dès que le soleil darde ses rayons. Aussi, en été, la surface du glacier est-elle parcourue, aux heures chaudes de la journée, par un grand nombre de petits ruisselets. On peut se rendre compte de la diminution d'épaisseur du glacier en examinant les pierres, principalement celles qui ont la forme d'une dalle et que le glacier transporte à sa surface. Celles-ci protègent la glace sous-jacente et finissent par être perchées sur un pilier de glace, tel un champignon à chapeau soutenu par son pied. On leur donne le nom de *tables de glaciers* [2]. En parlant des pyramides d'érosion (conférence VI), nous avions vu la pierre-parapluie, ici nous avons la pierre-parasol. Les petites pierres accélèrent la fusion de la glace. Les personnes qui ont parcouru la surface d'un glacier ont remarqué la présence de petites pierres situées au fond de puits en miniature. La nuit, l'eau de ces puits regèle et les pierres se trouvent enchâssées dans la glace. Enfin, les blocs de rochers, ou *moraines*, transportés par les glaciers, ainsi que la réverbération des rayons solaires sur les

---

1. La plupart des accidents auxquels on est exposé dans les glaciers sont dus à la présence des crevasses où l'on glisse, soit par suite d'un faux pas, soit par la chute brusque d'un pont de neige dont on ne soupçonnait pas la présence. Il ne se passe pas d'années que les journaux n'en citent plusieurs cas.

2. Ces tables de glaciers sont rarement horizontales, mais le plus souvent inclinées vers le sud, car le côté du piedestal tourné vers le midi fond plus vite que l'autre. Le bloc finit par tomber et peut servir à former une nouvelle table.

parois encaissantes accélèrent la fusion sur les bords du glacier[1].

L'eau, mise en liberté par la fusion de la glace, coule dans les fissures qu'elle agrandit; elle finit par se transformer en puits circulaires où l'eau tourbillonne et auxquels on a donné le nom de **moulins**. Sur le glacier de l'Aar, un des moulins a 252 mètres de profondeur. L'eau qui s'écoule dans les moulins finit par arriver jusqu'au fond du glacier où elle forme des **torrents sous-glaciaires**. Si, par suite de circonstances spéciales, cet écoulement ne peut se faire, il se pro-

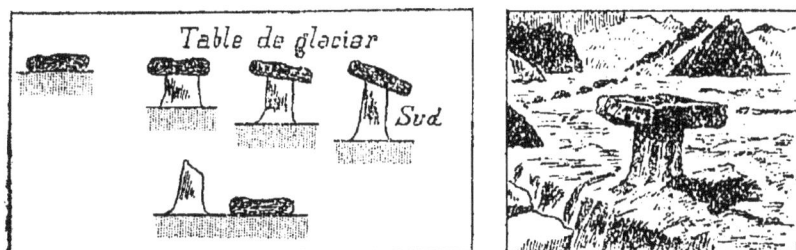

Tables des glaciers. — Fig. 41. Schémas de leur formation et de leur chute. — Fig. 42. Table du glacier du Talèfre (Haute-Savoie).

duit sous le glacier une immense **poche d'eau** dont le volume va sans cesse en augmentant et qui, un jour, crève, en produisant une catastrophe épouvantable comme celle qui eut lieu à Saint-Gervais en juillet 1892[2].

A mesure que le glacier descend dans des régions où la température moyenne est plus élevée, la fusion devient plus énergique, elle est totale au *front* du glacier, d'où un torrent

1. L'ablation plus intense sur les bords que dans la région axiale permet d'expliquer la forme convexe du glacier dans ses parties encaissées; dans les régions du névé, au contraire, où l'alimentation prédomine sur l'ablation, la forme plane est généralement réalisée.

2. A cette date, une avalanche de boue et de glace, précipitée avec une énergie sans égale des bases de l'aiguille du Goûter, a dévasté les vallées de Bionnassay et de Montjoie en ruinant de fond en comble des villages presque entiers, un établissement thermal très fréquenté, celui de Saint-Gervais, au plus fort même de la saison. Peu d'instants ont suffi pour transformer cette riante contrée en une scène de désolation absolue.

s'échappe, roulant des eaux troublées par la boue glaciaire. Le Rhône et le Rhin, par exemple, sortent ainsi des glaciers du massif du Saint-Gothard.

La position du front du glacier n'est pas invariable et les montagnards ont fait, depuis longtemps, à ce sujet, de nombreuses et utiles observations. Le **déplacement du front du glacier** s'explique par les variations des précipitations neigeuses et de la fusion annuelle. Les glaciers bien alimentés peuvent descendre très bas; ainsi en Nouvelle-Zélande, les glaciers arrivent dans des forêts de fougères arborescentes. Les oscillations des glaciers sont continuelles. En 1890, 55 glaciers étaient en progression en Suisse et dans la région du Mont Blanc; en 1897, au contraire, 40 glaciers marquaient une importante décrue. Le rapport de 1901, rédigé par la *Commission internationale des glaciers*, établit que, dans les Alpes, la tendance est au recul, tendance qui, d'ailleurs, se manifeste sur toute la surface du Globe. Il peut arriver que de deux glaciers voisins, l'un soit en crue et l'autre encore en décrue, ce qui s'explique facilement par l'inégale étendue des bassins d'alimentation et la longueur différente des langues de glace [1].

Le phénomène de **capture des glaciers** est une conséquence nécessaire de l'abaissement des massifs montagneux. Supposons que, par érosion, disparaisse une arête qui séparait deux bassins d'alimentation : une partie des neiges amoncelées sert à accroître l'un des glaciers aux dépens de l'autre, il y a capture de glaciers, phénomène analogue à la capture des rivières. Si l'abaissement d'une chaîne de montagnes peut momentanément profiter à quelques glaciers, la diminution d'altitude entraîne la diminution des précipitations neigeuses et tous les glaciers reculent. Les Alpes deviendront un jour comme les Pyrénées où les glaciers restent *suspendus*, puis comme les Vosges qui ne portent plus que des plaques neigeuses dans les dépressions abritées, puis enfin comme la Bretagne ou l'Ardenne dont les ondulations représentent

---

1. C'est ce qui eut lieu en Suisse, pendant quinze années, pour les deux glaciers du Gorner et de Findelen, séparés seulement par la crête du Riffelhorn et du Gornergrat.

l'arasement complet d'une chaîne de montagnes qui eut aussi ses glaciers.

II. Phénomènes dont les glaciers sont la cause. — Les glaciers jouent un rôle géologique important : ce sont des *agents de transport* plus efficaces que les cours d'eau, capables de porter des masses de rochers à des distances considérables. Ce sont aussi des *agents de corrosion* qui rabotent le fond et les rives du lit glaciaire et contribuent grandement à modifier la topographie d'une région.

Les phénomènes de transport par les glaciers apportent

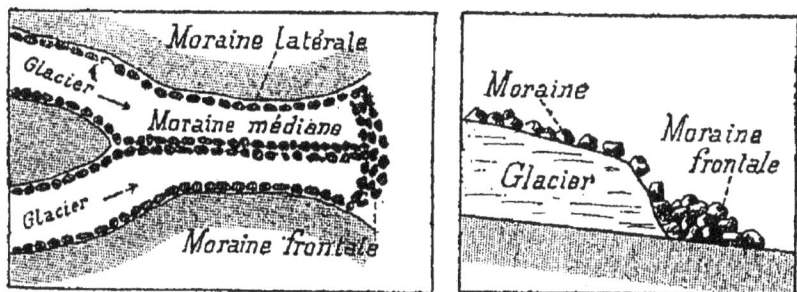

Moraines. — Fig. 43. Jonction de deux glaciers ; les différentes moraines. — Fig. 44. Formation de la moraine frontale.

aux torrents et aux fleuves les débris provenant de la destruction des hautes cimes. Les fragments qui se détachent s'accumulent à la surface du glacier et forment les *moraines*. Déposées au pied des versants, on les appelle *moraines latérales* ; elles cheminent avec le glacier, de sorte qu'une seule région ébouleuse suffit à créer toute une longue file morainique. Ces pierres peuvent être très volumineuses ; l'une d'elles, le *Blaustein*, qui, en 1740, était encore sur la glace, mais qui est actuellement échouée dans la vallée de Saas (Valais), mesure 8 000 mètres cubes. Si deux glaciers pourvus de moraines latérales viennent à se rencontrer et à se fusionner, le glacier résultant possédera, dans son milieu et longitudinalement, une longue traînée ou *moraine médiane* qui protège la glace sous-jacente et occupe une saillie longitudinale pouvant atteindre une dizaine de mètres de hauteur.

Le nombre de ces traînées morainiques permet de connaître le nombre des tributaires reçus par le glacier et leur puissance réciproque, de même que l'étude de leur composition fournit des renseignements sur la nature minéralogique des régions élevées et peu accessibles.

A l'extrémité du glacier, toutes les moraines se réunissent en un amas confus que l'on nomme *moraine frontale* et qui trouve un équivalent dans le cône de déjection des torrents. Si le glacier s'étale à son extrémité, la moraine frontale forme une sorte de rempart convexe, plus épais sur les côtés que dans la partie médiane où l'apport des matériaux est moindre. (Si le torrent qui s'échappe du glacier est assez puissant, il peut rejeter les matériaux à droite et à gauche et empêcher la moraine de se former). Quand le glacier se retire, la moraine frontale subsiste sous l'aspect d'un *amphithéâtre morainique*; celui-ci présente en arrière une sorte de bassin ou *dépression centrale*, tandis que le versant extérieur — sillonné par un grand nombre de ruisseaux qui entraînent les petits cailloux, le gravier et la boue — affecte la forme d'un talus constitué par les *cailloutis fluvio-glaciaires*. On passe insensiblement du chaos de la moraine proprement dite à la stratification partielle des alluvions torrentielles. L'un des amphithéâtres morainiques les plus remarquables est celui d'*Ivrée* dans l'Italie du Nord.

Lorsqu'un glacier recule, ses moraines latérales subsistent et restent représentées, après le départ des éléments meubles, par de gros blocs appelés *blocs erratiques,* provenant parfois de très loin et généralement formés d'une roche différente de celle du terrain qui les supporte. Pendant longtemps, l'origine de ces blocs fut inconnue, d'où le nom de Pierre du Diable, Pierres des Fées, Pierres du Géant, par lesquelles l'imagination populaire les a désignées.

Un glacier peut non seulement transporter des blocs de rochers, mais encore donner aux roches sur lesquelles il se meut un aspect caractéristique; la région où il existe acquiert une topographie particulière. Le glacier est un agent de **corrosion et d'érosion**.

Toutes les pierres ne sont pas transportées par la surface du glacier. Le pétrissage incessant que subit la glace par l'effet du regel fait pénétrer à l'intérieur du glacier certaines pierres des moraines. D'autres tombent dans les crevasses et sont bientôt enchâssées dans la glace. On donne quelquefois le nom de *moraine profonde* à l'ensemble des pierres emprisonnées dans la glace. On conçoit que ces pierres, en agissant sur le fond ou sur les parois à la façon d'un burin, produisent des *stries* et des *cannelures* profondes dont l'inclinaison indique le sens du mouvement. Les galets striés ont, comme nous le verrons, une grande importance géologique, car ils montrent, par leur présence, l'emplacement d'anciens glaciers aujourd'hui disparus. Les roches sont parfois même *polies* par la boue qui agit comme une meule d'émeri. On a un bel exemple de ces roches polies sur les deux rives de la Mer de Glace, où elles contrastent singulièrement avec les crêtes déchiquetées des régions supérieures de la montagne.

Le lit des glaciers — que l'on peut étudier grâce au recul de la masse de glace — se présente avec un aspect particulier et caractéristique. Toutes les aspérités ont disparu, les saillies ont été arrondies : elles présentent une forme mamelonnée qui les a fait comparer à un troupeau de moutons couchés, d'où le nom de *roches moutonnées* qui leur a été donné. Le glacier joue ainsi le rôle d'un rabot gigantesque, aidé dans son œuvre par les blocs morainiques parvenus au fond du glacier et qui constituent la *moraine de fond*.

Les dépôts morainiques se reconnaissent facilement à ce qu'ils s'amoncellent pêle-mêle ; il s'y trouve toujours des cailloux striés et polis qui révèlent leur origine. Parfois, l'accumulation des moraines terminales des anciens glaciers est telle, qu'elle donne naissance à une topographie singulière que l'on appelle le *paysage morainique* : c'est un amas confus de croupes aplanies, un entassement de boues et de pierres, de blocs erratiques, de protubérances et de creux disposés dans le plus grand désordre. Ce paysage morainique se rencontre à la limite des dernières grandes extensions glaciaires ; il forme les croupes lacustres de la Baltique, occupe la région du Sud des grands lacs américains, etc. La moraine de fond noie les reliefs loin des centres de glaciation ; la topographie de l'Allemagne du Nord, de la Suède orientale et méridionale, de la Finlande, est due à la moraine de fond. Certaines formes topographiques ont reçu des noms locaux : *drumlins*, *œsars*, *eskers*. Les *drumlins* sont des buttes ovoïdes de moraine de fond, alignées parallèlement à la direction de la glace ; on les trouve aux environs du lac de Constance, dans l'Allemagne du Nord, dans le New-Hampshire. Les *œsars* de Scandinavie, les *eskers* de l'Amérique du Nord sont des sortes de digues, perpendiculaires aux moraines frontales, dues aux dépôts des torrents sous-glaciaires et jouant un rôle dans la géographie de la Finlande en barrant les lacs et en offrant un passage aux routes. En Écosse, à l'intersection de deux arcs de moraines frontales, le remaniement par les eaux de fonte a donné des buttes irrégulières, alignées en traînées à peu près parallèles aux moraines et constituées de matériaux plus ou moins stratifiés : ce sont les *kames* qui surgissent au-dessus des marécages tourbeux.

Ancienne extension des glaciers. — Dès la fin de l'ère tertiaire, au moment où les Pyrénées étaient encore jeunes, où les Alpes venaient de surgir, il y avait, sur ces montagnes, des glaciers de dimensions bien supérieures à celles des glaciers actuels des Alpes ; pendant l'ère quaternaire, ils prirent un développement plus considérable encore. Des sommets, ils gagnèrent les plaines et s'étendirent jusqu'à des distances colossales de leurs points de départ. Ainsi, les glaciers des Alpes sont arrivés jusqu'à Lyon, ont dépassé le confluent de l'Aar et du Rhin, ainsi que l'emplacement du lac de Constance ; ils n'ont respecté, en Suisse, que la région bâloise.

Ces puissants glaciers ont agi vigoureusement sur le relief, car depuis les hauts sommets des Alpes, où règne le fjeld norvégien, jusqu'au fond des vallées, où écument les torrents, partout on rencontre des formes topographiques résultant du séjour des glaciers.

Les preuves des anciennes extensions glaciaires sont tirées à la fois des phénomènes de transport et des phénomènes de corrosion et d'érosion. Les blocs erratiques retrouvés loin de leur pays d'origine (certains déposés sur le Jura viennent du Valais, et ceux qui reposent sur les collines de Lyon ont été arrachés aux montagnes de Savoie et du Dauphiné) ; l'argile à blocaux ou argile mélangée de graviers et de cailloux striés

et qui n'est pas autre chose que de la moraine de fond ;
le paysage morainique avec sa singulière topographie ne
laissent aucun doute sur l'existence des anciens glaciers
D'autre part, les roches moutonnées et striées font connaître
les directions suivies par la glace, tandis que les polis gla-

Fig. 45. — Extension des glaciers européens
au début de l'ère quaternaire.

ciaires renseignent sur la hauteur du glacier qui emplissait
la vallée.

Lors du maximum d'extension, les Alpes occidentales tout
entières étaient recouvertes, à l'exception de quelques sommets
élevés, par une immense calotte glaciaire; les Pyrénées, le
Plateau Central, les Vosges portaient aussi des glaciers,
quoique moins importants. Dans les contrées septentrionales,
le phénomène a été encore plus intense. Des hauteurs de la
Scandinavie partaient des fleuves de glace qui s'écoulaient
dans toutes les directions et se réunissaient en une nappe
continue, analogue à l'*Inlandsis* du Groenland. D'un côté, ces
masses de glace, recouvrant la Mer du Nord, allaient buter

contre les glaciers qui recouvraient l'Écosse et une grande
partie de l'Angleterre; d'un autre côté, elles s'étalaient sur
la Hollande, l'Allemagne du Nord et la Russie, dont le sol est
encore tout recouvert de moraines et de blocs erratiques
d'origine scandinave.

Érosion glaciaire.— Bien que le contraste soit saisissant entre
les vallées, ou plutôt les massifs montagneux que les eaux
seules ont sculptés et ceux que les glaciers ont façonnés, on
a refusé pendant longtemps à la glace toute action érosive :
les géographes l'ont regardée comme une couverture éminemment propre à conserver les formes topographiques. En
1899, le grand géologue A. Penck, au Congrès international
de Géographie de Berlin, assura que les glaciers ont « sur-
creusé » les vallées fluviales dans lesquelles leurs masses
glacées se sont engagées. Depuis cette époque, les géologues
de tous les pays, en Europe comme en Amérique, ont reconnu
l'existence de ce surcreusement dans toutes les régions où
d'importants glaciers ont séjourné ; mais on discute encore
pour établir dans quelles conditions ce surcreusement a eu
lieu.

Une vallée glaciaire, comme celle du Rhône dans le Valais,
du Rhin dans les Grisons, de l'Inn ou du Tessin, etc., présente des traits caractéristiques : 1° le profil longitudinal, au
lieu d'être continu comme dans une vallée fluviale, semble
dessiner les marches d'un gigantesque escalier : la vallée est
formée par une succession de bassins d'alluvionnement
(ombilics) et de barres (verrous) que le cours d'eau traverse
en gorge. Ainsi, la vallée du Rhin postérieur possède des
paliers bien accusés (Zapport, Rheinwald, Schams, Domleschg)
séparés par des gorges étroites (Roffna, Via Mala)[1] ; 2° le
fond de la vallée est large, plat ; les parois se relèvent brusquement, de sorte que le profil transversal affecte la forme
d'un U ; ce caractère est très net pour la *vallée de la Lutschine*,
à Lauterbrunnen, au pied de la Jungfrau ; pour la *vallée de
l'Aar*, entre Meiringen et le lac de Brienz, etc. ; 3° les vallées

1. Voir G. Eisenmenger. *Etudes sur l'évolution du Rhin et du système hydrographique rhénan*, p. 73. Paris 1907.

affluentes débouchent au-dessus du fond de la vallée principale, obligeant les torrents à se précipiter en *cascades*. Ainsi
se sont formées, dans les Alpes, les belles cascades de la
vallée de Lauterbrunnen, dont l'une, formée par le torrent
du *Staubach*, tombe du sommet d'une falaise verticale haute
de 300 mètres ; le *Giessbach* se précipite d'une hauteur égale
dans le lac de Brienz et le *Ponale* forme, au-dessus des eaux
du lac de Garde, une cascade fort admirée des touristes. A la
même catégorie |appartiennent, en Écosse, la cascade d'*In-
versnaid* [1] et la chute de *Foyers* dans le loch Ness ; cette
dernière, d'une trentaine de mètres de hauteur, est peut-être
la plus belle de la Grande-Bretagne.

Au début, on admit que le *surcreusement glaciaire* était
tout entier l'œuvre de la glace elle-même ; son intensité se
mesure par la hauteur du *gradin de confluence* des vallées affluentes ; la différence d'altitude entre le rebord de l'épaule-
ment et le fond de la vallée glaciaire, n'est que de 300 mètres
sur le versant suisse des Alpes, mais atteint 600 et même
1 000 mètres sur le versant italien [2]. La discussion des
caractères des vallées glaciaires a conduit M. J. Brunhes,
professeur à l'Université suisse de Fribourg, à faire dans ce
surcreusement, une large part à l'action des eaux sous-glaciaires. Il existe, en effet, un certain nombre de contradic-
tions avec une action érosive purement due à la glace. Les
vallées glaciaires présentent : des *bosses* dues à ce que la
roche est restée saillante (glacier de *Grindelwald*), lesquelles
peuvent même constituer une longue échine rocheuse dans
l'axe du glacier, comme le fait existe pour le glacier de *Saas-
Fée* ; des *Platten*, ou bosses arrondies et modelées, séparées
des deux versants de la vallée par des dépressions (amont du
glacier d'Oberaletsch) ; des *Inselberge*, ou îlots rocheux sur-

1. La cascade d'Inversnaid est produite par l'Arklet Water au point
où ce torrent arrive au loch Lomond. Voir à ce sujet, G. Eisenmenger.
Les Lochs d'Écosse. *29ᵉ Congrès des Soc. de Géographie. Nancy 1909* ;
Comptes rendus, Académie des sciences. Paris, 1909.

2. Cette théorie du surcreusement (*Uebertiefung*) a été merveilleusement exposée dans un ouvrage magistral : *Die Alpen im Eiszeitalter*
où MM. Penck et Brückner ont attribué aux glaciers le premier rôle
dans la genèse des formes topographiques alpines.

gissant du fond des vallées et que dominent souvent quelque château fort (colline du *Mönchberg*, à Salzbourg ; butte de *Riva*, au nord du lac de Garde ; saillies entre les lacs de Walenstadt et de Zurich ; collines de *Sion*, dans la vallée du Rhône en Suisse ; butte allongée séparant *Aix-les-Bains* du lac du Bourget, etc.) ; des *barres* interrompant le thalweg des vallées alpines et coupées de gorges épigéniques (barre de *Saint-Maurice* dans le Valais ; barres de la *haute Engadine*, de Campfer et de Saint-Moritz ; barre du *Kirchet*, dans la vallée de l'Aar, près de Meiringen), etc.

Le creusement est maximum précisément là où la fusion de la glace est elle-même maximum, c'est-à-dire au pied des versants, et non au milieu de la vallée où pourtant la glace atteint sa plus grande épaisseur. Il apparaît ainsi que le travail de creusement est dû, non à la glace elle-même, mais aux torrents sous-glaciaires qui suivent le pied des versants, comme l'ont montré les expériences de M. Forel à la fluorescéine ; d'ailleurs, tout glacier un peu large et en pleine vigueur laisse échapper, à son extrémité inférieure, deux torrents latéraux. Les *moulins de glacier* du « Jardin des Glaciers » de Lucerne[1], ainsi que ceux du seuil de la Maloya, montrent combien les eaux ont été puissantes sous le glacier même ; leur travail s'exerce en suivant la tactique des tourbillons. On admet que, sous le glacier, le premier effort et le premier approfondissement est produit par l'eau, puis la glace exerce ensuite son action propre qui est non seulement de donner une physionomie arrondie, moutonnée ou polie, mais encore de travailler partiellement au creusement. S'il y a une morphologie glaciaire et une érosion glaciaire, les traits distinctifs de cette morphologie et de cette érosion sont dus en grande partie à une « discipline spéciale de l'érosion torrentielle ou fluviale, discipline qui résulte du glacier et qui

---

1. Le *Jardin des Glaciers* (Gletschergarten) de Lucerne renferme trente-deux marmites de géant, dont la plus grande a 8 mètres de diamètre et 9 m. 50 de profondeur ; elles ont été creusées par un glacier qui, du Gothard, s'avançait par-dessus la contrée de Lucerne jusqu'au nord de la Suisse. Le Jardin des Glaciers donne une explication, compréhensible pour tous, d'un curieux phénomène géologique.

est strictement liée à sa présence et à son activité »
(J. Brunhes).

Le début de le période quaternaire a été marqué par une
formidable extension des glaciers, lesquels semblent avoir
dépassé 1 000 mètres d'épaisseur. Au cours de cette *période
glaciaire*, les vallées des Alpes ont été considérablement
approfondies : vallée du Rhône au point le plus bas du lac
de Genève, 850 mètres ; vallée de l'Aar au point le plus bas
du lac de Thoune, 800 mètres (d'après Penck et Brückner).

Les problèmes relatifs à l'érosion glaciaire sont nombreux
et non encore élucidés ; les travaux récents de M. de Martonne
permettent de formuler quelques lois plaçant les lieux d'érosion glaciaire maximum à l'amont et à l'aval des gradins et
des étranglements, et les lieux d'érosion à peu près nulle dans
les parties supérieures des névés, ainsi qu'à l'extrémité de la
langue de glace ; mais les formes alpines sont si complexes,
qu'il est difficile de ne pas faire intervenir, pour les expliquer,
à la fois l'érosion fluviale, l'érosion glaciaire et les mouvements du sol.

Les fjords, les lacs et les phénomènes d'épigénie. — Les grandes
calottes glaciaires, en rabotant et arrondissant les saillies,
ont fait naître une topographie confuse de cuvettes et de
roches moutonnées désignée sous le nom norvégien de *fjeld*.
C'est à cet état que se trouvent actuellement la péninsule
scandinave, la Finlande, l'Écosse, le Labrador, le Canada.

Les *fjords* sont des vallées profondes, parfois abruptes,
transformées en golfes très longs par l'invasion de la mer ;
ils échancrent si curieusement les rivages de la Norvège, que
la carte de ce pays ressemble à un drapeau déchiqueté par la
mitraille. Le *Sogne fjord*, comme le *Hardenger fjord*, sont
de vastes entailles s'ouvrant, l'une au nord, l'autre au sud de
Bergen, se divisent à l'infini, baignent des glaciers, s'égarent
dans des gorges et pénètrent jusqu'au cœur de la Norvège, à
60 lieues de la haute mer. L'immensité des pics qui les
dominent fait paraître les fjords plus étroits et ajoute encore
à la sombre grandeur de l'aspect. Des sondages exécutés en
Norvège et les études de Nordenskjöld sur les côtes du Chili,

de l'Alaska, du Groenland ont montré récemment que ce vallées émergées présentent une série de paliers avec ressauts de pente et ombilics, des vallées latérales suspendues avec gorges et cascades, c'est-à-dire, en somme, tous les caractères des vallées surcreusées. Les vallées qui abritent les grands lacs italiens des Alpes (*lac Majeur, lac de Côme, lac de Garde*) présentent aussi les traces d'un fort surcreusement glaciaire et deviendraient des fjords si les eaux de l'Adriatique envahissaient la plaine du Pô. Les grands glaciers qui ont creusé les fjords suivaient évidemment des vallées fluviales établies selon la topographie de cette époque, ce qui a conduit tout d'abord les géologues à une autre interprétation de l'origine des fjords.

Les grands *lacs* du pourtour des Alpes, ne semblent pas résulter, comme on l'a cru, d'un affaissement suivant les axes des vallées, mais bien du surcreusement fluvio-glaciaire de ces vallées, primitivement parcourues par des cours d'eau [1]. L'étude des vallées écossaises a permis d'étendre la même conclusion aux *lochs* ou lacs d'Écosse, bien que les fractures qui ont accompagné la formation de l'Atlantique Nord n'aient pas manqué d'indiquer le chemin aux eaux courantes et à la glace. Ainsi se sont formés ces lochs allongés et profonds, encaissés entre des montagnes abruptes, aux flancs sillonnés de cascades, et dont la beauté grave et mélancolique communique aux paysages d'Écosse un caractère indéfinissable, tout fait de majesté et de douceur, de grandeur et de charme.

A l'extrémité des lacs subalpins et des lochs écossais, se trouvent des *barres morainiques* retenant les eaux ; certains lacs même n'ont pas d'autre origine : tels sont les *lacs de Sempach* et d'*Hallwyl* en Suisse, de *Cavazzo* et de *San Croce* dans les Alpes italiennes, de *Longemer* dans les Vosges, les *tarns* aux eaux brunes d'Écosse, etc. Les moraines terminales

---

1. Au sujet de l'origine des lacs, voir G. EISENMENGER : Formation des grands lacs des Alpes (*Revue gén. des sciences*, 1908). Sur le surcreusement du lac de Gard (*Comptes rendus de l'Académie des Sciences*, Paris 1909). Sur l'origine glaciaire du loch Lomond et du loch Tay en Écosse (*Comptes rendus de l'Académie des Sciences*, Paris, 1909); Les lochs d'Écosse. *29e Congrès de géographie*, Nancy, 1909.

en festons indiquent plusieurs lobes auxquels correspondait un bassin terminal : telle est l'origine des *lacs Ladoga, Onega,* des *golfes de Finlande* et de *Riga,* etc. Enfin, d'autres lacs, comme le *lac Blanc* dans les Vosges, le *Feldsee* dans la Forêt-Noire, le *lac d'Oo*, près de Luchon, occupent des *cirques de montagnes.* Le cirque (*oule* dans les Pyrénées, *kar* dans les Alpes allemandes, *caldare* dans les Carpathes roumaines) a pour point de départ un entonnoir d'érosion dont les parois verticales ont été façonnées par le gel et le dégel et érodées par un glacier suspendu.

Le phénomène du creusement des *gorges épigéniques* se rattache encore à l'érosion glaciaire. Le torrent qui s'échappe du front d'un glacier creuse son lit d'amont en aval, d'après la loi de l'érosion régressive des eaux courantes. Si le glacier a créé un barrage rocheux, les eaux de fonte scient, à travers ce barrage, une gorge étroite à mesure que le glacier se retire vers l'amont. Citons comme exemples : les sauvages gorges de la *Via Mala* (Rhin postérieur), du *Schyn* (Albula), de *Meiringen* (Aar). Ces *gorges* dites *épigéniques* sont très fréquentes dans les Alpes.

Terrasses fluvio-glaciaires. — Nous avons vu qu'en avant des moraines terminales, les eaux des torrents glaciaires édifient un *complexe fluvio-glaciaire* dont la pente est bien supérieure à celle du profil d'équilibre d'une rivière normale ; aussi, ces dépôts et les plaines alluviales qui font suite, ont-ils été entaillés par les fleuves, d'où *formation de terrasses.* Aux abords de la chaîne alpine, en Suisse, en Bavière, les vallées sont bordées latéralement de terrasses emboîtées, étagées à quatre niveaux différents et correspondant à autant de glaciations successives [1]. Toute l'histoire du creusement des vallées est liée à la chronologie des dépôts fluvio-glaciaires ; ceux-ci permettent, en effet, de reconstituer la succession des

1. On admet aujourd'hui, pour les Alpes, l'existence de quatre glaciations, à la fin de l'ère tertiaire et au début de l'ère quaternaire. C'est dans les matériaux de la dernière glaciation que les cours d'eau coulent actuellement. A Bâle, l'épaisseur des graviers dans la vallée du Rhin est d'environ 30 mètres.

phases de creusement et d'alluvionnement dont les vallées ont été le siège [1].

Les cailloutis anciens se recouvrent d'une patine roussâtre, ferrugineuse, connue en Italie sous le nom de *ferretto*, et capable d'atteindre plusieurs mètres. Des nappes de limon fin ou *loess*, altéré par le contact de l'air, recouvrent les terrasses de la vallée du Rhin d'une couche épaisse parfois de 20 mètres. Ce loess constitue d'excellentes terres de culture et permet l'établissement de gros villages ; les basses terrasses, au contraire, sont caillouteuses et peu habitées. Dans l'intérieur des Alpes, les hameaux se réfugient sur les basses et moyennes terrasses, afin de trouver un abri contre les inondations.

Phénomènes de creusement des vallées. — Nous avons vu que les cours d'eau, d'après la loi de l'érosion régressive, creusent leurs vallées de l'aval vers l'amont, et que le déplacement de leur niveau de base entraîne une succession de phases de creusement et de comblement. D'autre part, nous venons de voir que les variations du front des glaciers, cause agissant de l'amont vers l'aval, produisent aussi les mêmes phénomènes. Dans les montagnes, comme l'ont montré M. KILIAN pour les vallées alpines, et M. RABOT pour les vallées pyrénéennes, l'érosion régressive s'est combinée à l'érosion fluvioglaciaire pour amener les vallées dans l'état où nous les voyons aujourd'hui.

Changement de lits des fleuves. Modifications géographiques produites par les extensions glaciaires. — Les grands glaciers du début de l'ère quaternaire sont intervenus dans l'histoire géologique des cours d'eau non seulement par le surcreusement intense des vallées, mais aussi par leurs accumulations de moraines et de graviers qui, à plusieurs reprises, ont comblé les chenaux d'écoulement. Aussi, nombreuses sont

---

1. Pour l'histoire des vallées des Alpes et du Plateau suisse, voir G. EISENMENGER. Etudes sur l'évolution du Rhin... (ouvrage cité); le Rhin préhistorique de Constance à Bâle. (*Bull. Club Alpin français.* Nancy, 1909).

les rivières qui ont été obligées de changer leur cours. La

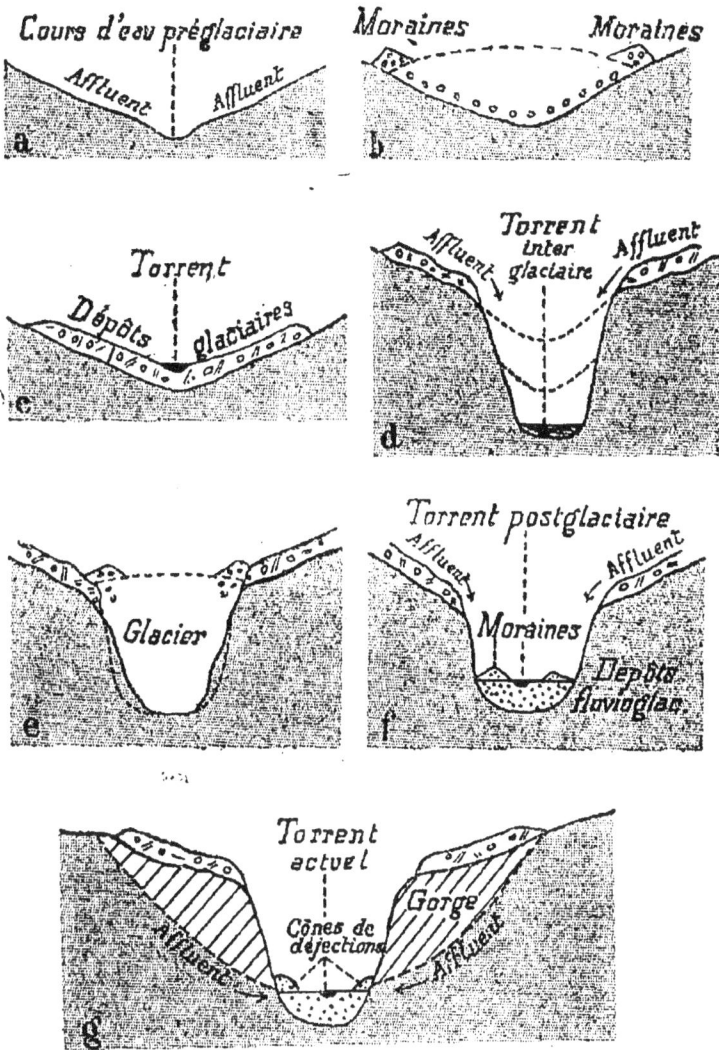

Fig. 46. — Histoire d'une vallée alpine (d'après M. W. Kilian).

a, Vallée avant l'arrivée des glaces. — *b*, Comblement par les glaciers anciens. — *c*, Après le retrait des glaciers anciens. — *d*, Période de surcreusement. — *e*, Retour des glaciers et façonnement en auge de la vallée glaciaire. — *f*, Après le retrait des derniers glaciers. — *g*, État actuel.

Sihl, par exemple, qui coulait autrefois par la vallée de Zurich, a été contrainte de couler parallèlement à la rive occidentale du lac, entre la chaîne de l'Albis et la moraine latérale. Le *Rhin*, pour se diriger vers Schaffhouse, a dû abandonner le couloir qui forme aujourd'hui la vallée sèche du Klettgau; de Constance à Bâle, la vallée du Rhin a été comblée par les matériaux glaciaires et, depuis cette époque, le fleuve s'applique à déblayer son lit; aux endroits où la roche sous-jacente a été mise à découvert, se produisent des *rapides* (Schaffhouse, Zurzach, Rheinau, Rheinfelden). La *chute du Rhin*, à Schaffhouse, se trouve précisément à l'endroit où le nouveau cours du Rhin rencontre l'ancien; le fleuve tombe d'une hauteur de 15 mètres sur la rive droite, et de 19 mètres sur la rive gauche, mais si l'on tient compte des rapides et des chutes partielles qui commencent un peu en amont, on peut admettre une rupture de pente de 30 mètres. Les

Fig. 47. — Coupe de la vallée du Rhin en amont de la chute. On voit le lit ancien comblé et les terrasses de Neuhausen. (Coupe suiv. *ab* fig. 49.)

rapides de Laufenbourg, dans le gneiss de la Forêt Noire, sont aussi dus à ce que l'ancienne vallée a été comblée par des matériaux glaciaires [1]. Ces phénomènes de déplacement sont aussi fréquents dans les vallées du Plateau Suisse que dans les vallées alpines; dans les premières, ils produisent de petites gorges souvent longues et étroites, tandis qu'en pleine montagne, ils déterminent des gorges très encaissées et parfois très brèves.

Les modifications géographiques produites par les extensions glaciaires ne sont nulle part mieux marquées que dans la région des Grands Lacs Canadiens. D'après M. SPENCER, deux rivières partant l'une du nord, l'autre du sud de la contrée du lac Michigan, venaient se réunir sur l'emplacement du lac Huron en suivant le cours actuel du Saint-Laurent. Les lacs actuels seraient des vallées submergées et

1. Voir pour les rapides de Laufenbourg, G. EISENMENGER, *La Science au XX* siècle. 1905.

partiellement barrées par des moraines ; à la place du lac Erié se trouvait une rivière, dont la vallée fut comblée par des matériaux glaciaires ; ses eaux ont formé le lac Erié et se sont déversées par-dessus l'escarpement de Queenstown, donnant ainsi naissance à la célèbre *chute du Niagara.*

Causes des phénomènes glaciaires. — Les hypothèses qui ont pour objet d'expliquer les causes des phénomènes glaciaires sont nombreuses. Les unes sont d'ordre *astronomique*, les autres d'ordre *géologique*. Les premières font intervenir soit la précession des équinoxes [1], soit les variations de l'excen-

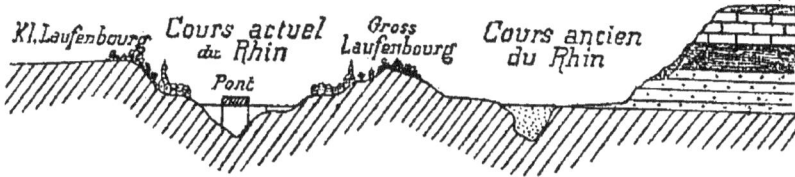

Fig. 48. — Coupe transversale de la vallée du Rhin à Laufenbourg.
Le cours ancien du Rhin a été comblé par des graviers glaciaires.

tricité de l'orbite terrestre ; mais ne permettent pas d'expliquer l'existence des glaciers équatoriaux. Les hypothèses géologiques font intervenir soit les phénomènes volcaniques, soit les changements de répartition des terres et des mers, soit les phénomènes orogéniques. Pour ARRHÉNIUS (1899), les variations de la teneur de l'atmosphère en gaz carbonique déterminent les différences d'intensité de rayonnement et, par suite, les variations dans la température de la surface terrestre ; si la teneur actuelle se réduisait des deux tiers, il en résulterait un abaissement de température suffisant pour déterminer l'envahissement par les glaces de toute l'Amé-

---

1. L'axe de la Terre se déplace d'année en année et décrit un cône en 26 000 ans. Ce déplacement détermine un changement dans la ligne des équinoxes qui est ainsi en avance d'une petite quantité chaque année. La durée des saisons subit aussi des variations périodiques : dans notre hémisphère, la saison froide est actuellement inférieure en durée à la saison chaude : les circonstances seront changées dans un laps de temps de 100 siècles environ.

rique du Nord et de l'Europe septentrionale. Les volcans, se chargeant d'enrichir l'atmosphère en gaz carbonique, les variations de l'intensité du volcanisme auraient entraîné des variations de climat aux époques géologiques. Cette théorie est difficilement applicable aux nombreuses périodes de l'ère quaternaire. Les changements de répartition des terres et des mers ont entraîné des modifications dans les courants atmosphériques et les courants marins, mais il est bien difficile d'expliquer ainsi la périodicité des phases de glaciation au quaternaire. Enfin, le soulèvement des chaînes de montagnes a été aussi invoqué, mais sans que ce phénomène puisse suffire. En somme, les causes des phénomènes glaciaires ne sont pas encore élucidées.

Phénomènes de congélation des lacs, des rivières et des mers. — Nous avons étudié jusqu'ici l'action de la glace *permanente*, mais la glace *temporaire* qui se forme pendant les grands froids de l'hiver est aussi intéressante à considérer.

Dans un lac profond, comme celui de Zurich par exemple, la température au fond doit être de 4° centigrades en raison du maximum de densité de l'eau [1], et la surface seule se prend en glace. Si le lac est peu profond, les graviers adhèrent à la glace, et, au moment du dégel, les glaçons emportent des lits de cailloux, pouvant atteindre plusieurs décimètres d'épaisseur. Les glaçons charriés par les rivières peuvent s'accumuler contre un obstacle, se souder les uns aux autres par le phénomène du regel et envahir la rivière, c'est l'**embâcle**. La Seine et la Loire ont été très souvent prises de la sorte, avec assez de solidité pour qu'on puisse y patiner; l'embâcle est un fait normal, se reproduisant annuellement, pour les rivières canadiennes : ainsi, sur le Saint-Laurent, les glaces forment, au printemps, un barrage de 10 mètres de hauteur devant Montréal. Les glaçons des embâcles entrent en contact avec les rives, ils y agglomèrent des terres et des grosses pierres qui, au moment du dégel ou *débâcle*, sont emportées par les glaces flottantes et précipitées sur le fond. En Sibérie, les fleuves transportent, à l'aide de leur glace

1. G. Eisenmenger. *La Physique* (même collection).

d'hiver, des blocs que leur force motrice naturelle serait incapable de déplacer.

La congélation de l'eau douce a toujours lieu de la surface au fond, sauf quelquefois dans les eaux courantes, car c'est au fond que la vitesse de l'eau est moindre. Depuis longtemps, l'attention a été attirée, principalement en Russie, par la formation d'une glace spongieuse au fond des rivières, laquelle est capable de remonter ensuite à la surface. D'après

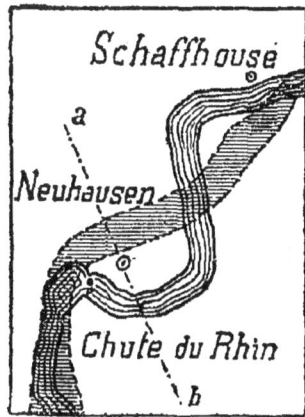

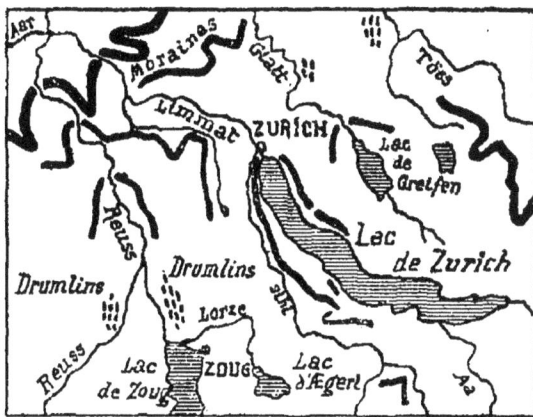

Fig. 49. — Cours ancien du Rhin comblé par les matériaux glaciaires. La chute du Rhin se produit à la rencontre du lit ancien et du lit actuel.

Fig. 50. — Moraines et drumlins des glaciers de la Linth et de la Reuss (d'après A. Penck et E. Brückner).

M. Lokhtine (1907), cette *glace de fond* est une glace alluviale, se formant à la surface de l'eau à l'état de cristaux microscopiques, et qui, entraînée au fond par suite des courants, réapparaît à la surface souillée par des particules en suspension dans l'eau. Pour M. Barnes (1906), cette glace alluviale ne se forme que si le courant est assez rapide pour empêcher la congélation superficielle.

Quand la mer vient à se solidifier, comme l'eau salée augmente de densité en se refroidissant, la solidification débute souvent par le fond. Dans la Baltique, il n'est pas rare de voir des glaces, venues du fond, entraîner avec elles de grosses pierres qu'elles transportent comme le font les glaces des rivières ou les icebergs.

Phénomènes glaciaires dans les régions polaires. — Dans les régions polaires, non seulement la glace persiste sur le sol, mais la mer elle-même se congèle. La glace des rivières se soude à la croûte solide qui recouvre le sol et l'ensemble constitue une *calotte glaciaire (Inlandsis)*, dont le type est celle qui couvre actuellement le Groenland [1].

Les neiges et les glaces qui recouvrent les terres polaires se comportent comme les glaciers des hautes montagnes, c'est-à-dire qu'elles descendent le long des déclivités, mais beaucoup plus rapidement que les glaciers alpins. On estime que les glaciers polaires avancent de 10 à 30 mètres par jour, et l'on trouve la raison de cette avancée rapide dans la pression énorme exercée par les glaces et dans la diminution du frottement, les glaciers polaires n'étant pas encaissés comme dans les Alpes. La plupart de ces glaciers arrivent jusqu'à la mer où ils forment de hautes falaises, creusées parfois de crevasses ou d'arcades, capables de laisser passer un navire; ces falaises, qui s'élèvent à pic jusqu'à 100 ou 120 mètres au-dessus des eaux, se développent souvent sur une vingtaine de kilomètres de largeur. Arrivés dans la mer, ces glaciers se disloquent en donnant naissance à de gigantesques glaçons flottants appelés *icebergs* (montagnes de glace). Les glaces formées à la surface de la mer se disloquent aussi et fournissent d'énormes glaces flottantes ou *banquises*, plus grandes et plus régulières que les icebergs. La partie émergée de ces glaces flottantes ne représente que le $1/7^e$ ou le $1/8^e$ de la hauteur totale du glaçon; or, il n'est pas rare de rencontrer des banquises dont la partie émergée est de 100 mètres, et dont la hauteur totale est, par suite, de 800 à 900 mètres.

Les glaces abandonnées à la dérive sont entraînées par les courants. Au printemps, tout l'Atlantique Nord est par-

1. MM. NORDENSKJOLD et BERRGREN (1870) se sont aventurés les premiers sur le champ de glace groënlandais. En 1888, M. NANSEN parvint à traverser l'Inlandsis de la côte orientale à la côte occidentale et vérifia la continuité de la calotte de glace.

semé de blocs flottants; dans l'hémisphère Sud, ces blocs arrivent près de la Nouvelle-Zélande, le long de l'Amérique du Sud dans la direction de la Plata, et non loin du cap de Bonne-Espérance.

Les glaciers polaires n'agissent que peu sur le sol, tout au plus ceux qui ont une origine terrestre entraînent-ils des blocs rocheux et des boues diverses, qui tombent au fond de la mer. Le grand *Banc de Terre-Neuve*, qui occupe une superficie de 125 kilomètres carrés, avec une épaisseur de plus de 2 000 mètres, résulte de l'accumulation de tout ce que précipitent chaque année les icebergs détachés des glaciers polaires et des banquises. Les glaces flottantes ont encore une autre action : par le refroidissement qu'elles produisent dans les régions où elles sont amenées, elles provoquent la formation de brouillards, et peuvent ainsi altérer très sensiblement le climat.

Les phénomènes glaciaires à travers les âges. — Le problème de la récurrence des phases glaciaires pendant les temps géologiques a donné lieu à de nombreux et remarquables travaux. Nous avons déjà parlé des phénomènes glaciaires à la fin de l'ère tertiaire, mais ceux-ci se sont aussi manifestés pendant l'ère primaire et l'ère secondaire.

La plus ancienne phase glaciaire remonte à l'époque *précambienne* (début de l'ère primaire), elle a été reconnue dans l'Ontario, au Spitzberg, dans l'Afrique du Sud, dans l'Australie méridionale et en Chine. La seconde date de la *période dévonienne* (milieu de l'ère primaire) et a laissé des cailloux striés dans les grès de la Montagne de la Table, près du Cap. La suivante, que l'on place à la *période anthracolitique* (fin de l'ère primaire) a été mieux étudiée; on en trouve des traces nombreuses dans les Indes, l'Australie, la Tasmanie, l'Afrique du Sud, la République Argentine, le Brésil. Il semble que les glaciers soient partis d'un centre situé au sud de la Tasmanie sur un continent aujourd'hui disparu. Cette phase glaciaire a été très intense, très longue, et a exercé une influence considérable sur les organismes contemporains; elle constitue un des principaux événements de l'histoire géologique du Globe.

Les glaciations de l'ère secondaire sont encore à préciser ;
par contre, celle du *pléistocène* (début de l'ère quaternaire)
est la plus connue de toutes ; elle est remarquable par sa
grande extension ; on l'a reconnue, non seulement en Europe,
comme nous l'indiquions plus haut, mais aussi dans l'Amérique du Sud.

En résumé, les phénomènes glaciaires se sont manifestés
à diverses périodes de l'histoire de la Terre ; ils ont eu chaque
fois un grand rôle, non seulement au point de vue du relief
et de la formation des terrains sédimentaires, mais aussi sur
la vie des animaux et des végétaux qui existaient à la même
époque.

HUITIÈME CONFÉRENCE

PHÉNOMÈNES PRODUITS PAR LES EAUX MARINES ET LES ORGANISMES MARINS

Généralités. — Les mouvements de la mer. — I. « Phénomènes destructeurs ». — L'érosion marine. — Curiosités naturelles dues à l'érosion des falaises. — Érosion par les courants de marée. — Formation des rias et des fjords. — Le seuil continental. — Le dessin des côtes. — Valeur de l'érosion marine. — II. « Phénomènes réparateurs » : appareils littoraux et sédimentation marine. — III. « Rôle des organismes marins ». — Les constructions coralliennes. — Formation des atolls. — Les coraux dans le temps et l'espace. — Conclusion sur les phénomènes d'origine externe.

Les phénomènes que produisent les eaux marines sont, comme tous ceux qui résultent de l'activité des agents géologiques, les uns *destructeurs,* les autres *réparateurs.* Les vagues que forment les vents et les marées attaquent constamment les côtes; les produits du démantèlement des roches du littoral vont constituer les *appareils littoraux* le long des rivages ou bien, au fond des mers, les *sédiments* dont la sonde nous révèle l'existence. D'autre part, nous avons vu, à propos de la formation des roches, qu'au sein des mers chaudes de nombreux êtres vivants — comme les Coraux ou Madrépores — s'appliquent constamment à édifier, soit des *récifs* autour des continents, soit des îles circulaires ou *atolls* où l'eau tranquille de la lagune interne fait contraste avec l'eau agitée de l'Océan.

13

Ainsi, tout est en œuvre dans la mer et joue un rôle géologique ; tandis que les vagues monstrueuses — qui, lors des tempêtes, viennent s'écraser contre les falaises — contribuent à détruire les continents, les minuscules Foraminifères, en accumulant lentement leurs dépouilles, produisent des dépôts importants qui feront partie des continents futurs.

Nous étudierons successivement dans cette conférence : les phénomènes destructeurs et les phénomènes édificateurs dont les eaux marines sont la cause ou le siège, puis le mode d'action des êtres qui vivent dans ces eaux.

Les mouvements de la mer. — Les phénomènes produits par la mer sont une conséquence de l'agitation des eaux ; cette agitation est due aux vents, aux marées et aux courants marins.

Une faible brise suffit pour soulever des **vagues** qui viennent déferler sur les rivages. Quand le vent souffle en tempête, les vagues peuvent atteindre une hauteur de 4 à 6 mètres en pleine mer, et quelquefois de 12 à 15 mètres, dit-on, au voisinage du cap de Bonne-Espérance.

La pression exercée par les vagues est énorme ; elle est sensiblement proportionnelle à leur longueur et au carré de leur hauteur et, d'après STEVENSON, varie de 3 tonnes par mètre carré (en été) à 30 tonnes (en hiver). Il convient de remarquer, d'ailleurs, qu'à cette pression de la masse d'eau en mouvement s'ajoute l'action du choc violent des pierres, ce qui rend plus puissant encore l'effet destructeur des vagues.

Quand une lame rencontre un obstacle, elle produit une gerbe d'eau pouvant atteindre une grande hauteur : on a observé des gerbes de 23 mètres au cap de la Hague, de 30 mètres au fort Boyard, de 36 mètres à la digue de Cherbourg, et de plus de 50 mètres au phare d'Eddystone. Au moment du choc de la lame sur la paroi, il se produit des ondes réflexes qui, par leur interférence avec celles qui viennent derrière, annulent les unes, augmentent les autres et sont la cause des vagues les plus puissantes. De telles vagues arrivent à déplacer, au cours des tempêtes, des blocs de poids considérable. A Cherbourg, en 1836, des blocs de pierre de 4 tonnes ont été projetés par-dessus la digue ; au port d'Ijmuiden (canal d'Amsterdam), un bloc de pierre de 20 tonnes a été soulevé d'une hauteur de 3 m. 60 et transporté sur le sommet de la digue ; au brise-lames du port de Wick (Écosse), un monolithe de béton de 2500 tonnes a été déplacé en 1877 par les vagues d'une tempête. On conçoit que les masses d'eau projetées avec une telle force contre les côtes soient capables de produire des effets d'ablation très intenses.

Outre les vagues, la mer présente des oscillations périodiques ou marées, dues à l'attraction exercée par la Lune et le Soleil sur les eaux marines. Pendant six heures environ, le niveau s'élève, c'est le *flux* ou *marée montante* ; puis, après un repos assez court, pendant lequel la mer est *étale,* le niveau baisse, c'est le *reflux* ou *marée descendante*[1]. Les marées atteignent leur maximum aux équinoxes de printemps (21 mars) et d'automne (21 septembre) ; elles projettent alors contre les côtes d'énormes masses d'eau. Tandis qu'en pleine mer ou sur les côtes largement ouvertes, les variations de niveau dues aux marées sont de 0 m. 70 à 1 mètre, dans le fond de certains golfes, l'eau peut s'élever de 12 à 15 mètres comme au Mont Saint-Michel, de 21 mètres dans la baie de Fundy, sur la côte canadienne. Dans les mers intérieures, les marées ont une faible puissance, mais elles existent néanmoins. (Venise, 0 m. 60.)

Contrariés par des îles ou des îlots rocheux, les mouvements des marées donnent naissance à des courants, qui, quelquefois, se heurtent et engendrent des **tourbillons** ; l'un des plus célèbres est le *Maelstrom*, sur les côtes de Norvège, près de l'une des îles Lofoten.

Enfin, à la surface des mers se déplacent, sur des milliers de kilomètres de longueur, des masses d'eau considérables qui paraissent obéir à un mouvement régulier ; ce sont les courants marins. Leur vitesse varie de quelques centaines de mètres à 8 ou 9 kilomètres. Certains vont de l'équateur vers les pôles, comme le *Gulf-Stream* qui, formé au large de la

---

1. Il s'écoule douze heures vingt-cinq minutes entre les deux hautes mers ; le double de cette période étant de vingt-quatre heures cinquante minutes, on voit que les mêmes phénomènes se reproduisent tous les jours avec cinquante minutes de retard sur le jour précédent.

côte occidentale d'Afrique, gagne le golfe du Mexique, traverse l'Atlantique et porte jusqu'aux rivages norvégiens les bois flottés qui l'ont suivi depuis les Antilles. D'autres, au contraire, se dirigent des pôles vers l'équateur; tel est le *courant du Labrador* qui longe la côte orientale de l'Amérique du Nord. On attribuait autrefois ces grands courants aux différences de température des eaux des mers équatoriales et des mers polaires. Sans nier absolument l'importance de cette cause, on s'accorde généralement aujourd'hui à attribuer la plus grande part, dans la production de ces courants, à l'influence des grands vents réguliers comme les *alizés* (ARAGO et ZŒPPRITZ).

Il en résulte que les vents jouent, dans les mouvements de la mer, un rôle prépondérant. Les phénomènes de circulation atmosphérique étant liés à la configuration du sol et surtout à la distribution relative des terres et des mers, on peut dire que le mode d'action de la mer est soumis à l'influence de la forme des continents, c'est-à-dire à des conditions dont la cause première réside dans les phénomènes géologiques du passé.

Phénomènes destructeurs. L'érosion marine. La mer est toujours en mouvement ; on peut dire aussi qu'elle est toujours au travail. Au moment où les vagues se brisent contre le rivage, leur force vive est assez grande pour qu'elles puissent entraîner des sables, des graviers et des galets; c'est une véritable mitraille pierreuse qui se rue à l'assaut des côtes en les faisant reculer peu à peu.

Le mode de destruction des rivages et les formes qui en résultent dépendent de nombreuses conditions : l'intensité de l'action des marées et des vagues, la topographie des côtes, la nature et la structure des roches qui les constituent.

La vitesse des vagues acquiert sa plus grande valeur vers les trois quarts de la marée, et comme la vague forme à chaque instant une saillie d'environ 1 m. 20, c'est aux environs de la ligne de haute mer qu'il faut chercher le plus grand effet destructeur de la lame.

Lorsque la mer attaque des côtes élevées, elle y détermine la formation de **falaises.** Ces falaises peuvent se produire

avec quelque diversité d'accidents, sur des roches très différentes : des granites, des schistes plus ou moins durs, des
calcaires tendres ou compacts, des grès et même des argiles.
Le mode le plus général est caractérisé par la formation, au
pied des roches, d'une sorte de rainure déterminée par le sape-
ment de la mer en hautes eaux : la partie supérieure restée en
surplomb s'écroule ; il se forme ainsi une sorte de talus qui
se maintient voisin de la verticale : c'est une *falaise*. L'éboulis protège pendant quelque temps la falaise, mais les vagues
finissent par disperser les matériaux éboulés et par attaquer

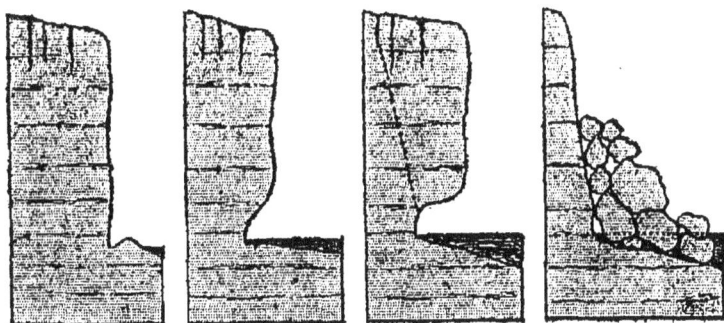

Fig. 51. — Phases successives de la destruction
d'une falaise par les vagues.

de nouveau le pied de la falaise jusqu'à ce qu'elles provoquent
un nouvel éboulement.

Dans les *falaises calcaires*, notamment les falaises
crayeuses de Normandie, le travail de la mer est facilité par les
nombreuses fissures qui découpent la masse et permettent
l'infiltration des eaux ; celles-ci élargissent les fissures, creusent des poches et préparent la séparation des couches et l'é-
boulement des falaises. Il en est de même des *falaises gréseuses*
des îles Orcades et Shetland et de l'île Helgoland. Il existe
un petit nombre de *falaises argileuses*, on en rencontre au
point où le Pays d'Auge, constitué par des marnes et des
argiles surmontées de calcaire, aboutit à la mer. Les *falaises
de schistes durs* horizontaux subissent le sort réservé aux
côtes rocheuses et élevées : si les schistes ont une forte inclinaison, comme c'est le cas sur certains points des côtes du

golfe de Gascogne, près de la frontière espagnole, les vagues y découpent, dans le sens des plis, des rainures et des arêtes.

Les blocs crayeux éboulés sont vite dissous et les silex qui s'y trouvent intercalés se réduisent en *galets* par frottement mutuel, puis en *gravier* et en *sable* de plus en plus fin. Il en est de même des blocs cristallins des côtes de Bretagne et du Cotentin.

Sous l'effort des vagues, les côtes subissent des ablations notables. Les falaises crayeuses reculent d'environ 30 centimètres par an, mais certaines parties de la côte méridionale d'Angleterre reculent de 1 mètre annuellement. La petite île gréseuse d'Helgoland, au large de l'embouchure de l'Elbe, est l'un des points du Globe qui a le plus souffert de l'érosion marine : elle aurait perdu les trois quarts de sa superficie depuis cinq siècles.

Il y a pourtant une limite à l'érosion marine. Le roulement continu des vagues sur le rivage, finit par raboter le sol entre le niveau de la marée haute et de la marée basse ; quatre fois par jour, les vagues roulent sur la même surface — qui ne tarde pas à former une large zone, sensiblement horizontale et que l'on appelle **plate-forme littorale** — mais le frottement qu'elles subissent amortit leur puissance destructive. A mesure que la falaise recule, la plate-forme s'élargit, et l'action des vagues devient de moins en moins efficace. Les côtes de la Seine-Inférieure offrent de belles plates-formes littorales à la base des falaises de craie.

Dans les golfes et dans les mers étroites comme la Manche, où la configuration des côtes et des vents violents viennent exagérer l'amplitude des marées, il se produit plusieurs terrasses. Ces plates-formes littorales, plaines d'abrasion ou de dénudation marines, ont une largeur limitée qui ne dépasse pas quelques centaines de mètres. Les terrasses correspondant aux hautes et basses mers ordinaires sont plus larges et plus nettement dessinées que celles qui correspondent aux hautes et basses marées d'équinoxe[1].

1. La hauteur des falaises est limitée, elle ne peut dépasser 150 mètres, car, alors même que l'inclinaison serait de 20 p. 100, ce qui est considérable, une falaise de 150 mètres supposerait une plate-forme de plus de

Curiosités naturelles dues à l'érosion des falaises. — Quelle que soit la roche qui forme la falaise, elle présente toujours des régions de résistance inégale; même dans les falaises crayeuses, il se trouve des portions moins sensibles à l'usure qui restent comme des témoins d'un état antérieur de la falaise. Ainsi s'expliquent nombre de curiosités naturelles : les *aiguilles* qui restent isolées à une certaine distance du rivage, les *arcades* que l'on admire en bien des points du littoral des continents, les *tunnels* et les *grottes* où la mer pénètre et qui sont des buts d'excursions. En France, les plus belles aiguilles sont celles de *Bénouville* et surtout la jolie *aiguille d'Étretat* qui s'élève en pain de sucre à une hauteur de 70 mètres. On peut rattacher aux aiguilles les récifs et les îlots voisins de la côte, comme il y en a tant sur les côtes de Bretagne; le *Mont-Saint-Michel* faisait autrefois partie du continent, il forme aujourd'hui une île escarpée que l'on a dû rattacher à la côte par une chaussée ou digue de 1 500 mètres de longueur; *l'île de Jersey* était encore continentale au premier siècle de notre ère; depuis le treizième siècle,

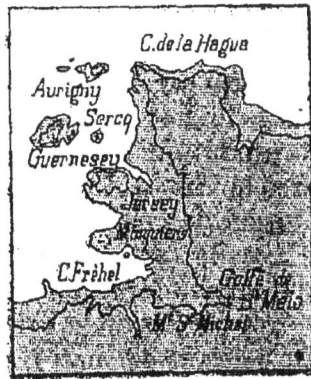

Fig. 52. — Invasion du Cotentin par la mer.

sept villages de la côte ont été successivement abandonnés, puis engloutis. Souvent, dans la masse d'un promontoire s'ouvre une arche parfois gigantesque. A Étretat, les *Portes d'amont et d'aval*, la grandiose *Manneporte* sont fort admirées, de même que la *Roche Percée de Port-Rush*, en Irlande. Les couloirs, les grottes, forés par les eaux marines dans les parties les moins dures d'une côte rocheuse, sont très fréquents;

780 mètres de largeur, surface plus que suffisante pour amortir l'activité des vagues. Ajoutons, au sujet des rivages à fond rocheux et traversés de fentes, que les eaux de la mer en s'aidant des galets, peuvent creuser des *marmites de géants* comme le font les eaux torrentielles. On en connaît de beaux exemples sur les rivages de Scandinavie.

citons : celles de *Morgat*, dans la presqu'île de Crozon, près de Brest ; le *Trou-à-l'Homme*, à Étretat ; la *grotte des Korrigans*, au Pouliguen, accessible à marée basse ; la *grotte de Fingal*, curiosité géologique dc premier ordre, dans l'île basaltique de Staffa (côte occidentale d'Écosse) ; enfin la *grotte d'Azur* dans l'île de Capri, près de Naples, et la *grotte Bleue* dans l'île Bussi (Autriche) qui sont de pures merveilles [1].

Depuis le Portugal jusqu'au nord de l'Écosse, le morcellement des côtes s'est accompli avec une énergie particulière sur le littoral de l'Océan. Toutes les îles de cette bande sont des ruines dont l'isolement a été facilité par les fractures qui ont accompagné l'effondrement de l'Atlantique nord.

Érosion par les courants de marée. — Les courants engendrés par le flux et le reflux sont une cause très efficace d'érosion ; ils produisent sur le fond de la mer un creusement variable avec la vitesse du courant. Ainsi, dans la baie de Fundy, au Canada, le courant de la marée, qui atteint une vitesse de 8 nœuds (14 816 mètres), entretient des passes de 70 à 100 mètres de profondeur, à fond rocheux, tandis que dans les autres parties de la baie, le fond reste sableux. C'est l'action du courant de marée, jointe à celle du courant fluvial, qui entretient un chenal suffisamment profond dans les estuaires. Pourtant, l'action des courants de marée reste exceptionnelle ; les **vallées sous-marines**, dont les sondages révèlent l'existence en avant de l'embouchure de certains petits cours d'eau, sont d'anciennes vallées creusées autrefois à l'air libre par les eaux courantes et actuellement submergées par une invasion des eaux marines.

Formation du seuil continental. — Le *seuil continental* est une plate-forme située au large du rivage actuel à une profondeur qui peut aller jusqu'à 200 mètres et dont le rebord forme la

1. La grotte d'Azur de l'île de Capri est un « véritable palais de turquoise bâti au-dessus d'un lac de saphir ». Cette teinte bleue tient à ce que la grotte est éclairée exclusivement par la lumière qui pénètre sous l'eau par l'entrée et vient se réfléchir sur le fond de sable blanc ; l'eau absorbe une partie des rayons colorés dont l'ensemble constitue la lumière blanche et ne laisse guère passer que les rayons bleus.

véritable limite entre les continents et les océans. DE
RICHTHOFEN a montré que la formation de ce seuil résulte de
l'action des vagues marchant de pair avec un enfoncement de
la région littorale. Sur les côtes de l'Atlantique, au mouvement d'immersion graduelle a fait suite un mouvement en
sens inverse et, par suite, l'émersion du seuil continental ;
aussitôt cette surface a été entaillée par les eaux courantes.
Ainsi prirent naissance les sillons aujourd'hui submergés
par une nouvelle invasion marine, qui prolongent vers l'O-
céan le cours inférieur de la plupart des tributaires de l'Atlantique. Le plus remarquable de ces sillons est la *fosse du
cap Breton* qui représente l'ancien lit de l'Adour ; sur les côtes
du Portugal, le *Douro* et le *Tage* se continuent très loin en
mer par d'étroits sillons qui descendent jusqu'à près de
3 000 mètres au-dessous du niveau actuel de l'Océan. D'après
HULL (1900), la *Manche* serait une de ces vallées submergées.

Certains auteurs ont eu recours à l'abrasion marine pour
expliquer l'aplanissement de certains pays, comme l'Ardenne
et les plateaux crayeux du Nord de la France. Le fait a pu se
réaliser dans certains cas particuliers (BARROIS), mais pour
les deux régions de l'Ardenne et du Nord de la France, il est
établi que l'aplanissement constaté a été consécutif d'une
période continentale prolongée et relève plutôt de l'érosion
sub-aérienne.

Le dessin des côtes. — Les côtes présentent dans leur dessin
une très grande variété, dont il faut chercher l'origine dans
les différences de structure. Les côtes à *structure homogène*,
c'est-à-dire qui offrent partout les mêmes conditions de résistance, se présentent sous la forme rectiligne, comme les
falaises crayeuses de Normandie en sont l'exemple. Dans
cette région, le recul des falaises vient entamer les vallées des
cours d'eau et comme la régularisation du profil n'a pas le
temps de se faire, ces vallées deviennent des **valleuses** ou *vallées suspendues.*

Le plus souvent, les côtes ont une *structure hétérogène*,
c'est-à-dire sont constituées de roches de résistance différente. Les parties dures sont mises en saillie, tandis que les
parties relativement plus tendres sont affouillées ; il en résulte

que les échancrures et les baies succèdent aux presqu'îles et aux caps. La *rade de Brest* et la *baie de Douarnenez* sont creusées dans des schistes relativement tendres, tandis que la *pointe du Raz*, la *pointe Saint-Mathieu*, la *presqu'île de Crozon*, sont formées de granite qui a résisté à l'assaut des vagues.

Formations des rias et des fjords. — Les **rias** (nom donné en Espagne aux embouchures des fleuves) sont d'anciennes vallées creusées par un cours d'eau suivant les affleurements des roches les moins dures et qui ont subi, à la suite de mouvements du sol, l'invasion de la mer. Le type de ces côtes se trouve en Espagne, sur le littoral de la Galice : les baies pénètrent de 15 à 20 kilomètres dans les terres et présentent rarement des ramifications ; la profondeur augmente vers l'aval et, à l'embouchure, atteint ordinairement 40 à 60 mètres. Les baies de Vigo, de la Corogne, du Ferrol en sont les meilleurs exemples. Les côtes à rias existent sur certaines parties des côtes de Bretagne, du pays de Galles, du sud-ouest de l'Irlande, de l'Asie Mineure. On peut rapprocher des rias, les *calanques* de la côte provençale, les *calas* des îles Baléares, les *scherm* de la Mer Rouge.

Les **fjords**, dont il a déjà été question dans la conférence précédente, attestent, plus nettement encore que les rias, une invasion de la mer, il en est de même des firths d'Écosse. Le *Sognefjord* a 180 kilomètres de longueur et une profondeur de 1 224 mètres à l'entrée. La pente du fond peut être discontinue et, quelquefois, on trouve à l'embouchure du fjord une profondeur moindre que dans une portion plus avancée dans les terres ; comme autre caractère, ajoutons que les parois, souvent verticales, s'élèvent d'un seul jet à 700 ou 800 mètres. La constitution des fjords n'est pas une conséquence de l'érosion marine, mais bien de l'érosion glaciaire (conférence VII), combinée à des mouvements du sol, lesquels ont permis l'envahissement de la mer. Les fjords se rencontrent encore en Écosse (*lochs*), dans le Nord-Ouest de l'Irlande, au Groenland, sur les côtes de l'Alaska et du Chili méridional ; sur la côte sud-ouest de la Nouvelle-Zélande, où on les nomme sounds.

Lorsqu'un massif plissé est interrompu par la mer, les

vagues attaquent les plis et forment des sillons, pouvant atteindre plusieurs kilomètres de longueur. En Dalmatie, les Alpes Dinariques ont été partiellement submergées, la mer a envahi les vallées, ne laissant émerger que les parties en saillie, de sorte que la côte dalmate apparaît découpée en plusieurs séries de sillons longitudinaux et une infinité d'îles allongées[1].

Valeur de l'érosion marine. — La *valeur* de l'érosion marine ne représente qu'une petite fraction (1/10) de l'érosion par les cours d'eau ; elle semble atteindre au plus, pour l'ensemble des côtes, un kilomètre cube par an. Ce résultat n'a rien de surprenant si l'on considère que la surface accessible à l'action de vague est incomparablement moins étendue que celle qui se trouve livrée aux influences météoriques.

En un point donné, l'érosion marine ne saurait conserver une *intensité* constante et, comme on l'a vu à propos de la plate-forme littorale, les progrès même de l'érosion marine imposent une limite à son efficacité. Cette intensité est fort variable d'un point à un autre ; et la diversité s'explique non seulement par l'inégalité de puissance des vagues ou de résistance des roches, mais encore par ce fait que, probablement, le travail de la mer n'a pas commencé sur toutes les côtes à la même époque.

II. Phénomènes réparateurs. — Si la mer dégrade, elle répare ; si elle détruit les continents, elle édifie de nouvelles terres. Les fragments de roches arrachés aux côtes, sans cesse frottés les uns contre les autres par le va-et-vient perpétuel de la vague, s'usent et s'arrondissent ; ils se transforment suivant

---

1. Pour M. O. BARRÉ, l'érosion marine ne suffirait pas à expliquer la large échancrure du *Golfe de Saint-Malo* dans lequel les parties les plus résistantes auraient seules échappé en constituant les Iles Anglo-Normandes. « On a le sentiment que quelque cause profonde a dû entrer en jeu. Ce n'est pas un rentrant des plis armoricains, mais vraisemblablement une tendance à un affaissement architectural transverse. Il suffit de se reporter par la pensée à l'époque miocène où l'Armorique était coupée en deux par un bras de mer passant par Rennes, pour se dire que le rentrant actuel de la côte n'en est peut-être qu'un reflet ».

leur grosseur et leur dureté, en *galets* au contour arrondi et
à surface unie, en *graviers*, ou en sables plus ou moins fins :
les calcaires tendres et les roches argileuses sont complètement désagrégés et amenés à l'état de boue fine ou *vase*.
A ces matériaux viennent s'ajouter une partie de ceux qui
sont apportés par les cours d'eau.

Sables et graviers forment, en avant de la plage, une zone
de **dépôts littoraux**. Si la vague vient frapper la falaise dans
une direction un peu oblique, les matériaux se trouvent peu

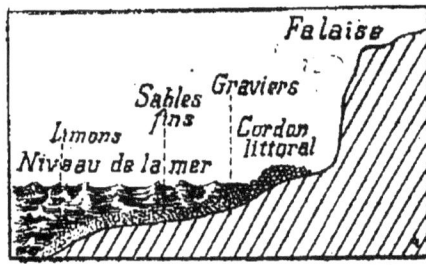

Fig. 53. — Formation des dépôts marins au voisinage des côtes
(exemple : falaise normande).

à peu transportés parallèlement à la côte : c'est ainsi que l'embouchure de la Somme est encombrée de galets provenant
des falaises crayeuses de la côte normande ; qu'à Dieppe, les
galets longent la falaise, s'accumulent sur la plage en vagues
obliques, contre lesquelles il a fallu protéger l'embouchure
de l'Arques, et que le port du Hâvre, pour se défendre,
possède jusqu'à Sainte-Adresse, une longue série de cloisons
ou *épis* disposés perpendiculairement au rivage[1]. Sur les
plages, où les galets, les graviers et le sable existent simul-
tanément, on constate que les plus éloignés de la mer sont les
gros galets, puis viennent les galets plus petits, enfin le gravier et le sable de plus en plus fin. C'est ainsi qu'au Tréport, à
Cayeux, etc., le sable fin n'est découvert qu'à marée basse.

---

1. Des grains de sable provenant de la destruction des côtes bretonnes
se retrouvent sur les plages du Pas-de-Calais ; d'autres, nés du morcellement des silex de la craie normande, parviennent sur la côte W. du
Danemark (THOULET. Académie des Sciences de Paris. 1907).

Sur les côtes plates et basses, les matériaux les plus grossiers forment une sorte de cordon à peu près rectiligne qui dépasse de quelques mètres le niveau des plus hautes mers : c'est le **cordon littoral**. Atteint par la mer dans les seuls cas de hautes marées ou de fortes tempêtes, le cordon littoral présente une certaine stabilité : celui qui limite les lagunes de Cette, supporte la voie du chemin de fer avec une fixité parfaite. Quand la mer possède des marées sensibles, on remarque souvent deux terrasses, l'une correspondant aux vagues des hautes mers ordinaires, l'autre aux vagues de tem-

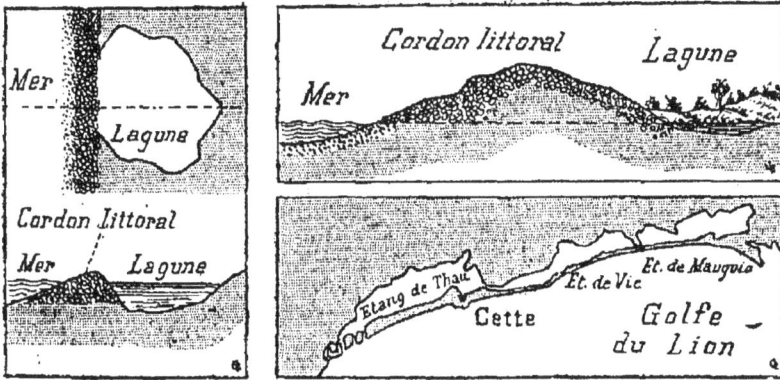

Fig. 54 à 56. — Formations littorales : levées de galets. Lagunes. Lagunes (étangs) des environs de Cette.

pêtes ou de marées d'équinoxe. Avec une marée de 2 mètres, la hauteur de la levée de galets peut atteindre 6 mètres.

Quand les matériaux qui cheminent le long du rivage arrivent à une échancrure de la côte où l'eau est peu agitée et où ne peuvent pénétrer les courants littoraux, ils se déposent et tendent à isoler les eaux calmes de l'anse de celles de la haute mer : ainsi se forment les **lagunes**. Généralement, les lagunes communiquent avec la mer par une *passe*, comme les grandes lagunes allemandes (*Frisches Haff, Kurisches Haff*) de la Baltique, mais il y en a de complètement isolées, comme celles du golfe de Lion. Il existe des lagunes, très étendues et même navigables, sur certains points de la côte occidentale d'Afrique (côte d'Ivoire, côte du Dahomey[1]).

Les lagunes sont destinées à disparaître : les cours d'eau qui s'y déversent les remplissent de leurs alluvions, et les comblent peu à peu. Elles représentent donc une conquête de la terre ferme sur la mer ; ce sont les alluvions du Rhône qui, jointes à celles des fleuves côtiers comme l'Aude, l'Hérault, etc., ont transformé l'ancien rivage découpé du Bas-Languedoc en une côte rectiligne et de courbe régulière, réunissant au rivage d'anciennes îles (cap de Leucate, Mont-Saint-Clair, près de Cette) ; les alluvions de la mer et celles de la Gironde ont comblé l'ancien golfe du Poitou. D'abord marécageux, ces terrains nouveaux s'exhaussent peu à peu et s'affermissent, alors l'homme en prend possession, les transforme en champs de culture, parfois après les avoir protégés au moyen de digues contre les crues ou les incursions marines. Ainsi se sont formés les **polders** *hollandais* où la fertilité contraste avec les plaines caillouteuses du Geest et où la monotonie du paysage ne se trouve rompue que par les digues et les grandes ailes des moulins à vent.

La sédimentation marine. — Après avoir examiné ce qui se produit sur les rivages, il reste à voir ce qui se passe à une certaine distance des côtes.

En avant des levées de galets, situées au niveau des hautes mers, les sables légers vont former des **plages de sable** qui se découvrent à marée basse. La limite entre le sable fin et le talus de graviers et de galets est généralement très nette, car le pied de celui-ci indique le lieu où l'action de la lame qui recule est assez diminuée pour ne plus pouvoir transporter que du sable fin ; c'est en ce point que s'accumulent les coquilles apportées par le flot et recherchées par ceux qui fréquentent les stations balnéaires. Citons comme plages de

---

1. Dans nos pays, la salure des lagunes est à peine supérieure à celle de la mer, mais dans les régions tropicales, en raison de l'active évaporation, elle devient parfois très forte. Si des cours d'eau, venant de l'intérieur, débouchent dans la lagune, la salure devient très faible, c'est alors de l'*eau saumâtre*, c'est-à-dire peu salée, dans laquelle vit une faune particulière dite d'eau saumâtre et comprenant principalement des mollusques.

sable fin : celles de Royan, des Sables d'Olonne, de Wimereux (Pas-de-Calais), d'Ostende (Belgique), etc.

Les fines particules vaseuses vont se déposer au large dans une zone qui entoure les continents et dont la largeur, variant notamment avec la puissance des fleuves du voisinage, atteint de 100 à 500 kilomètres et admet des fonds de 3 000 mètres. Cette zone, dite **zone terrigène,** comprend près des rivages et jusque vers 150 mètres de profondeur, des *sables*, des *graviers*, des *argiles* : plus au large, se disposent

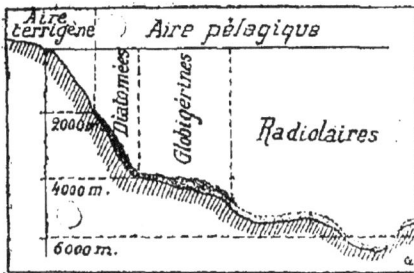

Fig. 57. — Dépôts organiques formés dans les océans.

des *boues bleues*, *rouges*, ou *vertes*, ainsi que des *boues et sables coralliens.*

La composition et la distribution des dépôts marins ont été révélés par les explorations sous-marines du Challenger (1873-1895) et complétées par les nombreux sondages et dragages effectués depuis cette époque. Loin des terres, c'est-à-dire dans la **zone pélagique,** où les matériaux empruntés aux continents ne peuvent plus parvenir, le fond est occupé par l'accumulation de débris de coquilles et de carapaces ayant appartenu à des êtres vivant dans la mer : telle est l'origine des *boues à Globigérines* et des *boues à Ptéropodes*, qui sont calcaires, ainsi que des *boues à Radiolaires* (océan Indien) et des *boues à Diatomées* (hémisphère austral), qui sont siliceuses. Les grands fonds océaniques sont tapissés par une argile rouge, riche en fer et en manganèse, mêlée de poussières volcaniques. Les débris organiques rapportés par les dragues sont des dents de Squales et des caisses tympaniques de Cétacés, débris souvent recouverts de 1 à 2 centimètres d'oxyde de manganèse. A l'exception de la ponce, que l'on rencontre dans le Pacifique et dont les phénomènes volcaniques expliquent la présence, aucun élément détritique ne vient se mélanger à l'argile rouge des grands fonds.

La **vitesse de la sédimentation marine** est évidemment d'autant plus grande que l'on considère un point plus rapproché des côtes. On sait que l'érosion continentale et l'érosion marine apportent annuellement à la mer 12 kilomètres cubes de matières solides. On admet que cette masse, répartie autour des continents, correspondrait à un dépôt de un demi millimètre par an, soit 500 millimètres par million d'années. Au large des océans, les ossements appartiennent à des animaux ayant vécu à l'ère tertiaire et, depuis bien des millions d'années, rien n'est venu les recouvrir.

III. Rôle des Organismes marins. — Nous venons de voir que les organismes marins, tels que Foraminifères, Globigérines, Diatomées, Ptéropodes, sont capables de former — au large des continents, par un dépôt qui se poursuit constamment — des boues diverses, lesquelles préparent de nouveaux terrains (voir deuxième conférence). Le long des côtes, les coquilles forment des accumulations considérables. Certains végétaux sont susceptibles d'agir de la même façon : de ce nombre sont les *algues incrustées de calcaire* dont les plus connues sont les *corallines* et les *nullipores* et qui, après leur mort, par trituration de leur carapace calcaire, produisent une vase capable de donner des dépôts importants comme ceux que l'on a reconnus dans le voisinage de la Floride.

Mais c'est surtout dans les formations coralliennes que l'activité des organismes marins est intéressante au point de vue géologique, car non seulement ces formations constituent un accroissement important de la terre ferme, mais encore elles créent des récifs qui protègent remarquablement cette dernière du choc destructeur des vagues.

Les **coraux** ou **polypiers** sont des animaux très inférieurs appelés *zoophytes* ou animaux-plantes, formant des colonies qui s'accroissent par bourgeonnement d'un individu primitif et de ses descendants. Chaque colonie comprend une partie interne, de nature calcaire, formée aux dépens du sulfate de chaux de l'eau de mer, de couleur généralement blanche et qui constitue le polypier proprement dit. Sur ce squelette solide sont placés les polypes, animaux mous en forme de sac. Quand le polypier a atteint une certaine taille, les polypes de la base meurent, tandis que ceux de la partie supérieure continuent à vivre ; la partie calcaire du squelette persiste après la mort des individus. Ces polypiers pierreux présentent les formes les plus diverses : rameuses, branchues, ramassées en boules : les blocs détachés par les vagues tombent dans les interstices, se soudent à la masse par le dépôt des sels calcaires contenus dans les eaux marines.

Les coraux ne s'accroissent que si certaines conditions très spéciales se trouvent réalisées. Il leur faut une eau dont la température ne descend jamais au-dessous de $+20°$; aussi ne les rencontre-t-on que dans une bande assez étroite du Globe, située au voisinage de l'équateur et assez irrégulière à cause des courants marins. De plus, ils ne se développent pas à une profondeur supérieure à vingt brasses (37 mètres), ou du moins n'y forment pas de récifs; il est probable que les causes déterminantes de ce fait sont une diminution dans la lumière et dans l'accès de l'air. Une eau très pure, exempte de sable et de vase, est aussi une condition indispensable : aussi, ne trouve-t-on jamais de coraux à l'embouchure des fleuves et le long des rivages vaseux. Enfin, le choc des vagues active leur croissance : c'est en effet le bord extérieur des récifs, exposé directement aux brisants, qui se trouve être le plus élevé.

Quand un polypier rencontre les conditions favorables, chaque individu se met à bourgeonner de façon à produire un accroissement annuel d'environ 4 à 8 millimètres[1]. A marée basse, quand la mer les découvre, les coraux offrent un spectacle merveilleux par leur abondance, leur élégance, la variété de leur forme, leurs couleurs souvent brillantes.

1. La rapidité avec laquelle s'accroît un corail vivant varie avec les espèces. Les madrépores ou coraux branchus sont ceux qui se développent le plus vite. En 1857, on a observé sur la quille d'un navire coulé depuis 64 ans, un madrépore long de 5 mètres (accroissement annuel, 0 m. 08). Un câble immergé en 1881 par 12 à 15 mètres de profondeur, dans la mer des Antilles, présentait en 1886 une couche de 0 m. 07 de coraux.

Les constructions coralliennes. — Les polypiers donnent naissance : aux *récifs-barrières* et aux *récifs-frangeants*, allongés
le long des continents et des îles, ou à des îles appelées *atolls*
isolées dans l'Océan,

Les récifs frangeants (*fringing-reefs*) se développent au
contact des côtes ; on les rencontre notamment aux Seychelles
et sur la côte orientale d'Afrique, au nord et au sud de
Zanzibar ; ils bordent une partie des rivages de la Mer Rouge,
des îles de la Sonde, des Grandes Antilles et des Bahama.
Les récifs-barrières (*barrier-reefs*) sont des murailles calcaires édifiées par les coraux à une grande distance des côtes.
On en a un bel exemple dans la *Grande-Barrière* de l'Australie où le récif, long de plus de 2 000 kilomètres, est éloigné de 80 à 100 kilomètres du rivage. La Nouvelle-Calédonie,
les îles Viti sont entourées plus ou moins complètement de
récifs-barrières. Du côté extérieur, c'est-à-dire celui qui est
battu par les flots, le récif est très dentelé et particulièrement
incrusté d'algues calcaires (Nullipores) qui ajoutent beaucoup
à sa solidité. A ces deux catégories de récifs s'en ajoute une troisième, celle des **récifs isolés**, comme ceux qu'on rencontre
sur les côtes du Brésil. Au sud de Bahia, au large des îles
Abrolhos, les récifs de Lixo étalent leur sommet à la façon
d'un champignon. Ces chapeaux s'unissent et forment de
vastes arches sous lesquelles on a vu plonger des baleines
harponnées (Ed. Perrier).

Les **atolls** (nom emprunté à la langue maldive) sont des
îles ayant la forme d'une couronne plus ou moins irrégulière,
limitant une sorte de lac salé interne appelé *lagon* ou *lagune* :
les atolls présentent les formes les plus diverses : les uns
sont quadrangulaires, allongés, arrondis avec des parties en
pointe ; les autres figurent des triangles, des ellipses. Leurs
dimensions sont fort variables : les petits atolls ne dépassent
pas 3 kilomètres dans la plus grande largeur ; par contre,
il en est dans les Maldives dont le grand diamètre atteint
25 lieues. Sur les plates-formes, la riche végétation tropicale
s'établit, avec le cocotier comme arbre caractéristique, dont
les palmes frémissent au souffle de l'alizé. La couronne, toujours étroite ne dépasse pas 600 mètres ; en hauteur, elle
dépasse rarement de 3 ou 4 mètres le niveau de la pleine mer.

La plate-forme corallienne présente une chute brusque du
côté de la haute mer : la pente est, au contraire, généralement
ménagée du côté de la lagune. Les lagunes sont en général
peu profondes : dans certains grands atolls, on a mesuré
100 mètres : dans les atolls de petites dimensions, les lagunes
se comblent rapidement, quelques-unes vont même à l'assè-
chement complet et se recouvrent
de dépôts de guano. Les îles coralliennes sont très nombreuses dans
l'Océan Indien (îles Maldives, Cha-
gos, Keeling) ; elles ont le plus
grand développement dans l'Océan
Pacifique, où d'innombrables
atolls forment l'archipel des Caro-
lines, les îles Marshall, Gilbert,
l'archipel des Touamotou, etc.

Formation des atolls. — Les géologues ne sont pas encore fixés
sur le mode de formation des
atolls et la cause de leur forme
circulaire. Les diverses théories
émises peuvent se ramener à
deux : *théorie de l'affaissement,*
et *théorie des soulèvements.* Toutes
deux tendent à expliquer deux
faits anormaux : 1° on trouve
des coraux morts au-dessus du

Fig. 58 et 59. — *Atolls.* En
haut, atoll complet ; en bas,
atoll incomplet.

niveau de la mer, alors que, vivants, ils n'y ont jamais demeuré ; 2° on trouve des coraux à des profondeurs où ils ne
vivent généralement pas, puisque nous savons qu'ils ne peuvent se développer au-delà de 37 mètres.

La **théorie de l'affaissement** a été émise par DARWIN (1848)
et J. DANA [1] (1872). Imaginons une île bordée sur tout son
pourtour par un récif-frangeant : les coraux y sont installés

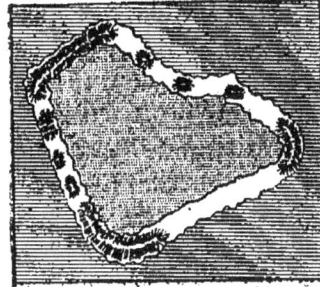

1. DANA (J. D.), naturaliste et professeur américain (1813-1895), géologue et minéralogiste de la mission chargée par les États-Unis d'explorer
le Grand Océan.

depuis le niveau de la mer basse jusqu'à une profondeur de 37 mètres. Supposons que l'île s'affaisse lentement ; le bord extérieur du récif recevant le choc des vagues s'accroît plus vite que la partie adossée à la côte, de sorte que la ceinture corallienne, finira par former un *récif-barrière*. Par suite, de l'affaissement, les coraux de la base, amenés à une profondeur supérieure de 37 mètres meurent, et leurs squelettes constituent une roche corallienne : d'autre part, les coraux de la partie supérieure, battus par les flots, s'accroissent beaucoup plus et augmentent peu à peu les dimensions du récif en hauteur et en largeur. On comprend dès lors pourquoi on a pu draguer des roches de même origine que les récifs à des profondeurs de 500 à 600 mètres. Quand l'affaissement est tel que la partie centrale de l'île a disparu sous les flots, le récif est devenu un atoll à l'intérieur duquel une lagune remplace l'île submergée. Cette théorie, très simple et très séduisante s'accorde bien avec les nombreuses traces d'affaissement que l'on a relevées dans le Pacifique ; elle explique, par une série unique de phénomènes, la grande diversité des formes des atolls, et permet de saisir les phases de la transformation des récifs-côtiers en récifs-barrières et en atolls. Chaque île corallienne serait, suivant l'expression pittoresque de J. DANA, un « monument funéraire » marquant la place d'îles englouties.

Bien que les traces d'affaissement ne se rencontrent pas partout, la théorie de l'affaissement fut classique jusque vers 1880, époque où JOHN MURRAY, l'un des explorateurs du *Challenger*, joignant ses observations et son expérience personnelle aux remarques déjà faites par L. AGASSIZ [1] (1851) et SEMPER (1863), émit, sur la formation des atolls, une théorie nouvelle, dite **théorie du soulèvement**. La pose des câbles télégraphiques sous-marins a montré qu'il existe dans les

---

1. AGASSIZ (Louis), naturaliste suisse, (1807-1873). Fut professeur à l'Université de Cambridge (Etats-Unis.) Il est un des naturalistes qui ont marché avec le plus d'ardeur dans les voies ouvertes par Cuvier. Ses *Recherches sur les poissons fossiles*(1833-1842) sont, pour l'histoire des poissons, un monument aussi important que les *Recherches sur les ossements des fossiles* pour les mammifères. On lui doit aussi des travaux sur le transport des blocs par les glaciers, des *Études sur les glaciers*, etc.

océans de nombreuses montagnes volcaniques : les îles coralliennes sont aussi d'origine volcanique. Parmi ces cônes volcaniques, les uns émergent, les autres sont détruits par les
flots jusqu'à la profondeur où l'œuvre de destruction des
vagues demeure efficace (20 mètres environ), enfin il en est
dont le sommet se trouve à des niveaux variés. Lorsque, par
suite de la sédimentation due aux dépouilles calcaires des
organismes de la surface, le sommet arrive à moins de

Fig. 60. — Formation d'un atoll d'après les théories de Darwin
et de Dana. (a, a', niveaux successifs de la mer.)

37 mètres de la surface de la mer, les coraux constructeurs
commencent à édifier leurs récifs. Ces récifs développés sur
les bords du cratère ont fait naître un atoll dont la lagune
centrale correspond au cratère du volcan. Attaquées par les
vagues, les constructions récifales laissent tomber, le long de
la surface du cône volcanique, des blocs coralliens, ce qui
explique pourquoi on peut trouver des coraux à des profondeurs où ils sont incapables de vivre.

Les atolls du Pacifique, toujours établis sur des cônes volcaniques, sont généralement disposés en lignes. Or, Darwin
a fait remarquer que les lignes de volcans marquent toujours
des lignes d'exhaussement. La disposition de ces atolls sug-
gère plutôt l'idée d'un soulèvement que d'un affaissement ;
AL. AGASSIZ arrive à la même conclusion pour la Floride,
l'Amérique équatoriale, les Indes occidentales. Dès lors, on
pourrait considérer les cônes volcaniques sur lesquels les
polypiers s'établissent comme les appareils précurseurs d'une
émersion capable de produire une chaîne d'îles et peut-être
plus tard une péninsule comme celles du Pacifique septentrional.

Les constructions coralliennes dans le temps et l'espace. — Les premières formations coralliennes semblent remonter à la plus haute antiquité. Pendant l'ère primaire, les coraux étaient fort différents de ceux de l'époque actuelle, on leur attribue d'épaisses formations dans les mers qui occupaient l'emplacement des États-Unis, de la Russie, de la Scandinavie, du Pays de Galles, de l'Ardenne, de l'Eifel, etc. Avec l'ère secondaire apparaissent de véritable récifs de polypiers ; leurs débris ont formé des masses calcaires de plus de 1 000 mètres d'épaisseur ; ces récifs se sont étendus jusqu'au 55ᵉ degré de latitude nord et magnifiquement développés jusqu'au centre de l'Angleterre. Peu à peu, sans cesser d'avoir une importance considérable, ils ont rétrogradé vers le sud. Au début de l'ère tertiaire, alors que les mammifères inauguraient leur domination sur la terre ferme, les récifs coralliens formaient une longue bande des Pyrénées à l'Himalaya. Aujourd'hui, on ne les retrouve plus qu'entre le 30ᵉ degré de latitude nord et le 30ᵉ degré de latitude sud, c'est-à-dire à peu près dans la zone intertropicale.

Le développement si grand des formations coralliennes dans les temps géologiques permet de penser que les coraux se développaient non sur des côtes, mais sur des bas-fonds étendus, à la surface desquels ils pouvaient largement s'étaler. Le rocher de Lixo, dont nous parlions plus haut, est peut-être le type des formations coralliennes anciennes.

Conclusion sur les phénomènes d'origine externe. — Avec les organismes constructeurs, nous terminons l'étude des *phénomènes de sédimentation* et, en même temps, des *phénomènes d'origine externe*. Nous avons vu les fluides environnant l'écorce terrestre (air et eau) s'appliquer constamment à dégrader les matériaux de cette écorce, lesquels devenus meubles et entraînés, obéissent à la pesanteur qui les sollicite et conquièrent une meilleure situation d'équilibre. Parmi ces fluides, l'eau, qu'elle soit à l'état solide comme dans les glaciers, à l'état liquide comme dans les cours d'eau, les profondeurs du sol, ou dans la mer, se présente comme l'agent par excellence de la transformation de la configuration du Globe.

Les phénomènes de sédimentation s'exercent à la fois par les *agents physiques* (air et eau), par les *agents chimiques* (dont l'eau est le principal véhicule), par des *agents physiologiques* (organismes vivants). L'étude de ces diverses actions est, comme nous l'avons vu, indispensable pour connaître les phénomènes du passé et comprendre la raison des formes terrestres. Quand on cherche le principe essentiel des phénomènes d'origine externe, on le trouve dans la chaleur solaire. C'est elle qui vaporise l'eau des Océans, la précipite en pluie sur la terre ferme, entraînant au passage tous les matériaux meubles qu'elle peut déplacer. C'est elle qui fait naître les vents et lance les vagues de la mer à l'assaut des rivages ; c'est elle qui permet à la surface du Globe l'accomplissement des réactions de toute nature, par lesquelles la composition de l'écorce superficielle est incessamment modifiée.

En résumé, *l'ensemble des phénomènes d'origine externe peut être considéré comme la réaction exercée sur l'écorce solide, à la faveur de la chaleur solaire, par les éléments fluides extérieurs.* Il nous reste à étudier, dans les conférences suivantes, les phénomènes dépendant de la chaleur propre du Globe : éruption et dislocation.

NEUVIÈME CONFÉRENCE

LES PHÉNOMÈNES ÉRUPTIFS

L'énergie interne. — I. Les « Phénomènes volcaniques » :
Les Volcans et leurs différents modes d'activité. —
Éruptions du Vésuve de 79 et de 1906. — Phénomènes accompagnant les éruptions volcaniques. — Produits rejetés par les volcans. — Différents types de
phénomènes éruptifs. — Les Volcans sous-marins. — Ce
que nous apprennent les volcans anciens. — Les fumerolles et l'évolution de l'activité volcanique. — II. « Phénomènes volcaniques atténués » (solfatares, volcans de
boue, mofettes). Les volcans d'eau bouillante ou geysers. — Sources thermales et eaux minérales. —
III. « Théorie du Volcanisme » : Les phénomènes volcaniques dans l'espace. — Origine des émanations. —
Causes des éruptions. — Les Phénomènes volcaniques
à travers les âges.

L'énergie interne. — Les phénomènes étudiés dans les conférences précédentes ont pour principe la chaleur solaire et
consistent dans l'action des fluides extérieurs sur l'écorce
terrestre .Les phénomènes qui vont maintenant nous occuper
dépendent de la chaleur propre du Globe et résultent des
efforts que subit la même écorce par suite de l'existence de
fluides intérieurs. L'énergie calorifique interne est utilisée
de trois façons : par les *éruptions volcaniques,* qui sont la
manifestation la plus frappante; par les *émanations ther-*
males, intimement liées à l'activité volcanique; enfin, la
conséquence de cette déperdition de chaleur est d'amener des
changements dans l'équilibre de la croûte terrestre, d'où

résultent les *tremblements de terre*, les *dislocations du sol* et la *formation des chaînes de montagnes.*

I. Les phénomènes volcaniques. Les volcans. — On appelle généralement *volcan* une montagne terminée par une ouverture en forme d'entonnoir par laquelle, aux périodes d'activité, peuvent être rejetées des matières fondues ou *laves.* En géologie, on donne le nom de volcan à un appareil naturel par lequel la surface terrestre communique d'une façon permanente ou temporaire avec les matières ignées de l'intérieur.

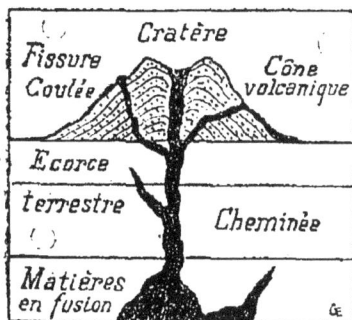

Fig. 61. — Coupe théorique
d'un volcan.

Fig. 62. — Le Vésuve
et la Somma.

Un volcan comprend généralement trois parties : une fente ou une série de fentes par lesquelles la matière fluide s'épanche à l'extérieur : c'est la *cheminée* ; un orifice plus ou moins évasé qui est l'ouverture de la cheminée : c'est le *cratère* ; enfin une accumulation de matériaux rejetés par le volcan, de forme généralement conique et à laquelle on a donné le nom de *cône volcanique.*

Au point de vue de leur activité, on peut diviser les volcans en trois groupes : 1° les volcans en activité constante; 2° les volcans en activité intermittente : 3° les volcans éteints ou supposés tels, parce qu'ils ont cessé d'être en activité depuis longtemps.

1° Volcans en activité constante. — Un exemple est fourni par le *Stromboli,* des îles Lipari. Toute la cheminée est remplie d'une lave qui ne cesse de bouillonner ; celle-ci se soulève toute les deux minutes environ et retombe ensuite ; d'énormes bulles de gaz viennent éclater à la surface en envoyant de toutes parts des cendres et des scories. Un autre volcan continu est le *Kilauea* des îles Sandwich : son cratère mesure 120 mètres de profondeur et 12 kilomètres de tour. La lave forme des lacs, à certaines époques, elle déborde et s'écoule sur les flancs du volcan.

. 2° **Volcans en activité intermittente.** — La plupart des volcans sont des volcans intermittents ; ils ont des paroxysmes d'activité donnant lieu à des phénomènes qui, de tout temps, ont frappé les hommes, et qui se répètent à intervalles plus ou moins éloignés.

Dans l'antiquité, le *Vésuve* par exemple n'était pas considéré comme un volcan et cependant son cône existait déjà. Son réveil eut lieu en l'an 79 de notre ère, et, au cours de cette éruption, les villes de Pompéi et d'Herculanum furent détruites. Depuis cette époque, on a compté 34 paroxysmes désastreux et d'innombrables petites éruptions.

Les signes précurseurs d'une éruption sont peu nombreux : quelques secousses du sol dans la région du volcan, dégagement plus abondant de vapeurs s'échappant du cratère, puis craquements se faisant entendre dans le cratère dont les parois s'effondrent en partie. Bientôt, s'élance vers le ciel, une colonne de fumée noire qui, dans les régions élevées, s'étale horizontalement de manière à figurer un pin parasol, et à laquelle les Napolitains ont donné le nom de *Il Pino*. La colonne de vapeur entraîne avec elle des cendres et des scories qui ne tardent pas à retomber plus ou moins loin du cratère suivant la grosseur des éléments. En 1822, la colonne de vapeur sortant du cratère du Vésuve, monta jusqu'à 3000 mètres de hauteur. Cette colonne caractéristique est formée d'une infinité de bulles de vapeur qui tourbillonnent rapidement ; la nuit, elle réfléchit la lueur d'incendie de la lave et paraît en feu. Pendant l'éruption qui s'accompagne généralement d'un bruit tantôt intermittent, tantôt continu ; la lave sort du volcan, soit par le sommet du cratère, soit le plus souvent par des fentes latérales devenant autant de *cra-*

tères secondaires : ceux-ci sont dus à ce que la pression exercée par la lave liquide produit des déchirures dans les matériaux du cône. On compte 30 de ces cratères adventifs sur le Vésuve et 700 environ sur l'Etna. La lave s'écoule le long des flancs du cône à des distances parfois considérables, détruit tout sur son passage, puis se solidifie, au moins à la surface, en une roche vacuolaire d'où s'échappent de petits jets de vapeur ou de gaz. Après l'émission de la lave, l'éruption continue à se manifester par des explosions gazeuses, des jets de pierres et de cendres, puis les *fumerolles* s'échappent des coulées de lave ou du fond du cratère.

En ce qui concerne le Vésuve, la plus ancienne éruption que l'on connaisse est celle de l'an 79 : il a dû s'en produire dans les temps préhistoriques, car le Vésuve actuel paraît situé à l'intérieur d'un cratère beaucoup plus vaste, dont la *Somma* serait un vestige. Jusqu'au treizième siècle, le Vésuve eut une éruption tous les cent ans, puis intervint un repos de trois siècles pendant lequel le volcan put se recouvrir de végétation. En 1631, les éruptions recommencèrent et les villes avoisinantes furent détruites. En 1822, les explosions durèrent vingt jours; après l'éruption de 1872, le volcan passa à l'état de solfatare, puis il se réveilla à intervalles assez rapprochés, ce qui a permis de multiplier les observations et de faire faire, à la vulcanologie, de nouveaux progrès.

L'éruption du Vésuve de 1906. — Cette éruption avait été préparée depuis longtemps : en avril 1905, s'était édifié, dans le cratère profond d'environ 80 mètres, un petit cône qui, au milieu de mai, dépassait d'une quinzaine de mètres les bords du cratère. A la fin de mai, après de violentes explosions, deux fissures s'ouvrirent (l'une à 1 245 mètres d'altitude, l'autre à 1180 mètres, plus près de la station du funiculaire) et firent écouler la lave sans interruption jusqu'en avril 1906 [1], époque du plus grand paroxysme qui se manifesta par l'ou-

1. L'aspect du Vésuve fut complètement changé : d'abord, le petit cône de 1905 fut détruit, puis, dans l'ancien cône, s'est creusée la profonde « caldeira » qui est le cratère actuel. Celui-ci, de forme circulaire et d'environ 650 mètres de diamètre, a une profondeur de 300 mètres avec des parois presque verticales.

verture d'une troisième bouche à 1200 mètres d'altitude. Un torrent de lave ensevelit une partie de Bosco-Trecase et s'arrêta près du mur du cimetière de Torre-Annunziata. Le 7 avril, les explosions projetèrent, à 2 kilomètres dans les airs, des matériaux incandescents qui firent croire à des fontaines de feu; une quantité énorme de *lapilli* couvrit un secteur ayant Ottojano pour centre et causa, en s'abattant sur le sol, presque toutes les victimes de l'éruption. Les dégâts matériels furent considérables à Ottojano et à San Giuseppe : dans cette dernière ville l'église s'effondra sur la foule venue s'y réfugier.

L'éruption de 79 et la destruction de Pompéi. — L'éruption du Vésuve, survenue en 1906, a reproduit les mêmes particularités que celle de l'an 79 et a permis de se rendre compte comment ont péri les villes de Pompéi, Herculanum et Stabies. La destruction de Pompéi, ville florissante de 20 000 à 30 000 habitants, ville de plaisir et d'art où venait en villégiature la haute société romaine, fut ensevelie lentement par une couche de pierre ponce blanche ayant de 2 m. 50 à 3 mètres d'épaisseur : au-dessus de cette couche sont venus se déposer des cendres et des lapilli qu'ont recouvert les produits des éruptions plus récentes. Les habitants eurent le temps de s'enfuir, aussi n'a-t-on trouvé dans les fouilles que 700 cadavres [1]. Herculanum, au contraire, fut engloutie par une sorte de boue ou *tuf* provenant du mélange des cendres et de l'eau de pluie. M. Lacroix, le savant professeur du Muséum d'histoire naturelle, à qui l'on doit de fort belles études des éruptions volcaniques récentes, pense qu'au Vésuve, aussi bien en

---

1. Après la catastrophe, les survivants revinrent retirer les objets précieux qu'ils purent trouver ; pendant des siècles, Pompéi fut exploitée comme carrière de marbre, puis tomba dans l'oubli pendant tout le moyen âge. Les fouilles commencèrent au treizième siècle. Après 1860, l'exhumation a été conduite méthodiquement sous la direction de M. Forelli et a fait renaître la ville telle qu'elle était il y a près de deux mille ans. On éprouve aujourd'hui un charme incomparable à surprendre, au milieu de ces ruines, l'expression de la vie ancienne; et, tout en gardant un souvenir ému aux victimes de cette catastrophe, on ne peut s'empêcher de penser que c'est grâce à un phénomène géologique que nous ont été conservés tous ces vestiges d'une civilisation disparue.

1906 qu'en 79, le jet destructeur constitué des flots de lapilli, est sorti non pas verticalement, mais d'une bouche orientée obliquement.

3° **Volcans à éruptions rares et volcans éteints.** — Dans l'Amérique du Sud et dans l'Asie orientale, il est des volcans qui n'ont guère plus d'une éruption par siècle. Les éruptions peuvent même cesser pendant plusieurs siècles ; on considère alors les volcans comme *éteints*, mais ils peuvent se réveiller. Quand le Vésuve entra en éruption, en 79 de notre ère, il dormait depuis huit siècles. Il ne faut pas trop se fier à la torpeur prolongée des cratères refroidis où parfois les eaux dormantes d'un lac se sont accumulées comme pour mieux endormir les craintes. Rien ne prouve que les **volcans d'Auvergne** sont définitivement éteints (M. BOULE, PH. GLANGEAUD). Dans l'histoire de la Terre, l'activité volcanique s'est manifestée en Limagne au moins à sept reprises différentes, séparées par un laps de temps considérable qui se chiffre par plusieurs centaines de milliers d'années [1]. Peut-être ne sommes-nous pas encore arrivés à la fin de cette longue période qui dure depuis plus de 3 millions d'années : peut-être les volcans d'Auvergne, qui remplissent modestement le rôle d'usines à eaux minérales et à acide carbonique, ménagent-ils quelque désagréable surprise comme jadis le Vésuve aux habitants de Pompéi et d'Herculanum. Il semble, d'ailleurs, que plus le repos a été long, plus l'éruption est violente. Quand, en 1815, le *Timboro* (île de Subava, S. E. de l'Asie) se réveilla, les habitants de Java, à 2250 mètres de là, crurent à l'éruption de leurs propres volcans.

Apparition soudaine de volcans. — A côté des éruptions soudaines des volcans, il faut placer les apparitions de volcans nouveaux. En 1588, non loin de Pouzzoles, au milieu d'explo-

1. L'histoire ne dit rien de ces imposantes manifestations et, cependant, la Géologie permet d'affirmer que l'Homme a été témoin des plus récentes. En effet, la coulée du Tartaret passe sur des alluvions contenant des os de mammouths et des silex taillés par l'Homme ; enfin, on a recueilli à Denise, près du Puy, des débris de squelettes humains.

sions bruyantes, s'édifia un cône de 130 mètres qui a conservé le nom de *Monte Nuovo*. Le volcan mexicain *Le Jorullo*
apparut, en 1759, à l'emplacement d'un bois épais de goya-
viers; en 1850, on constata dans la *Plaine de Léon* (Amérique
centrale) l'ouverture d'une fente de 800 mètres de longueur
laissant échapper des flammes et autour de laquelle on per-
cevait un grondement souterrain : quelques jours après, deux
cratères s'étaient élevés sur cette fente à 300 mètres de hauteur.

Phénomènes accompagnant les éruptions volcaniques. — Les
éruptions volcaniques sont souvent accompagnées de
secousses sismiques localisées aux environs immédiats du volcan : le fait est très net pour la région de l'*Etna*. La *violence
des détonations* est un fait des plus constants : les explosions
du *Krakatoa* (1883) dans les îles de la Sonde, furent entendues
à Ceylan, en Birmanie, en Nouvelle-Guinée. On perçoit aussi
des *grondements sourds*, des chocs donnant l'idée d'un bloc
tombant dans des matières molles ; M. LACROIX parle à propos de la *Montagne Pelée* d'un grondement nettement perceptible à 10 kilomètres de distance[1]. Les détonations volcaniques produisent souvent un *ébranlement de l'air* tel que
les constructions ne résistent pas même à une distance de
plus de 10 kilomètres. Lors de l'éruption du Krakatoa, les
ondes atmosphériques ont dû faire plusieurs fois le tour
entier du Globe, et M. DE LESSEPS a montré que la transmis-
sion s'est aussi effectuée par la masse liquide de la mer. Les
éclairs gigantesques, qui accompagnent généralement les
éruptions, éclatent entre la colonne de vapeur d'eau, chargée
positivement, et les cendres qui retombent, chargées négati-
vement. Le récent réveil du *Pic de Ténériffe* (novembre 1909)
a été suivi d'un violent cyclone causant de grands dégâts sur
terre et de graves accidents en mer. L'orage volcanique occa-
sionne parfois des pluies torrentielles, d'où la formation de
déluges de boue qui ensevelissent les campagnes. Les *éruptions boueuses* de Java sont d'une ampleur considérable.

1. A. LACROIX. *La Montagne Pelée et ses éruptions.* 1 vol. in-4, 662 p.,
30 pl., 238 fig. Paris, 1904.

Produits rejetés par les volcans. — L'éruption d'un volcan se manifeste par l'émission simultanée de diverses matières qui peuvent être des gaz, des liquides et des solides.

Les *produits gazeux* projetés avec violence hors du cratère ou par de grandes fissures sont surtout formés de vapeur d'eau et de gaz carbonique, d'oxyde de carbone, d'azote, de méthane, d'hydrogène ; ces deux derniers sont susceptibles de s'enflammer, de sorte que l'on voit jaillir parfois du cratère de véritables flammes. Dans certains volcans, comme le *Stromboli*, les explosions donnent lieu à une projection verticale de gaz à très haute température, visible seulement la nuit grâce aux blocs incandescents qu'elle entraîne avec elle. Quand les

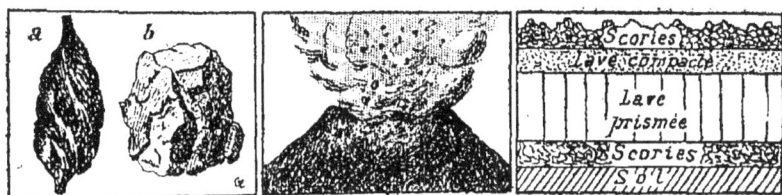

Fig. 63. — Produits rejetés par les volcans.
A gauche, bombes volcaniques : *a*, bombe à torsion ; *b*, bombe craquelée. — Au milieu, explosion strombolienne : vapeur d'eau, cendres et scories. — A droite, coupe théorique d'une coulée de lave.

matières solides projetées s'accompagnent de cendres provenant de la pulvérisation de la lave, les projections verticales se traduisent par un immense panache de fumée qui s'étale au sommet en présentant l'aspect d'un pin parasol ; les nuées sont constituées par des volutes très denses, très opaques, presque noires et souvent sillonnées d'éclairs.

Un type spécial de projections gazeuses s'est présenté à l'attention des géologues lors de l'éruption de la *Montagne Pelée*, en 1902 : c'est le phénomène des **nuées ardentes**. Celles-ci, au lieu de s'élever verticalement, roulent leurs volutes sur les flancs du volcan avec la vitesse d'un violent ouragan. C'est une de ces nuées, dont la température atteignit 1 000°, qui détruisit la ville de Saint-Pierre de la Martinique, le 8 mai 1902. A huit heures du matin, une détonation formidable se fit entendre, puis on vit sortir du cratère une masse étrange, globuleuse, noire, sillonnée d'éclairs, roulant sur les pentes de la Montagne Pelée avec une vitesse de 150 mètres par seconde dans la direction de Saint-Pierre. Le souffle brûlant et chargé de cendres rasa les édifices au niveau du sol, alluma des incendies dans tous les coins de la ville et fit périr instantanément tous ceux des habitants qui n'ont pas été écrasés par leurs maisons ou lapidés par les matériaux de construction entraînés par la nuée, tous ceux qui n'ont pas été lancés et brisés contre les murs ou jetés à la mer. Le drame dura un peu moins d'une seconde ; vingt-huit mille cadavres restèrent sous les ruines calcinées que couvrit bientôt une épaisse couche de cendres.

Les *fragments solides* projetés dans l'air par le dégagement tumultueux des gaz et des vapeurs sont, à l'exception de ceux qui sont arrachés à la cheminée ou au cratère, de même composition que les coulées. Les plus gros sont les **bombes** ; projetées en tourbillonnant, elles prennent, dans le cas des laves fluides, un aspect étiré et tordu indiquant bien leur mouvement giratoire (les Napolitains leur donnent le nom de *larmes du Vésuve*) ; quand le magma est visqueux, les bombes présentent une surface craquelée qui les a fait comparer à de gigantesques *croûtes de pain*. La grosseur de ces blocs varie depuis celle du poing jusqu'à plusieurs mètres cubes. Ainsi le Vésuve, en mai 1900, lança une bombe de 12 mètres cubes et du poids de 300 quintaux [1]. Les petits fragments rejetés par les volcans constituent les **lapilli** (petites pierres) qui sont parfois retrouvés à 2 ou 3 kilomètres de leur point d'émission. Leur aspect est vacuolaire en raison des nombreuses bulles de gaz ; ce sont de véritables **scories**, caractéristiques des volcans. Quand les matériaux projetés sont poreux et capables de flotter à la surface de l'eau, on leur donne le nom de *ponces*. La pierre ponce, bien connue de tout le monde, est le meilleur exemple de ces écumes solidifiées.

1. D'après les observations de MATTEUCCI, directeur de l'Observatoire du Vésuve, ce bloc énorme mit à peu près dix-sept secondes à parcourir sa trajectoire et tomba sur le sol avec une vitesse de 80 mètres à la seconde. La force vive des vapeurs qui l'ont projeté peut être évaluée à plus de 45 millions de kilogrammètres, soit plus de 60 000 chevaux-vapeur

Éruption du Vésuve (avril 1906).
Pluie de cendres sur Ottajano.

Éruption de la Montagne-Pelée.
(8 mai 1902.)
Saint-Pierre de la Martinique après le passage de la nuée ardente.

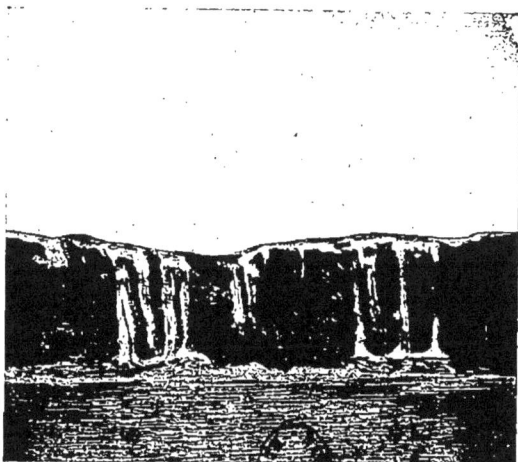

Coulée de lave.
Cascade de lave vitreuse au Kilauea (Iles Hawaï.)

Les cendres volcaniques, formées de gouttelettes de lave entraînées par les gaz jusqu'à une grande hauteur, peuvent être transportées par le vent à des distances considérables. L'une des plus fortes éruptions de cendres et de débris est celle qui eut lieu au *Temboro* (1815) dans les Indes néerlandaises ; dans un rayon de 500 kilomètres autour du volcan, le nuage de cendres produisit l'obscurité complète en plein midi ; en mer, la quantité de cendres fut telle que les navires se frayèrent difficilement un passage. Plus de douze mille personnes périrent ; l'île Lombock, distante de 120 kilomètres, reçut une couche de 0 m. 50. En 1842-1843, le Sangay (Amérique du Sud) couvrit de cendres, sur une épaisseur de 300 à 400 pieds, une surface de 16 kilomètres de rayon. L'explosion du *Krakatoa* lança des quantités énormes de cendres qui restèrent longtemps dans l'atmosphère et firent le tour du Globe ; en France, elles produisirent pendant plusieurs jours l'apparition de lueurs rouges crépusculaires[1].

Les *produits liquides* sont constitués par les laves qui sortent du volcan, soit en débordant du cratère lui-même, soit, le plus souvent, par les flancs qui, sous l'effet de la pression, se tailladent de longues fentes, bientôt jalonnées par de petits cratères adventifs. La nature des laves (trachytes, basaltes) ayant été étudiée dans la seconde conférence, nous ne nous occuperons ici que de l'aspect que présentent les coulées.

Quand la lave est vitreuse et peut s'écouler dans une plaine, elle présente une surface plane ou curieusement ondulée ; c'est le cas des *laves cordées* dont le plus bel exemple se voit à l'île de la Réunion. Généralement, la surface d'une coulée présente un aspect hérissé, scoriacé, qui la fait ressembler à un amas de coke ; la partie de la coulée qui est située sur le sol se refroidissant vite, donne aussi une couche de scories. Au-dessous de la croûte supérieure, la lave peut rester liquide et continuer de s'écouler en laissant un vide qui forme des

1. On a signalé en 1902-1903, après l'éruption de la Montagne Pelée, des crépuscules analogues. La présence de cette poussière était d'ailleurs révélée par la formation de l'*anneau de Bishop* autour du Soleil. (On sait qu'il est dû à la diffraction des rayons solaires par les poussières atmosphériques.)

15

cavernes ou de véritables *tunnels*, comme ceux observés aux îles Açores. Quand la lave se refroidit lentement, elle subit une sorte de retrait qui la partage en prismes disposés en colonnades et dressés comme des tuyaux d'orgue. Les *colonnades basaltiques* sont du plus pittoresque effet ; les plus connues sont : les orgues d'*Espaly*, de *Murat*, de *Saint-Flour*, en France ; la fameuse *Grotte de Fingal*, aux Hébrides ; la *Chaussée des Géants*, au nord de l'Irlande.

Les laves basiques ont une fluidité plus grande que les laves acides. On connaît tous les inter-

médiaires entre les laves fluides comme de l'eau, dont celles du Kilauea sont un remarquable exemple, et les laves hérissées de blocs déchiquetés comme se présentent les **cheires** d'Auvergne. Certaines coulées ont des dimensions considérables : celle de 1855 du *Mauna Loa* (îles Sandwich) mesure plus de 50 kilomètres de longueur sur une largeur de 200 mètres et une épaisseur pouvant atteindre 100 mètres. En s'ajoutant les unes aux autres, les coulées finissent par couvrir une étendue très vaste ; à l'ouest des montagnes Rocheuses, dans l'Orégon, l'Idaho et les contrées adjacentes, la lave couvre une

Fig. 64. — Aiguille terminale de la Montagne-Pelée.

surface plus grande que la France et la Grande-Bretagne réunies. Les laves acides, en raison de leur faible fusibilité, se solidifient dans la cheminée, l'obstruent, engendrent un *dôme d'intumescence*, une boursouflure, une ampoule qui fait carapace et qui, dépassant le bord du cratère, est capable de s'élever verticalement à une grande hauteur. C'est ce qu'ont montré les recherches de M. Lacroix lors de l'éruption de la Montagne Pelée. Au cours de cette éruption, s'est formée une « aiguille » d'andésite haute de 300 mètres. M. Lacroix attribue sa formation à l'extrusion d'une masse d'andésite sortant par une ouverture très étroite du soubassement.

La *température des laves* oscille entre 1000 et 2000°. On rapporte que Spallanzani, visitant une coulée de lave émise par le Vésuve onze mois auparavant, put enflammer un bâton en le plongeant dans la coulée. Le cas le plus remarquable est celui de la lave du Jorullo (1759) qui, vingt ans après, fut capable d'allumer un cigare mis en contact avec elle.

Divers types de phénomènes éruptifs. — Le caractère général d'une éruption dépend, non seulement de la composition chimique du magma, mais aussi de son état physique (fluidité, viscosité) au moment de l'éruption.

Le **type hawaïen**, réalisé par les deux volcans du *Kilauea* et du *Mauna Loa* dans les îles Hawaï, correspond à l'épanchement d'une lave si fluide qu'elle est capable de former une véritable cascade ; les gaz s'en échappent en donnant lieu à des fontaines jaillissantes de lave en fusion.

Le **type strombolien** diffère du précédent par des projections solides abondantes affectant la forme de bombes en fuseau. Les cendres font à peu près défaut, de sorte que les vapeurs sont presque incolores.

Le **type vulcanien**, réalisé à *Vulcano*, dans les îles Lipari, est remarquable par la viscosité du magma qui tend à boucher le cratère. Les éruptions de ce type sont accompagnées d'explosions formidables qui, non seulement produisent une grande quantité de cendres par pulvérisation de la lave, mais encore font sauter dans les airs une partie du cratère. L'explosion du *Krakatoa* (1883) a fait sauter la moitié de l'île (voir plus loin) ; celle du volcan de l'*île Saint-Paul* a permis à la mer de faire irruption dans le cratère (Ch. VÉLAIN) ; une explosion du même genre a produit, sur les flancs de l'*Etna*, le gigantesque Val del Bove. Les cratères devenus des cirques par explosion peuvent se tranformer en cratères-lacs[1] : *lac d'Albano*, dans le Latium ; *Maare* de l'Eifel où quelques-uns

---

1. Certains cratères de volcans éteints sont aussi occupés par des lacs. Le beau lac de *Laach*, dans le massif rhénan, en est un exemple caractéristique ; en France, le lac du Bouchet, près du Puy, le lac de Serrière, de nombreux lacs aux Antilles, ont la même origine. D'autres cratères avec lacs paraissent être des cratères d'effondrement : ce serait le cas de l'admirable *lac Pavin* dont les eaux bleues, encaissées dans des parois circulaires et verticales, ont une profondeur de 92 mètres ; il en est sans doute de même du lac d'Issarlès.

atteignent 200 mètres de profondeur. Autour du cratère élargi, ou *caldeira*, peuvent se former d'autres cônes volcaniques : le Vésuve est un immense cône élevé au milieu d'un cratère, la Somma, lequel existait seul pendant l'antiquité et qui se trouve séparé du Vésuve par la dépression en fer à cheval de l'Atrio del Cavallo.

Le **type péléen** est caractérisé par la marche descendante des nuées comme à la *Montagne Pelée* (1902). Des nuées ardentes ont aussi accompagné les éruptions de *San Jorge* dans les Açores (1808) et de plusieurs volcans du *Japon* et de *Java*[1].

Rarement un volcan présente des éruptions appartenant au même type; ainsi le Vésuve, lors de sa dernière éruption, a été le siège d'explosions stromboliennes, puis vulcaniennes.

Phénomènes éruptifs des principaux volcans. — Aux détails déjà fournis sur le Vésuve et la Montagne Pelée, nous ajouterons les principales particularités que présentent les volcans les plus importants du monde.

Le volcan le plus considérable de l'époque actuelle est le *Mauna Loa des îles Sandwich*, avec son lac permanent de lave bouillante; les dimensions du cratère sont telles que la ville de New-York y tiendrait tout entière et qu'on apercevrait à peine, au-dessus des bords du cratère, ses tours et ses cathédrales. On a calculé que les volcans des îles Sandwich ont déjà rejeté une masse de lave capable de recouvrir l'Europe entière d'une couche de plus de 80 mètres.

Les *volcans des îles de la Sonde* sont au nombre des plus importants du Globe. La seule île de Java renferme cent vingt volcans dont quatorze atteignent 3 000 mètres d'altitude; la plupart ne rejettent que des cendres. Le plus célèbre est le *Krakatoa* qui lança, en 1883, une colonne de fumée de près de 11 000 mètres de hauteur; il y eut des pro-

1. Il semble que dans les éruptions du type péléen, le magma ait été à tel point visqueux, que les explosions ont été en général impuissantes à déboucher entièrement l'orifice : les gaz emprisonnés ont dû profiter des sorties latérales. Donc, coulées rares, émission du magma ayant lieu par extrusion, aboutissant à la formation d'un dôme.

jections telles de ponce que celle-ci constitua un banc de
30 kilomètres de long et de 4 mètres d'épaisseur. En même
temps, toute une partie du volcan s'effondra dans la mer, faisant naître une vague qui dévasta les côtes de Sumatra en
causant la mort de trente mille personnes.

D'autres volcans explosifs se trouvent au *Japon*. En 1888,
le volcan *Bandaï* fit explosion comme une véritable chaudière ;
à l'emplacement d'un mont de 1800 mètres de hauteur, la

Fig 65. — Les transformations de l'île Néa-Kameni (groupe Santorin),
par les éruptions volcaniques de 1866 (en haut) à 1870 (en bas).

sonde accuse 200 mètres de profondeur. En 1783, un volcan
a fait cinquante mille victimes en ensevelissant quarante-
huit villages. Le *Fousiyama*, remarquable par la hauteur
(4000 mètres) et la régularité de son cône, est en repos depuis
longtemps ; les Japonais en ont une crainte superstitieuse.

L'*Islande* est le centre éruptif le plus actif de l'Europe.
Depuis dix siècles, elle a compté près de trente volcans en
activité et environ une éruption tous les cinq ans. En 1783,
une fente de 20 kilomètres de longueur répandit des laves sur
un territoire aussi grand qu'un de nos départements ; en
1875, un volcan islandais lança d'un seul coup 400 millions
de mètres cubes de pierres et de cendres. Ajoutons enfin, que
les déluges de boue dus à la fusion des glaciers de l'île sont
capables d'inonder un territoire grand comme la Corse, de

charrier des rochers gros comme des maisons et des icebergs aussi volumineux que des cathédrales.

L'*Etna* est plutôt un ensemble de volcans, contenant un cratère principal et un certain nombre de cratères secondaires placés sur les flancs du cône principal. Pendant longtemps, l'activité volcanique fut localisée au fond du grand cirque du Val del Bove. Au douzième siècle, une convulsion épouvantable se produisit; l'éruption de 1693 détruisit Catane et coûta la vie à cinquante mille personnes; celle de 1865 fendit le Monte Frumenta sur une longueur de 3 kilomètres. Les dernières éruptions datent de 1908 à 1909 et mai 1910; la coulée principale a varié de 8 à 20 mètres.

L'activité volcanique s'exerce également en pleine mer. Il existe des volcans sous-marins qui s'élèvent parfois assez haut pour dépasser le niveau des eaux marines et constituer des îles dont l'existence est temporaire en raison du peu de consistance de leurs matériaux. Tel est le cas de l'*île Julia* qui, en 1831, apparut à quelque distance au sud de la Sicile et disparut quelques mois après, alors que les gouvernements s'en disputaient la possession. En 1795, dans l'*archipel aléoutien*, une île surgit tout à coup dans un bouillonnement de l'océan; en 1883, un second volcan sortit du sein des flots et finit par souder la nouvelle île à l'ancienne. Sur les côtes d'Islande, nombreuses sont les petites îles qui naissent et disparaissent. Les volcans sous-marins les mieux connus sont ceux des *îles Santorin* qui font partie des Cyclades. En 97 avant notre ère, on vit, au milieu des îles, surgir un îlot nouveau le *Palæa Kaméni* (ancienne Brûlée); un autre, le *Mikra Kaméni* (petite Brûlée), se montra en 1579; puis le *Nea Kaméni* (nouvelle Brûlée) en 1707. En 1866, la mer se mit à bouillonner et on vit apparaître un rocher qui atteignit bientôt 70 mètres de longueur et se souda à *Nea Kaméni*. Les éruptions continuèrent et, en 1870, Nea Kameni avait quadruplé d'étendue [1].

Certains volcans sous-marins restent sans cesse sous les flots et ne manifestent leur activité que par le bouillonne-

---

1. F. FOUQUÉ. *Santorin et ses éruptions.* In-4, 440 p., 61 pl. Paris, 1879.

ment de l'eau produit par la sortie de leurs gaz ; d'autres se transforment en atolls, d'après la théorie du soulèvement (voir la huitième conférence) ; enfin quelques-uns peuvent, en continuant à s'accroître, acquérir une grande hauteur. C'est le cas du *Stromboli* qui forme à lui seul une délicieuse petite île au nord de la Sicile et dont le cratère, toujours en activité, sert de phare aux navigateurs.

Formes et structure générale des volcans. — La forme des volcans est typiquement celle d'un cône. Réalisée au *Cotopaxi* (plateau de Quito), à l'*Orizaba* (Mexique) et dans *l'île de Java* (Bromo, Batik, etc.), elle est généralement plus compliquée en raison des éruptions successives et de l'érosion qui fait peu à peu disparaître les formes primitives.

Au point de vue de la structure, on distingue plusieurs types de volcans, réunis d'ailleurs par des formes intermédiaires, en relation avec chaque type d'éruptions. Aux éruptions hawaïennes correspondent les *cônes de lave* surbaissés, résultant de la superposition de coulées nombreuses et puissantes.

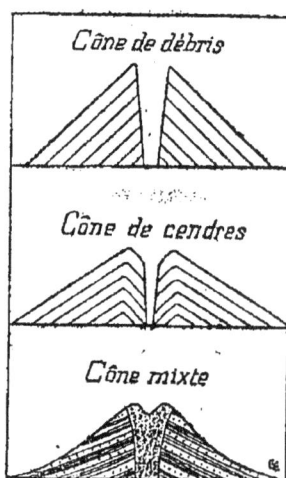

Fig. 66. — Trois types de cônes volcaniques.

Aux éruptions stromboliennes correspondent des *cônes de débris* formés exclusivement d'entassements de bombes et de lapilli disposés en couches inclinées vers la périphérie du volcan : le cratère est d'ordinaire *égueulé* sur l'un des côtés. Les volcans éteints de la chaîne des Puys ont conservé ces caractères avec une netteté frappante. Enfin, les éruptions vulcaniennes édifient des *cônes de cendres* présentant une double pente très régulière.

On a vu qu'un même volcan pouvait présenter des phases d'activité strombolienne et d'activité vulcanienne ; il en résulte que, souvent, le cône volcanique est constitué par des alternances de coulées de laves et de couches de cendres :

c'est un *cône mixte*. Les volcans du Cantal, celui du Mont-Dore, constituent de beaux exemples de cônes volcaniques mixtes ; il est probable que le Vésuve et l'Etna ont une structure analogue. Les éruptions péléennes sont caractérisées par des *cumulo-volcans* où le cône doit son origine à l'extension d'un culot de laves visqueuses (la Montagne Pelée, Santorin).

Ce que nous apprennent les volcans anciens.

— Nos connaissances sur la structure des volcans ne se limitent pas aux parties externes. L'étude des volcans anciens a fait connaître l'allure, les dimensions, les associations des murailles souterraines de roches éruptives.

Les roches éruptives se rencontrent soit en *dykes* ou filons, soit en *nappes*, soit en *laccolithes*, c'est-à-dire en couches au-dessous de la surface du sol. Les *dykes*, qui sont le remplissage des fissures par lesquelles la lave se rendait au dehors, se présentent parfois en colonnes, auxquelles les géologues anglais ont donné le nom de *necks* (cous) et dont, en France, la « Roche rouge » des environs de Brives est un bel exemple. Les *nappes* se sont tantôt épanchées à la surface du sol, tantôt se sont étalées entre les assises sédimentaires superposées ; elles sont prodigieusement nombreuses dans le terrain houiller d'Angleterre où les niveaux de *trapp* sont parallèles aux couches de schistes, grès et combustible. En certaines régions, le magma, en s'introduisant entre deux couches, a soulevé la couche supérieure : il en résulte ce que les géologues américains ont désigné du nom de *laccolithes* ; l'érosion a pu mettre à nu la partie supérieure de ces dômes éruptifs, et formé ainsi des sommets arrondis qui ont été surtout observés aux États-Unis, dans les Montagnes Rocheuses, particulièrement sur le plateau du Colorado (Henry Mountains, Elk Mountains). En France, les seuls laccolithes très caractérisés sont les porphyres bleus de l'Esterel.

Les fumerolles et l'évolution de l'activité volcanique.

— L'étude des gaz ou *fumerolles* qui se dégagent du cratère et des laves a permis d'établir la succession des phénomènes volcaniques dans une région déterminée. M. Fouqué a montré que la composition chimique des fumerolles est fonction de leur température et que la classification des émanations volcaniques gazeuses doit être basée sur la température. On distingue donc : 1° les *fumerolles sèches* dont la température est supérieure à 500° et qui se dégagent de petits cônes adventifs : elles renferment, malgré leur nom, de la vapeur d'eau et surtout des chlorures (de sodium, de cuivre, etc.); 2° les *fumerolles acides* dont la température n'est plus que de 300 à 400° et renferment, avec beaucoup de vapeur d'eau, les gaz acides chlorhydrique et sulfureux; leurs sublimations sont principalement des chlorures de fer et de cuivre remarquables par leurs vives couleurs; 3° les *fumerolles alcalines*, de 100° environ, laissent dégager surtout de la vapeur d'eau avec du chlorure d'ammonium et de l'hydrogène sulfuré; 4° les *fumerolles froides*, inférieures à 100°, contiennent les gaz carbonique et hydrogène sulfuré. Les *mofettes* sont des émanations de gaz carbonique associé parfois à de l'azote et à des carbures d'hydrogène; on les rencontre vers la base du volcan.

Toutes ces fumerolles sont réparties le long de la coulée dans l'ordre où elles ont été citées, les fumerolles sèches étant les plus rapprochées de la fente. La même succession s'établit dans le temps : les fumerolles sèches caractérisent la phase paroxysmale d'une éruption, alors que les fumerolles froides annoncent le repos du volcan. Les mofettes marquent la fin des éruptions et persistent parfois des mois, des années, après la période de grande activité.

Ces faits, joints à la connaissance des divers types d'éruption, permettent de distinguer plusieurs phases dans l'évolution de l'activité volcanique : *phase strombolienne* ou d'activité continuelle; *phase éruptive*, comprenant des périodes de repos; *phase solfatarienne*, dans laquelle les volcans n'émettent plus que de la vapeur d'eau et du gaz sulfureux; enfin la *phase des mofettes*, qui peut durer un grand nombre d'années.

II. **Phénomènes volcaniques atténués.** — Puisque, après l'éruption proprement dite d'un volcan, l'activité de celui-ci continue à se manifester encore pendant longtemps, il y a lieu d'examiner, à côté des phénomènes éruptifs, les phénomènes volcaniques atténués qui agissent d'une manière moins violente et dont l'importance géologique n'est pas à dédaigner.

Les **solfatares** sont des volcans ayant cessé de donner des laves ; ils continuent à émettre de l'acide sulfureux et de l'hydrogène sulfuré qui, en se décomposant à l'air, donne naissance à des dépôts de soufre. Telles sont : la *solfatare de Pouzzoles*, dans les Champs Phlégréens, petit cône volcanique qui, depuis la dernière éruption (vers l'an 1200), ne cesse d'émettre des vapeurs sulfureuses à 360° ; la *solfatare de Vulcano* dans l'une des îles Lipari ; les solfatares du Mexique, du Chili, de l'Islande, de Java.

Les **suffioni** ou *soufflards*, nombreux en Toscane, sont des jets de vapeur d'eau et de gaz d'une température de 120° qui s'échappent par les fentes du sol et se condensent ensuite dans des bassins ou *lagoni,* où ils laissent déposer de l'acide borique.

Les **salses** ou *volcans de boue* sont de petits volcans qui émettent des boues que les dégagements de gaz carbonique font bouillonner. Les plus remarquables sont ceux du Caucase, de l'Italie du Nord, de la Sicile (salse de Paterno, maccalube de Girgenti) ; on en trouve aussi en France, à Dax. La mer Morte, malgré l'absence de dégagements gazeux, paraît avoir la même origine [1]. De ces boues, peuvent se dégager des gaz combustibles (*terrains ardents* des environs de Florence). Les émanations de carbures d'hydrogène par les salses, coïncident parfois avec l'existence dans le sol, et même la venue au jour, de pétrole, qui est lui-même un mélange de carbures d'hydrogène ; c'est le cas réalisé à Bakou.

Les **mofettes** constituent les dernières manifestations gazeuses de l'activité volcanique ; elles consistent en émanations de gaz carbonique seul ou mélangé de vapeur d'eau.

---

1. La mer Morte est remarquable par sa teneur élevée en chlorure de sodium, chlorure de magnésium et surtout en brome (1 à 7 grammes par kilogramme d'eau). La quantité de brome augmente avec la profondeur, ce qui laisse supposer que les substances chimiques sont amenées par des sources jaillissant près des bords et surtout au fond du lac ; c'est de là également que proviennent les fragments de bitume qui flottent à la surface du bassin.

Le gaz carbonique étant plus lourd que l'air, il s'étale en couche à sa sortie de terre dans les dépressions du sol ou dans les grottes; les animaux y meurent asphyxiés. Les exemples les plus connus de mofettes sont : la *Grotta del Cane*, près de Naples; la vallée de la Mort, à Java; le *ravin de la Mort*, dans la région du Yellowstone. Il existe aussi de ces mofettes dans la région volcanique du Plateau Central, notamment à Royat et aux environs du lac de Laach, dans l'Eifel, où les bûcherons ont parfois la chance d'y trouver quelque belle pièce de gibier.

Les geysers. — Les geysers[1] sont des sortes de volcans d'eau chaude, où celle-ci s'élance dans l'air d'une manière intermittente. Les plus anciennement connus sont ceux d'*Islande*; on en compte une centaine. L'un d'eux, le *Grand Geyser*, situé dans une plaine entourée de glaciers, est un cône aplati en silice, de 10 mètres de haut sur 70 mètres de diamètre. Le cratère, de 20 mètres de diamètre, est rempli d'eau chaude qui, toutes les vingt-quatre à trente-deux heures, se met à bouillir et se trouve projetée en l'air sous forme d'une colonne de 3 mètres de diamètre et d'une quarantaine de mètres de hauteur. Le phénomène s'accompagne d'un dégagement de vapeurs qui font une auréole merveilleuse à ce grand jet d'eau naturel. Le *Strokkur* renferme de l'eau constamment en ébullition et projette non seulement de l'eau, mais aussi des pierres. Les geysers sont nombreux aussi à la *Nouvelle-Zélande*, sur une ligne de fracture de plus de 280 kilomètres, sur laquelle on trouve toutes les manifestations volcaniques : solfatares, salses, sources chaudes, geysers; c'est la *Terre des Merveilles*.

Le phénomène geysérien revêt toute son ampleur dans l'Amérique du Nord, au *Parc national de Yellowstone*, où les solfatares, sources chaudes, fumerolles, comptent plus de sept cents orifices de dégagement. Les soixante-dix volcans de cette curieuse région sont, les uns *intermittents*, où l'eau n'est portée à l'ébullition qu'au moment de l'éruption; les

---

1. Le mot *geyser* (prononc. *gaïzeur*) signifie, en langage islandais, « fureur ».

autres *jaillissants,* où l'eau bouillonne constamment avec projections fréquentes de 2 à 3 mètres de hauteur ; enfin, il en est de *tranquilles,* dont la température ne dépasse pas 80° et qui sont, sans doute, d'anciens geysers jaillissants. Ces geysers constituent un spectacle grandiose[1] ; certaines eaux s'écoulent en cascades superposées, dont l'effet pittoresque est merveilleux ; telles sont les fontaines dites *te-ta-rata* de *l'île de Java.*

Les geysers déposent autour d'eux certaines substances, notamment de la geysérite ou silice hydratée, qui forme une sorte de cône autour de la bouche du geyser. Les geysers d'Islande et la plupart de ceux de Yellowstone donnent des dépôts de silice ; d'autres donnent des dépôts calcaires, sortes de marbres blancs ou roses, qui constituent par exemple les magnifiques *terrasses du Mammouth* (Yellowstone).

Le phénomène des geysers est dû, d'après TYNDALL, au passage brusque de l'eau chaude qui s'élève dans la cheminée, d'un point où sa température est un peu inférieure à sa température d'ébullition, à un point plus élevé où cette température est égale à la température d'ébullition ; la vaporisation est instantanée et s'accompagne d'une projection violente. L'éruption des geysers est donc due à une simple augmentation de la masse d'eau qu'ils renferment, en même temps qu'à une surchauffe de la région moyenne de la colonne par des fumerolles volcaniques. On comprend, d'ailleurs, que toutes les sources chaudes ne sont pas geysériennes, parce que les conditions de surchauffe dans la région moyenne ne sont pas toujours réalisées.

Les sources thermales. — Entre les geysers, où la température dépasse généralement 100°, et les sources à température ordinaire, tous les passages sont réalisés par les sources chaudes ou *thermales* qui sont les manifestations les plus bénignes de l'activité volcanique. Ces sources ont généralement leur point d'émergence sur des failles ; ainsi, en France, les sources de

---

1. Les principaux sont : le *Géant* dont le jet atteint 60 mètres ; la *Ruche d'Abeille,* 70 mètres ; *Vieux-Fidèle* ; le *Geyser architectural.*

Vichy sont alignées en groupes sur des fissures exactement parallèles [1].

Grâce à leur haute température et au gaz carbonique qu'elles tiennent en dissolution, ces eaux ont dissous une grande quantité de calcaire ; elles l'abandonnent à leur point de sortie en raison de la perte de gaz carbonique qu'elles subissent à ce moment. Ainsi se forment les *travertins* (voir deuxième conférence, p. 50). Les sources chaudes donnent lieu parfois à des formations d'une grande beauté. Celles de *Hammam-Meskhoutine*, dans la province de Constantin (Algérie), ont une température de 95°, forment une succession de marches du plus grand effet sur lesquelles tombent les eaux fumantes. Celles des *Bains d'Hiéropolis*, près de Smyrne, ont construit des terrasses calcaires de 100 mètres d'épaisseur sur une étendue de 4 kilomètres.

Certaines **eaux thermales** sont employées en médecine pour combattre diverses maladies. Les sources minérales du Plateau Central sont en relation évidente avec les volcans éteints de la région ; la richesse en gaz carbonique de la plupart d'entre elles les rapproche des mofettes, tandis que la teneur en alcalis rappelle celle des fumerolles alcalines. On distingue : des *sources alcalines*, renfermant du bicarbonate de sodium (Mont-Dore, 47°) qui sont utilisées contre les maladies des voies digestives et du foie et s'adressent aux rhumatisants et aux arthritiques ; des *sources salines*, auxquelles les sulfates communiquent des propriétés laxatives (Carlsbad, 72° au *Sprudel*) ; des *sources sulfureuses*, dont l'odeur, due à l'hydrogène sulfuré des sulfures alcalins, rappelle celle des œufs pourris (Barèges, 45° ; Bagnères-de-Luchon, 53° ; Cauterets, 53°), recommandées contre les maladies de la peau, des voies respiratoires, les rhumatismes ; des *sources chlorurées* (Bourbonne-les-Bains, 65° ; La Bourboule, 56°) qui sont excitantes, reconstituantes et très indiquées dans les cas d'anciens traumatismes (fractures, plaies par armes à feu).

---

1. La température varie d'une source à l'autre, même dans un bassin déterminé. Nous donnons comme exemple les sources bien connues du bassin de Vichy : *Chomel*, 43°6 ; *Grande Grille*, 43° ; *Hôpital*, 31° ; *Lucas*, 29° ; *Lardy*, 24° ; du *Parc*, 22° ; *Mesdames*, 17 ; *Célestins*, 15°.

Les eaux minérales froides, dont on fait une si grande consommation, paraissent encore se rattacher à l'influence du feu souterrain ; pourtant, certaines sources sont très éloignées de tout centre volcanique et sont considérées comme étrangères à l'activité interne. Parmi les eaux minérales, citons : l'eau bien connue de *Saint-Galmier* (bicarbonatée), celles de *Vittel* (sulfatée calcique et magnésienne), de *Vals* et de *Vichy* (bicarbonatée sodique), de *Bussang* (bicarbonatée mixte ferrugineuse), de *Royat* (bicarbonatée chlorurée sodique), etc. D'après M. ARMAND GAUTIER (1906), les eaux thermales seraient le résultat de la distillation, en profondeur, des roches éruptives.

Les substances métalliques contenues dans les eaux thermales peuvent se déposer dans les fissures qu'elles utilisent et former des filons métallifères (voir deuxième conférence).

III. Les phénomènes volcaniques dans l'espace. Géographie volcanique.

— Depuis trois siècles, plus de trois cents volcans ont donné des signes d'activité ; le nombre, beaucoup plus grand, des volcans éteints doit dépasser cinq cents. La position qu'occupent sur le Globe ces appareils volcaniques est importante à connaître, car elle permet de chercher la cause des phénomènes volcaniques.

Les volcans s'observent à toutes les latitudes, parfois à l'intérieur des continents, mais généralement sur le bord de la mer ou dans les îles. Cette localisation au voisinage des côtes a frappé depuis longtemps et elle avait conduit à la théorie très simple de la vaporisation en profondeur des eaux marines d'infiltration. Pourtant, on a exagéré ce voisinage : certains volcans de la chaîne des Andes sont à plus de 200 kilomètres de la mer ; le Kénia, dans l'Afrique orientale, en est à 500 kilomètres ; des volcans asiatiques sont à 900 kilomètres de toute masse d'eau salée ou non : enfin des explorations récentes dans la région du Tibet en ont fait découvrir plusieurs qui sont à environ 1 500 kilomètres du golfe du Bengale et qui ne sont peut-être pas définitivement éteints.

Sans nous attarder à mentionner toute les régions volcaniques du Globe, nous ferons tout de suite remarquer que *les volcans sont, ou bien alignés le long de fractures, ou bien localisés dans des fossés délimités par des failles, ou encore se trouvent sur les bords des aires d'effondrement.*

La relation entre la position des volcans et les lignes de fractures est très nette en Islande, où les soixante-dix cratères du Laki forment une file parfaitement rectiligne. Ce sont surtout les *fractures longitudinales* qui correspondent aux alignements volcaniques ; à Java, à Sumatra, les volcans forment des files parallèles à la direction générale de l'île, la même disposition se présente pour la Cordillère des Andes. Les chaînes en arc de cercle du continent asiatique sont volcanisées : l'arc malais, les Philippines, le Japon, les Kouriles, les Aléoutiennes comptent un grand nombre de volcans actifs ou éteints; les Moluques, la Nouvelle-Guinée, les îles Salomon, la Nouvelle-Zélande sont aussi des centres éruptifs importants. Il existe, autour de l'Océan Pacifique, un véritable *cercle de feu* [1]. Or, *ces volcans récents jalonnent les lignes directrices des plissements de la fin de l'ère tertiaire.* D'autre part, autour des fosses d'effondrement s'élèvent des appareils volcaniques : volcans du Latium, de la campagne napolitaine et des îles Éoliennes, pourtour de la fosse tyrrhénienne; volcans des petites Antilles, sur les bords d'un continent effondré sous les eaux de la mer des Antilles. Enfin, d'autres alignements volcaniques coïncident avec des *arêtes de rebroussement* des arcs montagneux disposés en festons: en Asie, par exemple, les manifestations éruptives se rencontrent au point de raccord des arcs de l'Asie Mineure, de l'arc iranien et de l'arc himalayen (centre volcanique de Katch), de l'arc himalayen

---

1. Les volcans s'alignent depuis la Terre de Feu au Pérou (23), dans l'Équateur (16), l'Amérique centrale (30), mais perdent en intensité éruptive au Mexique, en Californie, dans la chaîne des Cascades et dans l'Alaska ; puis viennent les volcans actifs des Aléoutiennes et du Kamtchatka, les nombreux cratères des Kouriles, les cent vingt-neuf volcans japonais dont trente-cinq en activité. Le cercle se poursuit par les volcans de l'île Formose, des Philippines, de l'Archipel Malais où il se produit une recrudescence du volcanisme ; par les groupes volcaniques des îles Salomon, des Nouvelles-Hébrides, des îles Samoa, des Tonga et les cônes toujours fumants de la Nouvelle-Zélande. Les volcans Erebus et Terror, dans les terres antarctiques, ferment le cercle au Sud. Dans l'intérieur du cercle, il faut citer les puissants appareils en activité des Havaï, les cratères des Mariannes et de nombreux volcans sous-marins.

et de l'arc malais (salses de l'Assam), des arcs montagneux de l'île Nippon (Fouji-Yama).

Outre ces lignes de volcanisme où les relations avec les zones de plissements récents ne font aucun doute, il en est d'autres qui semblent correspondre aux *grandes cassures* suivant lesquelles a eu lieu l'effondrement des anciennes aires continentales; ainsi se présente, — jalonnée de volcans éteints, de roches éruptives épanchées et de gigantesques cônes comme le Kénia et le Kilimandjaro — la grande cassure occupée par la vallée du Jourdain, la mer Morte, la mer Rouge et prolongée par les failles délimitant le haut plateau d'Abyssinie et la zone des grands lacs africains. Cette longue bande affaissée se trouve d'ailleurs dans le prolongement de l'alignement volcanique qui correspond à l'arête de rebroussement de l'arc taurique oriental et de l'arc iranien.

Ces exemples, et bien d'autres que l'on pourrait citer, montrent qu'il *existe une relation évidente entre les venues éruptives et les effondrements de l'écorce terrestre.* Les volcans caractérisent les plus saillants parmi les bourrelets qui limitent les compartiments affaissés de la croûte solide ; chaque bouche volcanique doit marquer un élargissement ou un croisement de fentes, ouvrant une voie plus facile à la sortie des matières qui bouillonnent dans les profondeurs du sol. L'activité volcanique atteint sa plus grande intensité sur les bords de la région d'affaissement du Pacifique et surtout sur cette zone intercontinentale de moindre résistance, profondément disloquée : la dépression méditerranéenne. C'est aux point de contact de ces deux régions d'effondrement, dans l'Amérique centrale et dans l'Insulinde, que la puissance éruptive atteint son paroxysme.

En somme, *les volcans trahissent les points faibles de l'écorce terrestre,* ceux mêmes où se sont formées les rides montagneuses. Non seulement la distribution géographique des volcans actuels, mais encore la succession géologique des volcans aujourd'hui éteints, nous montrent que les manifestations éruptives ont été et sont toujours en relation avec la formation des chaînes de montagnes. Aussi, quand on étudie les entrailles des montagnes jeunes et aussi les chaînes vieilles et en partie détruites, on retrouve en elles d'autres volcans, que l'on pourrait appeler des volcans fossiles. C'est

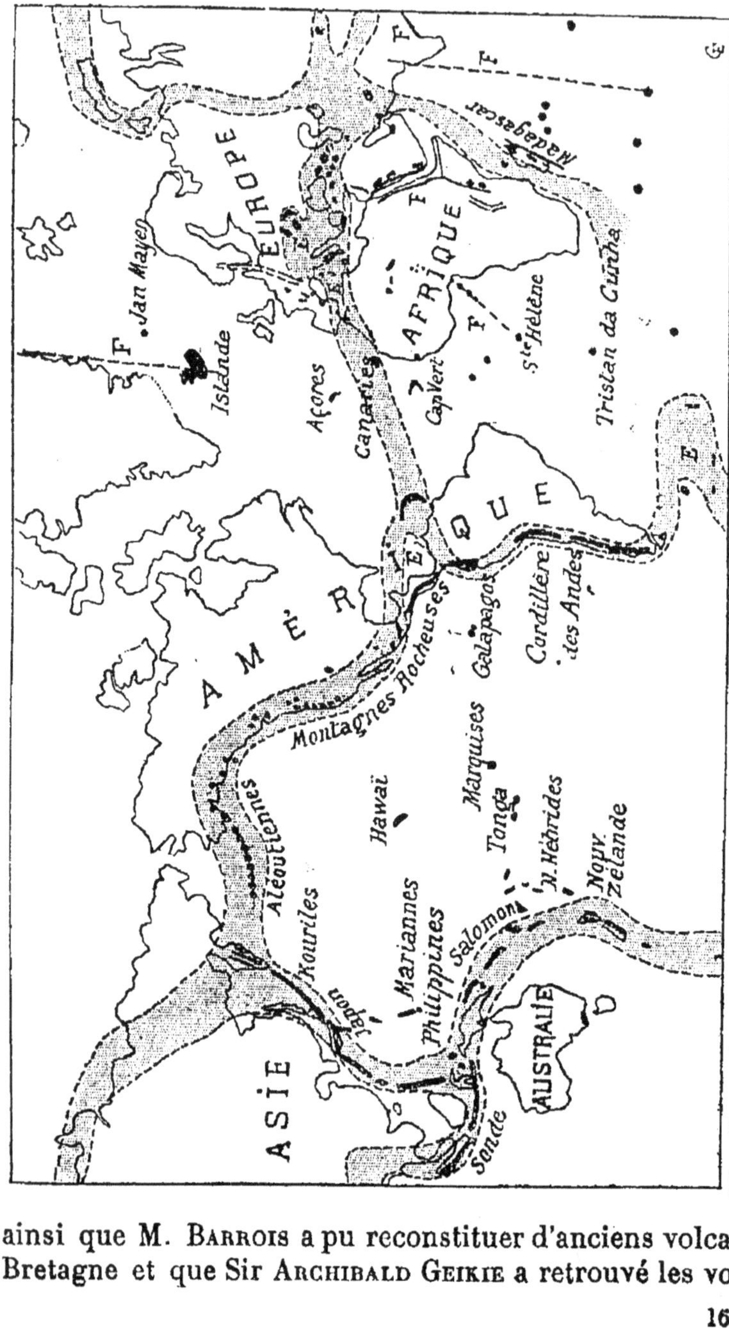

Fig. 67. — Carte montrant la distribution géographique des volcans (de l'époque actuelle et de l'ère tertiaire) et leurs relations avec les zones de plissements (en gris), les grandes fractures F, les effondrements E.

ainsi que M. BARROIS a pu reconstituer d'anciens volcans en Bretagne et que Sir ARCHIBALD GEIKIE a retrouvé les volcans

16

contemporains de cette antique chaîne calédonienne, dont les montagnes d'Écosse et de Scandinavie ne sont plus que des vestiges. On peut dire que les *phénomènes éruptifs sont, à l'égard des plissements orogéniques, comme les gouttes de sang qui pointent et se coagulent autour des plaies de l'épiderme fendillé.*

Origine des émanations volcaniques. — Après avoir cherché la raison de la localisation des phénomènes éruptifs, il reste à établir l'origine des produits rejetés par les volcans et se rendre compte du mécanisme de leur ascension.

L'origine des laves a été envisagée dans les conférences précédentes (deuxième et neuvième). On a vu que les roches sédimentaires sont capables de fondre en profondeur et l'on conçoit que, par l'affaissement le long des fractures, la provision du magma fluide emmagasiné au-dessous de l'écorce terrestre se trouve sans cesse renouvelée. Jadis, on admettait que la vapeur d'eau rejetée par les volcans provenait des infiltrations marines, et l'on trouvait là, en même temps, l'origine des chlorures des fumerolles. On a vu ce qu'on devait penser de la localisation des volcans au bord des lignes de rivages ; de plus, il est difficile d'admettre que l'eau puisse arriver au contact des matières fluides internes sans être, en route, portée à l'état de vapeur. Les importantes recherches que M. Brun poursuit depuis plusieurs années sur les volcans italiens et javanais, ont montré que l'eau ne joue aucun rôle dans le volcanisme. Les gaz éruptifs sont anhydres et quand la vapeur d'eau apparaît dans les fumerolles, elle est vue simplement à la volatilisation de l'eau qui imprègne les roches superficielles. Le panache blanc persistant des volcans n'est pas de la vapeur d'eau, mais bien des fumées de chlorures. Tous les gaz rejetés par les volcans sont combinés dans la lave [1].

---

1. Les silicates polybasiques ferriques des laves sont réduits par les azotures avec dégagement d'Azote, par les hydrocarbures avec dégagement de gaz carbonique, par les silicio-chlorures avec dégagement de chlore. Ce chlore forme ensuite de l'acide chlorhydrique et des chlorures. Toutes ces réactions exigent la lave liquide (A. Brun, 1909).

Cause des éruptions. — Les expériences de MM. A. Brun et A. Gautier ont montré que les roches de l'écorce terrestre dégagent des gaz, et en particulier, l'hydrogène qui joue le rôle d'explosif. La pression devient infinie quand la densité des produits obtenus est plus petite que la densité de la roche primitive. La température seule peut suffire pour expliquer le soulèvement des laves; si, en outre, l'hydrogène s'allume, l'explosion atteint son paroxysme. Quant aux éruptions hawaïennes où la lave bouillonne sans explosions, Suess les explique en faisant intervenir la pression exercée sur les matières fluides par la contraction de l'écorce terrestre.

Les phénomènes volcaniques à travers les âges. — L'activité interne s'est manifestée à toutes les périodes de l'histoire de la Terre.

Au début de l'*ère primaire*, ont eu lieu des éruptions de granite (Vire et Bretagne); des filons ou des nappes de diabases (Cotentin, Bohême) et de porphyres (Écosse, Norvège). Les mouvements orogéniques du milieu de l'ère primaire (chaîne hercynienne) ont eu pour conséquence une activité éruptive intense dans le Cotentin, la Bretagne, le Plateau Central, le Morvan, la Westphalie. La fin de l'ère primaire est marquée par des venues de porphyres et par des émissions solfatariennes et thermales annonçant, pour nos régions, une ère de tranquillité éruptive qui s'est maintenue pendant l'*ère secondaire*; c'est alors que se sont constitués les gîtes métallifères et les filons de quartz du Morvan, du Hartz et de la Saxe. Par contre, en Asie (Afganistan) et en Amérique (Andes, Colorado), l'activité interne a été très intense. A l'*ère tertiaire*, les manifestations éruptives reprennent plus d'importance avec, en France, des centres comme le Cantal et le Mont-Dore[1], mais les appareils volcaniques

1. Le *Cantal* peut être considéré comme un centre volcanique sur les flancs duquel se sont produites les coulées. Celles-ci sont composées, à la base, d'andésite à hornblende reposant sur le calcaire de Beauce; puis vient une nappe de basalte porphyroïde; alors le volcan a rejeté des cendres (cinérites) qui se sont déposées en couches régulières dans les eaux tranquilles, des andésites et une nouvelle nappe de basalte. Au *Mont-Dore*, les roches éruptives sont plus acides et reposent sur le granite,

qui ont produit ces éruptions ont aujourd'hui disparu. A mesure que le continent européen s'est développé, les phénomènes éruptifs se sont de plus en plus localisés vers les rivages méditerranéens, où ils sont aujourd'hui exclusivement concentrés. Enfin, le phénomène éruptif le plus saillant, en France, de l'*ère quaternaire*, est la formation de la *chaîne des Puys* d'Auvergne dont les cônes volcaniques se trouvent aujourd'hui réduits à leurs culots de lave. En Italie, s'est formé le volcan de la Somma, dont la première éruption historique (79 après J.-C.) a formé le Vésuve. L'Etna en Sicile, le groupe de Santorin dans l'Archipel, l'Hécla en Islande datent de la même époque.

En résumé, l'ensemble des phénomènes volcaniques, depuis les plus violents paroxysmes jusqu'aux simples mofettes et même aux émanations métallifères, forme une série continue de tous points concordante avec la succession des dégagements qui se manifestent dans le cours d'une même éruption. Une allure rythmée, incompatible avec la manière d'être des phénomènes superficiels, gouverne l'immense majorité de ces émanations ; aussi faut-il attribuer aux phénomènes volcaniques une cause générale, en rattachant leur production à la fois à l'existence d'un foyer intense et aux grands mouvements qui affectent l'écorce du Globe et dont l'étude va maintenant nous occuper.

DIXIÈME CONFÉRENCE

LES PHÉNOMÈNES DE DISLOCATION

I. « Mouvements brusques de l'écorce terrestre » : Phénomènes sismiques. — Caractères généraux des secousses. — Effets géologiques des tremblements de terre. — Raz de marée. — Étude des phénomènes sismiques. — Les tremblements de terre récents : San Francisco et Valparaiso (1906), Messine (1908), Provence (1909). — Géographie sismique. — Volcanisme et sismicité. — Théorie tectonique des tremblements de terre. — Enseignements fournis par les tremblements de terre récents. — Les tremblements de terre non tectoniques. — Théories nouvelles. — État interne du Globe. — II. « Mouvements lents de l'écorce terrestre » : Phénomènes de submersion et d'émersion. — Transgressions et régressions marines. — Oscillations de l'écorce terrestre. — Phénomènes épirogéniques. — Les phénomènes éruptifs et les phénomènes sismiques dans la vie du Globe terrestre.

Conséquence du refroidissement terrestre. — Nous avons vu que l'écorce terrestre n'est qu'une mince pellicule entourant une masse ignée. Cette masse, perdant constamment de la chaleur, diminue de volume ; l'enveloppe, devenue trop large, tend à se plisser et cette tendance se manifeste, en certains points, par la formation de bourrelets et de fissures ; en d'autres points, par des effondrements. Il en résulte que l'écorce terrestre est toujours en mouvement. Les mouvements sont, les uns *brusques* : ce sont les *tremblements de terre* ou *phénomènes sismiques*; les autres ne peuvent être mis en évidence que par des observations recueillies pendant plusieurs siècles : ce sont les mouvements *lents de l'écorce terrestre, phénomènes d'affaissement et de soulèvement*, prélude des *phénomènes orogéniques*. Les uns comme les autres se traduisent par un *déplacement* relatif de la croûte solide et de la masse océanique et peuvent, à ce titre, être groupés sous le titre de *phénomènes de dislocation*.

I. Mouvements brusques de l'écorce terrestre. Les phénomènes sismiques. — Le tremblement de terre est, non seulement de tous les phénomènes qui modifient la surface du globe, le plus puissant et le plus grandiose, mais c'est aussi celui qui afflige le plus l'humanité. Les catastrophes récentes qui ont désolé la Calabre en 1905, détruit San-Francisco et Valparaiso en 1906, produit plus de cent cinquante mille victimes à Messine et à Reggio en 1908, endommagé notre Côte d'Azur en 1909, sont venues rappeler d'une manière brutale combien est grande l'instabilité de notre sol et que quelques secondes suffisent pour anéantir des villes entières, amonceler les ruines, faire des milliers de victimes et semer, dans des contrées florissantes, la misère, la désolation, l'épouvante, là où régnaient un instant auparavant, la joie et le bonheur de vivre.

La science des tremblements de terre ou *sismologie* [1] est une science jeune, née au Japon et en Italie, où le sol est perpétuellement en mouvement, mais dont les progrès ont été extrêmement rapides. Outre les résultats pratiques qu'elle a déjà fournis, elle permet d'approfondir les connaissances de la Terre et de prévoir le sens de son évolution future.

Les secousses sismiques. Caractères généraux. — Un tremblement de terre est généralement précédé par un *bruit souterrain* comparable au roulement lointain du tonnerre. Le bruit qui précéda la catastrophe de Lisbonne (1755) fut, paraît-il, épouvantable et perceptible à une grande distance. En 1835, à Santa Martha (Colombie), on entendit pendant sept heures

---

1. Du grec *seismos*, ébranlement. On écrit partout à l'étranger *sismologie* au lieu de *séismologie* qu'exigerait l'étymologie française. Nous adoptons *sisme* et *sismologie* par raison de simplicité.

consécutives un fracas violent dans un rayon de près de 400 kilomètres. Bientôt, le sol s'agite en mouvements brusques et saccadés; les édifices chancellent sur leurs bases, se lézardent et s'écroulent; en peu d'instants, une ville superbe n'est plus qu'un monceau de ruines. En 1883, à Casamicciola (île d'Ischia), une seule secousse fit écrouler 1 200 maisons et coûta la vie à 2 300 personnes. Au Japon, en 1891, un tremblement de terre fit 7 000 victimes, 24 000 l'année suivante et, en 1895, 20 000 Japonais trouvèrent la mort dans un nouveau cataclysme. La formidable secousse qui, en 1755, détruisit Lisbonne, fit périr 30 000 habitants ; en Calabre, en 1783, il y eut 60 000 victimes. Le tremblement de terre du 28 décembre 1908 qui, en Sicile et en Calabre, fit plus de 150 000 victimes, ainsi que les tremblements de terre américains (Rio-Bamba, Caracas, Pérou), comptent parmi les plus terribles et vivront dans la mémoire des hommes tant qu'il y aura une histoire.

Les *secousses verticales* sont les plus redoutables et leurs effets ressemblent à ceux que produit une explosion de mine. C'est ce qui eut lieu en Calabre (1783) où les montagnes furent si profondément ébranlées que leurs cimes semblaient sautiller en l'air; un grand nombre de maisons furent projetées de bas en haut avec leurs fondations. A Casamicciola (Ischia, 1883), il semblait, dit un témoin du phénomène, « que la ville entière sautait comme le bouchon d'une bouteille de champagne ». Le plus souvent, les secousses se font obliquement et se transforment en *mouvement ondulatoire* fort bien mis en évidence par les arbres; on a vu des arbres s'incliner jusqu'à toucher le sol avec leurs branches, au passage de chaque ondulation. Si plusieurs mouvements ondulatoires partis de centres différents se rencontrent, il en résulte des effets particulièrement désastreux ; les particules oscillent dans de nombreuses directions avant de retrouver une position de repos [1].

---

1. On a cru à un *mouvement rotatoire*, car, bien souvent, les objets pivotent sur eux-mêmes : en 1883, à Ischia, une statue de la Madone fut retournée et, en 1880, à Tokio, une pyramide pivota autour de son piédestal ; on cite aussi la croix de la cathédrale de Savone, qui tourna de

La *durée des oscillations* est très courte et ne dépasse pas généralement quelques secondes. Pourtant, il se produit parfois des balancements continus qui augmentent cette durée. A Ischia (1883), les oscillations durèrent 16 secondes; à Messine (1908), 23 secondes; à Arequipa (Amérique du Sud, 1868), 7 minutes. La *durée d'un tremblement de terre* est différente; les secousses étant rarement isolées. Un grand tremblement de terre est précédé de faibles secousses dites prémonitoires, et suivi d'ébranlements dont l'intensité va en diminuant. Le tremblement de terre du 28 décembre 1908, survenu dans le détroit de Messine, s'est continué pendant tout le mois de janvier et quelques secousses de plus en plus faibles se faisaient encore sentir à la fin de 1909, époque à laquelle on put seulement commencer la reconstruction de Messine et de Reggio.

L'*étendue embrassée* par ces redoutables cataclysmes est sujette à de grandes variations. Parfois, l'aire ébranlée est très restreinte; ainsi, tandis que l'île d'Ischia, en 1883, était agitée par une secousse formidable, l'île de Procida, distante seulement de 2 kilomètres, n'éprouvait aucun dommage. Par contre, le tremblement de terre de 1836, dans la Méditerranée, se fit sentir de la Corse à la Syrie; celui de Belluno (Italie, 1873) s'étendit sur tout le nord-est de l'Italie, et aussi de l'autre côté des Alpes, à Berne, Munich, Salzbourg.

Les *secousses sismiques* se transmettent plus rapidement dans les roches denses et compactes qu'à travers les plaines formées d'alluvions; aussi la *vitesse de propagation* est-elle très variable : 530 mètres pour le tremblement de terre de Lisbonne (1755), 742 mètres pour celui de l'Allemagne du Sud (1872), 5 000 mètres pour celui de Charleston (1846). Là où la vitesse est faible, les secousses sont moins longues,

---

30° sur son axe. En réalité, les ébranlements produits par les tremblements de terre affectent des directions très complexes; il existe seulement une *élongation maximum* des multiples oscillations causées par l'ébranlement. On comprend dès lors pourquoi, dans une ville dévastée, les façades orientées suivant une direction déterminée ont été épargnées à l'exclusion des autres; à Messine (1908), cette direction était parallèle au quai; elle est souvent la même au cours de plusieurs tremblements de terre survenant au même endroit.

Mouvements brusques de l'écorce terrestre.

Tremblement de terre de Messine
(28 décembre 1908)
Place de la Cathédrale.

Mouvements lents de l'écorce terrestre.

Temple de Jupiter Sérapis, à Pouzzoles,
près Naples.

La partie perforée par les mollusques marins met
en évidence les mouvements de submersion et
d'émersion du rivage.

plus fortes et les effets mécaniques plus considérables que dans les terrains compacts. En Calabre (1905), à Monte Leone comme à Parghelia, les parties hautes établies sur des roches dures ont été peu atteintes, tandis que toutes les maisons construites sur les alluvions ont été démolies; à Valparaiso (1906), le quartier d'El Amendral, bâti sur une plage, a été entièrement démoli. C'est une constatation que l'on a pu faire dans toutes les régions atteintes par les tremblements de terre.

Il est curieux de remarquer que les secousses sismiques, qui sont capables de se faire sentir très loin, passent inaperçues dans la profondeur du sol. Ainsi, en 1872, un violent tremblement de terre affecta, en Californie, le district minier de Lone Pine : la ville fut totalement détruite, le sol largement crevassé, une centaine de secousses se produisirent, sans que les ouvriers qui travaillaient dans les mines se fussent doutés de l'effroyable désastre accompli au-dessus d'eux.

Effets géologiques des tremblements de terre. — Les secousses sismiques n'ont pas seulement comme effets de renverser les édifices et de causer la mort d'un grand nombre de personnes, mais encore elles ont des conséquences géologiques importantes.

1º Elles peuvent provoquer, dans la croûte terrestre, l'apparition de cassures ou *failles* qui, lorsqu'elles sont peu profondes, portent le nom de *crevasses*. En Calabre, en 1783, le sol s'est trouvé crevassé sur une étendue de 30 kilomètres et parmi ces fentes, certaines avaient plusieurs kilomètres de longueur et une largeur de 10 mètres. Comme exemple de faille, on peut citer celle qui se produisit au pied et le long des collines dominant le golfe de Corinthe, lors du tremblement de terre de Voztitza (1861). Parfois, les deux bords de la crevasse subissent l'un par rapport à l'autre un changement de niveau : un des exemples les plus nets est celui de la faille de Midori au Japon (1891), où le rejet atteignit 20 mètres en certains endroits. — 2º Les tremblements de terre ont fréquemment occasionné d'importants *glissements de terrain*: celui d'Assam (Inde, 1897) décapa les flancs entiers de collines puissantes. — 3º Ils peuvent aussi provoquer des *ébou-*

lements, comme le fait se produisit dans le Caucase, en 1830 ; dans le Jura français (1840) et, en 1906, dans le massif du Mont Blanc. — 4° Le *régime des sources* subit fréquemment des perturbations du fait des tremblements de terre ; les unes tarissent, les autres deviennent plus chaudes, enfin il en est qui s'établissent pour la première fois. Ainsi, lors du tremblement de terre du Valais (Suisse, 1855), des sources nouvelles jaillirent dans les environs de Visp et beaucoup fournirent des eaux ferrugineuses ; quant à celles de Louèche, leur température s'éleva de 7°. Tous ces faits s'expliquent facilement par les fissures qui s'ouvrent ou se ferment dans le sol, obligeant les eaux souterraines à changer leur cours. — 5° Quelquefois, on observe des *épanchements* boueux, provenant du pétrissage dans l'eau des couches intérieures ; les terrains fangeux formés de cette façon (Arequipa, 1868) ont même pu ensevelir des villages.

Raz de marée. — Quand un tremblement de terre affecte le bord de la mer, il prend des proportions formidables par suite de la formation d'un *raz de marée*. On nomme ainsi une énorme vague qui s'élance à l'intérieur des terres en détruisant tout sur son passage. L'eau s'éloigne d'abord du rivage, puis revient en une vague douée d'une puissance inouïe. En 1690, lors du tremblement de terre de Pisco (Pérou), la mer se retira à 15 kilomètres ; la vague n'apparut qu'au bout de trois heures avec, dit-on, une hauteur de 20 mètres. Dans les régions habitées, les raz de marée sont souvent plus désastreux que les tremblements de terre qui leur ont donné naissance : en 1724, à Lima, la mer s'éleva à 27 mètres, détruisit complètement la ville et porta les vaisseaux du port à une lieue à l'intérieur des terres.

La *vague de translation* se propage très bien dans la mer. Celle de Lisbonne fut ressentie aux petites Antilles ; celle du Pérou (1868) alla dévaster la côte orientale de la Nouvelle-Zélande[1]. L'ondulation marine la plus formidable qu'on ait

I. Au départ, la vague avait 25 mètres de hauteur ; elle mit douze heures pour arriver aux îles Sandwich, ce qui correspond à une vitesse de 650 kilomètres à l'heure. Sur le parcours, la petite île de Rapa fut balayée neuf fois en vingt minutes.

encore enregistrée est celle que produisit l'explosion du Krakatoa (1883); elle fut ressentie sur presque tout le Globe.

Comment on étudie les phénomènes sismiques. — Pendant longtemps, et dans nos pays surtout, on s'est contenté de noter
les dégâts produits par les tremblements de terre sans songer
à faire une étude scientifique de ces phénomènes. Peu à peu,
les observations se précisèrent, en Italie et surtout au Japon ;
mais en Europe, les études sismologiques datent à peine
d'un demi-siècle. MALLET construisit un appareil permettant
de déceler les moindres vibrations de l'écorce terrestre.
Aujourd'hui, ces appareils sont très nombreux, on les appelle
sismographes [1], ils permettent de faire connaître la direction
et l'intensité des secousses et même de les enregistrer.

Supposons un pendule très lourd suspendu au moyen d'un
fil d'acier : en raison de la masse énorme à remuer, si l'on
fait trembler le support de l'appareil, la secousse mettra un
temps assez long à se transmettre à la masse pesante. On
comprend donc que le sol pourra se déplacer au-dessous de
l'aiguille, pendant que la masse du pendule restera fixe. C'est
d'ailleurs ce que l'on constate, si l'on a soin de placer sous
l'aiguille une feuille de papier enfumé : on obtient alors un
tracé des secousses qui permet de reconstituer les mouvements du sol. Ce tracé est appelé *sismogramme*.

Les appareils actuellement en usage dans les observatoires,
sont presque tous des pendules horizontaux ou des pendules
verticaux, ceux-ci étant très longs (une quinzaine de mètres)
et très lourds (plusieurs centaines de kilos) [2]. Leur mise en
marche arrête immédiatement une horloge, ce qui donne

---

1. De *séismos*, ébranlement, et de *graphein*, écrire. Avant l'ère chrétienne, les Chinois possédaient déjà des appareils rudimentaires ; les
Japonais avaient aussi imaginé un instrument, l'*alarum* pour pronostiquer les secousses.

2. Le sismographe du *système Milne* que possède l'Observatoire de
Paris, depuis 1906, se compose de deux pendules horizontaux de
1 mètre de longueur. Le pendule droit (nord-sud) est surtout sensible
aux mouvements qui vont de l'est à l'ouest ; le pendule coudé (est-ouest)
accuse principalement les mouvements nord-sud. L'enregistrement se
fait photographiquement.

l'heure de la secousse, mais un crayon marque sur un papier une série de lignes qui renseignent sur la direction. D'ailleurs, afin qu'aucune secousse n'échappe, ce qui arriverait si la direction de la secousse se trouvait être précisément celle de la tige, on dispose ensemble deux ou trois appareils, et, en les orientant à angle droit ou à 120°, on obtient les composantes du mouvement.

Quand un tremblement de terre survient, les observatoires, situés à une grande distance, en sont avertis d'abord par de légers frémissements des appareils, que les spécialistes désignent sous le nom de *frissons préliminaires*. La pointe de l'instrument dessine sur le cylindre des zigzags qui attestent des oscillations très courtes d'une fraction de millimètre seulement, et dont la période varie entre 5 secondes et 1/10 de seconde ; puis on enregistre des secousses plus fortes. Les frissons préliminaires sont transmis par le plus court chemin, c'est-à-dire qu'ils traversent l'épaisseur du Globe, alors que les grandes secousses sont transmises par l'écorce terrestre.

Le sismographe permet de déterminer approximativement le *siège initial* du tremblement de terre enregistré. Ainsi, lors de la catastrophe récente de Messine, le sismographe enregistreur Milne du parc Saint-Maur à Paris, a inscrit un saisissant graphique avec lequel on a pu calculer la distance à laquelle s'est produit le tremblement de terre. Cette distance en kilomètres est égale à la moitié du nombre de minutes écoulées pendant la phase de vibrations préliminaires multiplié par 1 000 ; le calcul a donné 1 560 kilomètres au lieu de 1 580 qui est la distance, en ligne droite, de Paris à Messine. En somme, un sismographe permet d'indiquer qu'un tremblement de terre puissant vient de se produire et à quelle distance approximative, bien avant que les détails puissent arriver par les dépêches. C'est ainsi que le 23 janvier 1909, tous les observatoires sismographiques européens, enregistrèrent une formidable secousse que l'on attribua à un cataclysme survenu entre la Caspienne et l'Himalaya ; le 17 février seulement, les dépêches parvenues en Europe annoncèrent qu'un tremblement, le 23 janvier, avait détruit, en Perse, soixante villages, et causé la mort de plus de six mille personnes.

Ces quelques exemples suffiront à faire comprendre quel

merveilleux instrument est un sismographe; il est regrettable que la France se contente de stations assez médiocrement installées, alors que les pays étrangers ont multiplié le nombre de leurs observatoires, et doté ceux-ci de tous les appareils nécessaires.

Les tremblements de terre récents. — Les tremblements de terre survenus dans ces dernières années en Amérique, en

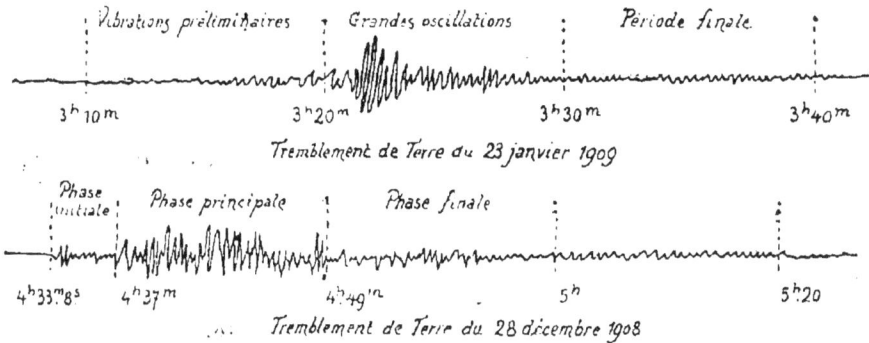

Fig. 68. — Sismogrammes obtenus à Paris lors des tremblements de terre de Messine (28 décembre) et de Perse (23 janvier 1909).

Europe et en France, ont été particulièrement désastreux et ont permis de préciser leur rôle dans l'évolution de notre planète.

Le 18 avril 1906, au matin, la ville de San Francisco s'abattit, en quelques secondes; la rupture des conduites de gaz et les courts-circuits des câbles électriques allumèrent un immense incendie qui compléta l'œuvre du sol. On estime à plus de 400 millions de dollars, la valeur financière du désastre. Le premier choc avait duré 8 secondes, le second 5 secondes, et le troisième 48 secondes; un ingénieur du gouvernement compta soixante-dix chocs entre 5 h. 16 et 8 h. 30 du matin, et reconnut que l'amplitude des vibrations à la surface du sol était d'environ 5 centimètres. Ce tremblement de terre fut ressenti en Europe : à Barcelone, à Heidelberg, à Strasbourg, à Vienne.

Le frisson sismique qui s'était fait sentir à San Francisco courut tout le long de la Cordillère montagneuse et, le 16 août de la même année, un tremblement de terre détruisit presque complètement **Valparaiso**, et ravagea le Chili central. Les premières secousses furent ressenties à 7 h. 58 du soir : le sol subit un mouvement bien caractérisé, dont l'amplitude était de 1 décimètre et la période une demi-seconde environ. Toute la partie basse de Valparaiso construite sur des alluvions a été particulièrement éprouvée : Santiago, fut aussi très gravement endommagée. Ainsi, dans l'espace de quatre mois, trois villes importantes, trois métropoles pour ainsi dire, furent, en Amérique, victimes des convulsions du Globe. Pendant le dix-neuvième siècle, il y eut, en Californie, dix tremblements de terre sérieux et, en 1868, une partie de San Francisco avait déjà été détruite ; la cité, relevée rapidement, avait multiplié les monuments de dix à douze étages qui s'écroulèrent en 1906. Sur le littoral de l'Amérique du Sud, les tremblements de terre ont toujours été très fréquents et très désastreux. La ville de Lima a été détruite onze fois depuis le seizième siècle.

Dans l'Amérique centrale et au Mexique, les tremblements de terre sont si fréquents qu'on peut les considérer comme journaliers sur le rivage occidental. La vallée de San Salvador est soumise à des oscillations si continues que les naturels du pays lui ont donné le nom caractéristique de « Cuscutlan » qui signifie hamac. En 1909, un tremblement de terre d'une certaine gravité se fit sentir au **Mexique**, détruisit les villes de Cilpanango et de Cilape, en causant la mort de plusieurs centaines de personnes.

En Italie, dans l'espace de trois années (1905-1908), deux secousses terribles, surprenant en pleine activité des cités entières, ont semé, en *Calabre* et en *Sicile*, l'épouvante, la désolation, la mort. Le 8 septembre 1905, à 2 h. 50 du matin, une immense clameur s'élevait d'un bout à l'autre de la malheureuse Calabre ; en quelques secondes, la chose horrible était accomplie. Les trois provinces de Cosenza, Catanzaro, Reggio, étaient douloureusement éprouvées, avec maximum de dégâts à Monte-Leone-de-Calabre où, sur quarante-six communes, quarante-deux étaient détruites. Dans les jours qui suivirent, deux cents villes ou villages se trouvèrent privés de nourriture et de vêtements : la misère fut épouvantable.

L'horrible cauchemar commençait à disparaître de l'Italie méridionale quand, dans la nuit du 27 au 28 décembre 1908, un nouveau tremblement de terre dévastait une partie de la Sicile et de la Calabre. *Reggio*, Messine, *Palmi* et les villages épars au bord de la mer n'étaient plus, au moment de la catastrophe, qu'un épouvantable monceau de ruines; cent cinquante mille personnes écrasées et brûlées gisaient sous les décombres croulants et fumants. « Et quand, au matin, le jour se leva sur le lieu du sinistre, au fracas des murs qui s'éboulent, aux cris d'horreur et aux gémissements des victimes, aux crépitements sinistres de la Terre en convulsion, avait fait place le grand silence plein d'angoisse, plein de terreur, là où l'irréparable venait de passer. Jamais les forces indomptées de la Nature n'avaient accablé si durement l'Italie méridionale; et vingt-trois secondes suffirent pour que dix villes s'effondrent et pour que Messine, dans le grand livre

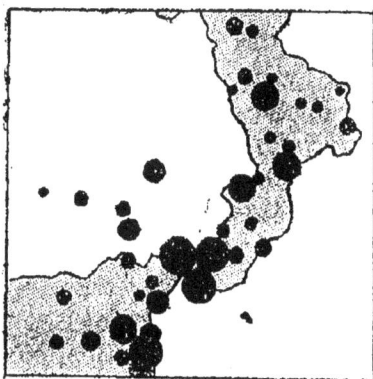

Fig. 69. — Sismicité de l'Italie méridionale. Le diamètre des cercles est d'autant plus grand que la fréquence des tremblements de terre est plus grande. (D'après M. de Montessus de Ballore.)

noir des malheurs du monde, vînt prendre la place d'honneur, celle de Pompéi[1]. » Pendant que les édifices s'écroulaient, la mer, qui s'était d'abord retirée du rivage, revenait furieuse et déchaînée, se ruait à l'assaut de la ville, balayait impitoyablement ceux qui avaient miraculeusement échappé à la mort. La zone la plus éprouvée, la *zone épicentrale*, se trouve juste dans le détroit de Messine : son axe a 40 kilomètres et toutes les villes comprises dans cet espace (Messine, Reggio) ont été détruites. Les observations de M. Ricco, directeur de l'observatoire de Catane, ont montré que tout autour de cette

1. G. Eisenmenger. *Les Tremblements de Terre*. 1 vol. in-32, p. 49. Paris, Alcan, 1910.

zone épicentrale se trouvent des zones concentriques dans lesquelles l'intensité des secousses a été de plus en plus faible : à Cosenza, les secousses étaient extrêmement fortes ; à Syracuse, très fortes ; à Termini, fortes ; à Palerme, médiocres ; au delà, elles ne furent plus sensibles qu'aux sismographes. Le raz de marée a été sensible sur la côte occidentale de la pointe calabraise et sur la côte méridionale jusqu'à Gerace, puis sur les côtes de la Sicile jusqu'à Termini et Syracuse ; la vague avait 2 m. 30 à Messine, 3 m. 80 en Calabre, 6 mètres au pied du rocher de Taormine. Dans le détroit de Messine, le contour des côtes a été modifié, et la mer s'est approfondie.

La France est un pays privilégié au point de vue de la stabilité de son sol : pourtant, il faut en excepter le littoral méditerranéen compris entre l'embouchure du Rhône et la frontière italienne. Cette région, déjà endommagée en 1887, fut fortement secouée le 11 juin 1909, de Marseille à Vintimille ; trente communes ont été affectées, et l'on compta un grand nombre de victimes dans la région d'Aix et en Provence. Le point le plus atteint fut Rognes : le mouvement alla en s'atténuant jusqu'à Gap, Nice, Montpellier. Les secousses se continuèrent en Provence jusqu'à la fin de 1909.

Géographie sismique. — Un fait qui domine dans l'histoire des tremblements de terre, c'est qu'ils ne se font pas également sentir sur tous les points du Globe. Un éminent sismologue français, M. DE MONTESSUS DE BALLORE, après avoir étudié 171 434 tremblements de terre, est arrivé à cette conclusion que les secousses ne se produisent, pour ainsi dire, que le long de deux étroites zones, nettement limitées. L'une, partant des îles de la Sonde, embrasse l'Himalaya, l'Asie Mineure, les rives de l'Adriatique, l'Italie, les Alpes, les Pyrénées, l'Algérie, l'Andalousie, le Portugal méridional ; l'autre zone comprend les deux rives du Pacifique, c'est-à-dire le bord ouest des Amériques, depuis les Aléoutiennes jusqu'au cap Horn, et, de l'autre, le Kamtchatka, le Japon, les Philippines, la Nouvelle-Guinée. Dans la première de ces zones, il s'est produit, reconnaît M. de Montessus de Ballore, 90 126 tremblements de terre, soit 52,5 p. 100 des secousses connues, et, dans la seconde, 66 026, soit 38,5 p. 100. Ces deux bandes réunissent donc à elles seules 91 p. 100 des tremblements de terre du monde entier.

Nous ne nous attarderons pas à donner des exemples de la sismicité des pays compris dans ces deux grandes zones. Nous dirons simplement qu'au Japon, d'après les rapports fournis par les directeurs des observatoires, il s'est produit, de 1885 à 1897, 17 750 tremblements de terre.

Phénomènes sismiques et phénomènes éruptifs. — On ne peut manquer d'être frappé de ce fait que la bande à violents tremblements de terre est exactement la bande où les éruptions volcaniques sévissent avec le plus d'intensité. *Il y a coïncidence entre les zones sismiques et les zones éruptives.* Or, nous avons vu que les volcans jalonnent les grandes cassures de l'écorce terrestre, le bord des aires effondrées, en un mot trahissent les points faibles de l'écorce du Globe. Les grands tremblements de terre, ceux de San-Francisco, de Messine, en particulier, se sont produits le long de lignes de cassures ou *failles*, et il devient naturel de penser que les tremblements de terre peuvent être dus au déplacement relatif brusque des segments rocheux dont la croûte terrestre est constituée. D'autre part, les tremblements de terre se produisent dans les zones appartenant aux derniers plissements montagneux comme le montre la fig. 70; de sorte qu'en résumé on peut dire : *les phénomènes sismiques et les phénomènes éruptifs sont liés aux phénomènes orogéniques.*

Théorie tectonique des tremblements de terre. — La phrase précédente renferme, dans son extrême concision, un grand enseignement: le tremblement de terre et le volcan dérivent d'une cause unique ; *le tremblement de terre est une phase de la formation des chaînes de montagnes.*

La théorie tectonique des tremblements de terre n'a pu s'établir qu'à la suite des progrès considérables réalisés depuis une vingtaine d'années dans le domaine de la Géologie. Elle est due au grand géologue autrichien Suess qui l'énonça après l'étude des tremblements de terre de l'Autriche et la confirma par l'étude des secousses sismiques survenues dans

17

l'Italie méridionale, les Alpes, la Hongrie, la Croatie. Elle a

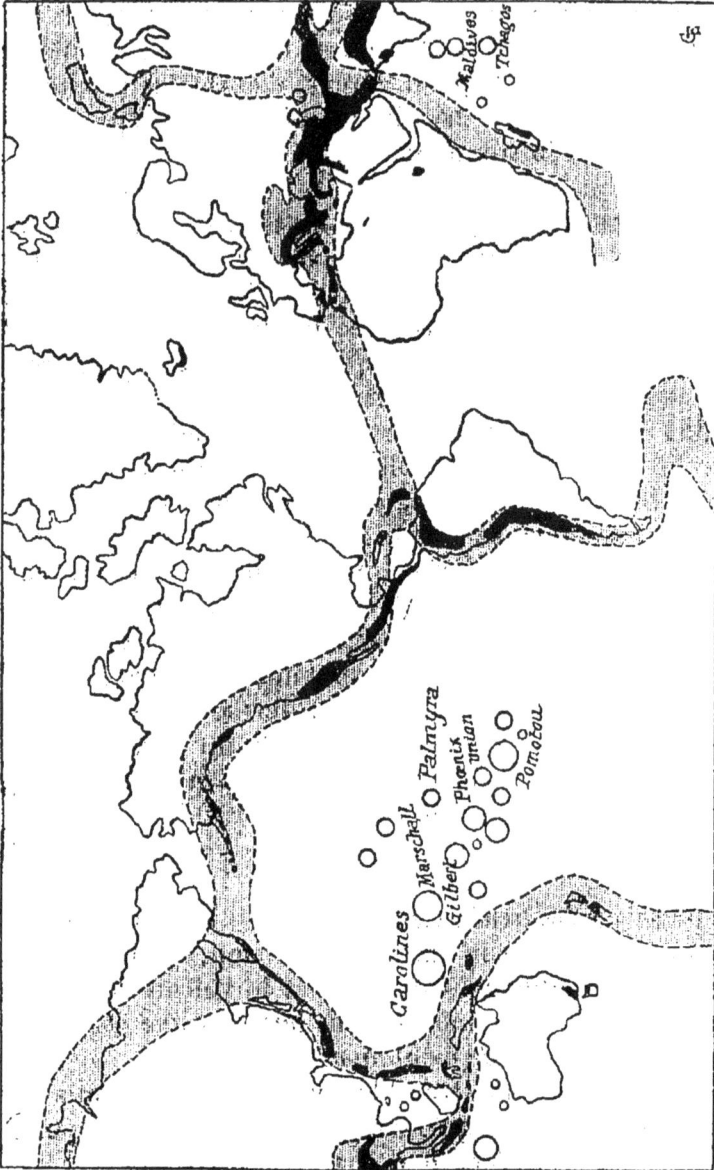

Fig 70. — Carte montrant la répartition des tremblements de terre et leurs relations avec les derniers plissements montagneux (en gris). *Comparer avec la carte de répartition des volcans.* Les cercles représentent l'emplacement des principaux groupes d'atolls; leur diamètre est proportionnel au nombre de ceux-ci.

l'avantage de rattacher le double phénomène du volcanisme et de la sismicité au problème de la formation orogénique du

Globe. « Sous l'action des pressions latérales, dont le relief terrestre fournit l'évidente démonstration, dit A. DE LAPPARENT, l'écorce solide, dans ses parties superficielles, est soumise à des efforts de tension et de compression qui ne peuvent manquer de provoquer, de temps à autre, des ruptures d'équilibre ; de là des plissements, parfois des cassures avec déplacement et glissement des parois, qui déterminent dans le sol un ébranlement capable de se propager à une distance plus ou moins grande. »

On comprend très bien pourquoi l'intensité du phénomène est à son maximum au voisinage des lignes de relief de récente formation : les anciennes chaînes n'en sont pas exemptes, car l'action orogénique n'y a pas dit son dernier mot : le plissement de la chaîne des Alpes s'accentuerait encore de nos jours. D'ailleurs, après un grand nombre de tremblements de terre, il s'est produit à la surface du sol des changements topographiques tels que s'ils se renouvelaient souvent, ils arriveraient à modifier complètement l'aspect d'une région. Après le sisme d'Agram (Alpes autrichiennes 1880-1885), les points trigonométriques de 1879 se trouvèrent relevés de 0 m. 25 à 2 m. 50.

Les tremblements de terre sont dus à deux sortes de mouvements : des *mouvements verticaux* et des *mouvements tangentiels* ou de plissement. Ces derniers sont les plus fréquents ; quant aux premiers, ils se produisent surtout aux arêtes de rebroussement des plis : les sismes de l'Inde sont presque tous localisés dans les angles où s'opère la jonction de l'arc himalayen, d'une part avec l'arc iranien, et, d'autre part, avec l'arc malais. En général, partout où il y a fracture, il faut s'attendre à ressentir des tremblements de terre. Ainsi, le fossé rhénan entre Bâle et Mayence a été fréquemment ébranlé par des secousses sismiques ; il en est de même du Canal calédonien, en Écosse, et de la grande cassure indiquée par les lacs africains, la mer Rouge, la vallée du Jourdain avec centres d'ébranlement dans le Liban et le plateau d'Abyssinie.

Enseignements fournis par les récents tremblements de terre. — Les tremblements de terre de ces dernières années, ont été des preuves de plus en faveur de la théorie tectonique [1]. En *Cali-fornie* (1906), le long d'une ligne de dislocation de 600 kilomètres, qui a rejoué sur 300 kilomètres, deux « blocs » terrestres se sont déplacés. Le déplacement horizontal a pu atteindre 5 mètres ; quant au déplacement vertical, il n'a pas dépassé 1 m. 20. Les fosses profondes qui existent à peu de distance des côtes américaine et asiatique du Pacifique, indiquent un compartiment effondré : le quart des sismes survenus dans cette région du Globe s'y trouvent localisés. Lors du tremblement de terre de *Valparaiso*, la côte chilienne s'est

Fig. 71. — La grande faille qui a rejoué en 1906 et causé le tremblement de terre de San-Francisco.

exhaussée de 80 centimètres à Zapallar. Les nombreuses secousses qui surviennent de l'Alaska à la Patagonie, le long du rivage américain, indiquent que, dans les profondeurs du sol, le relief est en voie d'évolution.

Les tremblements de terre de *Sicile* et de *Calabre* (1905 et 1908), survenus dans les pays les plus jeunes de l'Europe, indiquent que ces régions n'ont pas achevé leur évolution orogénique. Il y a peu de temps encore, la Sicile et la Calabre étaient soudées ensemble et le détroit de Messine a été formé, non par la faux de Saturne comme le veut la légende, mais par un effondrement d'une portion de territoire : c'est cette faille qui a rejoué le 28 décembre 1908. Un déplacement de quelques décimètres, de quelques centimètres même, suffit à produire un de ces sismes si désastreux que l'histoire enregistre depuis deux mille ans dans cette région.

En *Provence* (1909), les villages atteints se trouvent tous sur une faille. Ce tremblement de terre est lié à un mouvement pyrénéen. La Provence, en effet, a subi son plissement

1. Voir G. EISENMENGER. Les Tremblements de Terre en !Amérique. *La Science au XX⁰ siècle*, 1907. Le Sort de la Calabre. *Id.*, 1905.

de surface en même temps qu'apparaissaient les Pyrénées :
les deux régions étaient primitivement raccordées à travers le
golfe du Lion. Au contraire, le tremblement de terre des
Alpes-Maritimes (1887), fut un moment dans l'histoire géologique des Alpes liguriennes, dont l'instabilité et les mouvements orogéniques se propagent aux Alpes-Maritimes. Les
travaux des géologues italiens Mercalli, Taramelli, Issel,

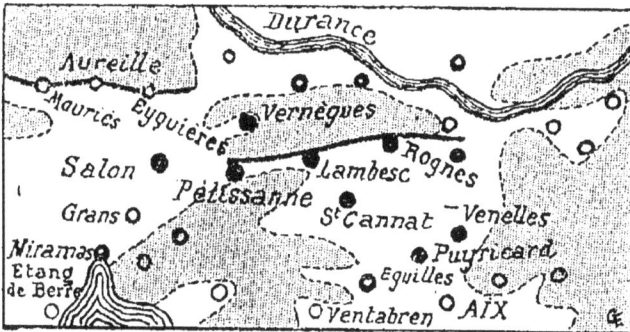

Fig. 72. — Relations entre le tremblement de terre de Provence (1909) et
les fractures du sol. Le grisé indique les massifs calcaires. Les dégâts,
en chaque localité, ont été d'autant plus graves que le point qui le
représente est plus noir. (D'après M. P. Lemaine.)

ont montré que les Alpes liguriennes et les Apennins n'ont
pas achevé leur soulèvement.

Les récents phénomènes sismiques survenus dans le bassin
méditerranéen, permettent-ils de prévoir ce qui se produira
dans la suite? Peut-être se produira-t-il ce que l'histoire du
Globe nous apprend pour les Méditerranées anciennes. Il a
existé, jadis, en Asie, une mer intérieure analogue à notre
Méditerranée européenne et dont l'histoire plus avancée peut
nous renseigner dans une certaine mesure; cette mer, pro-
longeant notre Méditerranée vers l'est, allait de l'Arménie
en Perse, suivait l'Himalaya et couvrait l'emplacement actuel
des chaînes birmanes. Sur l'emplacement de cette mer, se
sont dressées les chaînes de 8 000 mètres que nous voyons
aujourd'hui; la suture s'est faite entre les deux massifs continentaux au Nord et au Sud, et l'Asie est devenue le continent unifié d'aujourd'hui. Peut-être, un jour, l'Europe se sou-
dera-t-elle à l'Afrique?

Les tremblements de terre non tectoniques. — Tous les tremblements de terre n'ont pas la même importance au point de
vue de l'évolution du Globe ; ils n'ont pas tous la même origine. Les uns sont en relation très nette avec les éruptions
volcaniques, les autres sont dus à des affaissements ou à des
glissements consécutifs à un délayage de certaines couches
comme les argiles.

Les *tremblements de terre d'origine volcanique* sont très locaux et n'agitent généralement que le volcan ou la région qui
lui est immédiatement voisine. L'ébranlement est dû à des
gaz qui, portés à une haute tension, se dilatent subitement et
rompent l'équilibre. La première grande éruption du Vésuve
(79 ans ap. J.-C.), fut annoncée par de violentes secousses qui
détruisirent même une partie de Pompéi et d'Herculanum ; il
en fut de même en 1906. L'île Hawaï, où se dresse le gigantesque Mauna-Loa, est fréquemment agitée par des tremblements de terre ; les secousses préludant la formidable éruption
de 1868, causèrent la mort de plusieurs centaines d'habitants.

Les *tremblements de terre dus à des affaissements* sont très
fréquents. L'effondrement de cavernes formées à l'intérieur
du sol par la circulation des eaux (sources salines de la région
bâloise, source du Valais et de Louèche, en Suisse, régions
calcaires des Alpes autrichiennes : Laibach) ; le glissement
d'une partie montagneuse sur une couche d'argile délayée
(Rossberg, 1806 ; Chablais, 1867 ; Pérou) ; les tassements produits dans les régions creusées de galeries de mines (Pas-de-
Calais, etc.), sont les causes les plus fréquentes de ces ébranlements du sol.

Indépendance des phénomènes sismiques et des phénomènes éruptifs. — La production des secousses sismiques dans les régions déjà le théâtre des éruptions volcaniques, avait fait reconnaître, à ces deux ordres de phénomènes géologiques, une
cause commune : la fluidité du noyau central terrestre. L'eau
marine, disait-on, en s'infiltrant dans le sol, passe à l'état de
vapeur et celle-ci, en exerçant une pression considérable sur
la masse en fusion la sollicite à s'épancher au dehors. « Tout,
dans les tremblements de terre, disait DE HUMBOLDT, semble
indiquer l'action de fluides élastiques cherchant une issue

pour se diffuser dans l'atmosphère ». Les secousses sismiques seraient des éruptions avortées. Cette explication parut si naturelle que pendant longtemps les titres *volcans* et *tremblements de terre* ont été inséparables.

Pourtant, cette *théorie* dite *explosive* laissait bien des questions sans réponse. Pourquoi le tremblement de terre si violent d'Ischia, ne fut-il accompagné d'aucune éruption? Pourquoi les nombreux orifices volcaniques de l'Etna, du Stromboli, du Vulcano et même du Vésuve, ne servent-ils pas de soupapes de sûreté pour diminuer l'intensité des secousses sismiques dans l'Italie méridionale? Comment expliquer les tremblements de terre qui surviennent en Allemagne, en Autriche, dans le Portugal, pays qui n'ont pas de volcans? Une enquête faite au Japon où il n'existe pas moins de trente-cinq volcans et mille stations d'observations et dont le sol est constamment soumis à des secousses sismiques, a fait éclater l'indépendance complète des tremblements de terre relativement aux éruptions volcaniques : les régions de grande fréquence ne sont pas celles où existent les volcans en activité. On a donc eu tort de voir une sorte de balancement entre les phénomènes sismiques et les phénomènes éruptifs, et les théoriciens perdirent leur temps quand ils cherchèrent lequel de ces deux ordres de phénomènes est la cause de l'autre.

Les théories nouvelles. — La théorie tectonique nous a présenté les tremblements de terre et les éruptions volcaniques comme des contre-coups de la production des montagnes. M. DE MONTESSUS DE BALLORE a montré dans un important ouvrage [1], où il a passé en revue les aires continentales, que les secousses sismiques sont localisées dans les zones plissées, plutôt que dans les zones disloquées, dans les chaînes montagneuses récentes, ou, en avant de celles-ci, dans des zones où l'on peut s'attendre à voir surgir des plissements futurs. Pourtant, il ne faudrait pas rejeter purement et simplement toute relation entre les phénomènes sismiques et les phéno-

1. F. DE MONTESSUS DE BALLORE. *Géographie séismologique.* 1 vol. in-8, 475 p., 89 fig., 3 pl. Paris, Colin, 1906.

mènes éruptifs, car là où il y a, en même temps, zone faible, zone plissée, zone sismique et zone volcanique, ce qui est le cas le plus ordinaire, tous ces caractères semblent bien être corrélatifs. Pour quelques sismologues, un grand nombre de tremblements de terre ne seraient pas dus au jeu des compartiments de l'écorce le long des lignes de cassures, mais tremblements de terre et failles seraient des manifestations simultanées d'une seule et même cause, ayant une origine plus profonde et distincte de celle qui a présidé à la formation du relief [1].

Les phénomènes sismiques et l'état interne du Globe terrestre. — Les sismographes, par les courbes sinueuses qu'ils tracent, ont non seulement montré que la croûte terrestre est en agitation perpétuelle, mais sont venus fournir de précieuses indications sur la constitution interne de la Terre. En comparant l'heure d'inscription des frissons préliminaires avec l'heure du tremblement de terre, on constate que ces vibrations cheminent à travers le Globe avec une vitesse moyenne de 10 kilomètres par seconde. Or, l'observation directe des secousses à la surface de la Terre n'a jamais donné plus de 800 mètres par seconde. Les frissons préliminaires ne se

1. C'est l'opinion à laquelle se sont ralliés plusieurs géophysiciens, parmi lesquels GERLAND peut être regardé comme un précurseur ; dès 1897, ce savant considérait les tremblements de terre comme produits par l'explosion de gaz souterrains. A l'endroit où la matière intérieure change d'état, il se produit des dégagements gazeux qui pénètrent dans l'écorce. Actuellement, on tend à rapporter le plus possible aux causes physico-chimiques les phénomènes étudiés par la physique du Globe. TAMMANN, en se basant sur ce que la variation du point de fusion, en raison de l'augmentation, passe par un maximum et s'accompagne de dilatations décroissantes, regarde la cristallisation de la Terre comme produisant, vers la périphérie, des tensions superficielles considérables. Le professeur SIEBERG, de Strasbourg, admet même des explosions périodiques de cristallisation capables de produire des secousses sismiques accompagnées de dislocations (*Théorie cristalline*). M. l'abbé MOREUX, directeur de l'Observatoire de Bourges, compare la Terre à un condensateur électrique (armature externe : atmosphère ; armature interne : noyau central) et considère que si les charges électriques d'origine solaire diminuent, il y a tendance à la contraction, phénomènes de tassement et tremblements de terre (*théorie électrique*).

transmettent donc pas par l'écorce, mais par le chemin le plus court, en traversant le noyau central; dès lors, 22 minutes leur suffisent pour franchir le diamètre terrestre. Pour voyager avec une telle vitesse, il faut que le Globe ait une constitution toute spéciale : le calcul montre que sa rigidité doit être au moins deux fois plus grande que celle de l'acier trempé.

Ce résultat n'est pas en désaccord avec la notion du noyau terrestre liquide, car il ne faut pas confondre *solidité* avec *rigidité*. Les liquides ou même les gaz acquièrent, par compression, la rigidité des solides [1] et l'on peut admettre que l'intérieur de la Terre se compose d'un noyau liquide incandescent ou plutôt d'un noyau gazeux à très haute pression.

II. Les mouvements lents de l'écorce terrestre. — Indépendamment des mouvements brusques ou *sismes* — lesquels peuvent être d'intensité très faible et mériter la dénomination de *microsismes* — l'écorce terrestre est soumise à des oscillations d'une lenteur extrême, à une sorte de balancement : il en résulte qu'au bout d'un certain temps, le sol s'est exhaussé en un point et affaissé en un autre. Ces déplacements, difficiles à apprécier à l'intérieur des terres, deviennent manifestes par le *déplacement des lignes de rivage*. En de nombreux endroits, la mer avance et recouvre d'anciennes plages; parfois aussi la mer abandonne le continent et les plaines sous-marines émergent au-dessus du niveau de la mer. Depuis longtemps la question s'est posée de savoir si ces mouvements étaient dus à des oscillations lentes des mers ou des continents; aussi a-t-on proposé de se servir de termes n'impliquant aucune solution préconçue; l'invasion de la terre

---

1. A l'intérieur de la Terre, la pression augmente avec la profondeur et il n'est pas exagéré de dire qu'à 70 kilomètres de la surface, il règne une pression de 20 000 atmosphères. Mais déjà, en cette région, la température dépasse 2 000°; c'est plus qu'il n'en faut pour contre-balancer les effets de ces pressions formidables. Tous les corps ont donc les conditions requises pour être liquides ou gazeux et acquérir la rigidité exigée par la théorie; autrement dit, la lave se trouve dans des conditions de résistance et de continuité moléculaire très supérieures à celles de tous les corps connus à la surface du Globe.

ferme par la mer constitue un *déplacement positif*, le contraire, un *déplacement négatif* (Suess) ; on peut aussi employer les mots plus clairs de *submersion* et *d'émersion*.

Mouvements positifs. Phénomène de submersion. — Le phénomène de submersion paraît se produire principalement dans les latitudes moyennes et voisines de l'équateur, notamment sur les côtes néerlandaises et françaises, sur les rivages méditerranéens, dans le bassin du Pacifique, etc. Ce phénomène est très net aux Pays-Bas où la fixité du littoral est assurée par les digues que l'homme a élevées sur les points les plus menacés ; le mouvement d'affaissement présente son maximum à l'embouchure du Rhin, de la Meuse et de l'Escaut[1]. Au sixième siècle, Jersey, qui est actuellement une île, n'était séparée de Coutances que par un ruisseau ; d'après les traditions locales, une vaste forêt s'étendait entre les îles Chausey et le Mont-Saint-Michel, lequel, au huitième siècle, se trouvait à 10 lieues à l'intérieur des terres. La baie de Douarnenez était jadis occupée par une ville florissante, la ville d'Ys, aujourd'hui submergée, et vers laquelle convergent et plongent plusieurs routes romaines. Le littoral de la Gascogne a aussi reculé, car le phare de Cordouan se trouve avoir avancé de 2 kilomètres en mer depuis 1650 ; il en est de même du littoral provençal, car à 2 kilomètres du rivage, dans le golfe de Fos, on trouve des restes d'une occupation romaine. Dans l'Archipel, un pont romain de 1 000 mètres de longueur, reliant jadis Leucade au continent, est aujourd'hui submergé (P. Negris). Enfin, bien souvent les vallées se continuent sous les eaux ainsi que le montrent les courbes bathymétriques ; c'est le cas présenté pour les fjords norvégiens, les lochs marins de l'Écosse, les vallées bretonnes et les découpures de la côte dalmate.

Mouvements négatifs. Phénomène d'émersion. — Le phénomène d'émersion a surtout été observé dans les hautes latitudes ;

---

1. En Zélande, le temple de la déesse Nehalennia, bâti au troisième siècle dans l'île de Walcheren, est aujourd'hui complètement caché sous les flots ; on le vit bien en 1647, époque où, par suite d'une violente tempête, il apparut un instant aux yeux stupéfaits des riverains.

dans la mer Baltique, en Scandinavie, sur des terres voisines du pôle Nord, dans la partie méridionale de l'Amérique du Sud. Les mouvements de la Scandinavie sont attestés par l'existence de terrasses de gravier, qui s'étagent le long de la côte et qui indiquent les places successives où les alluvions sont venues se déposer et les terrasses que la mer a successivement creusées dans la falaise. Des observations analogues ont été faites en Islande, au Groenland : on a trouvé au nord de l'Amérique, dans le détroit de Barrow, à 300 mètres d'altitude, des coquilles d'espèces vivant actuellement dans la mer : les faits d'émersion sont fréquents dans la région canadienne. Sur les côtes du Chili et de la Patagonie, de nombreuses terrasses s'élèvent à plus de 200 mètres. Dans les latitudes moyennes et basses, des mouvements négatifs ont été observés sur les côtes écossaises, sur les côtes du Poitou [1], sur divers points du littoral méditerranéen (île de Crête, rivages de l'Anatolie et de l'Afrique saharienne, etc.), dans les Grandes Antilles et sur la côte orientale d'Afrique.

Le plus souvent, en un lieu donné, on trouve les preuves d'une série d'émersions et de submersions ; c'est ce que l'on a constaté sur le littoral de la Belgique, de la Flandre, de la Syrie et de la Palestine, de la Chine, de la Nouvelle-Zélande, de l'Australie. On cite généralement le cas du *Temple de Sérapis*, près de Pouzzoles, où les colonnes de marbre, de 3 mètres à 6 mètres à partir du pied, sont criblées de trous creusés par des mollusques marins. La côte s'est affaissée (de l'époque romaine au seizième siècle), puis s'est soulevée [2] ; actuelle-

---

1. Il y a deux mille ans, l'entrée du golfe du Poitou avait 40 kilomètres de large ; aujourd'hui, ce golfe se réduit à la modeste anse d'Aiguillon. La Rochelle qui, jadis, fut bâtie sur un rocher complètement isolé dans la mer, fait aujourd'hui partie de la terre ferme. Un ancien port de commerce, Brouage, est aujourd'hui éloigné de la mer.

2. Le phénomène remarqué au temple de Sérapis ne peut être attribué au voisinage du foyer volcanique du Monte Nuovo, comme le pensait SUESS, car on le constate sur tout le littoral napolitain, peut-être même jusqu'à Rome. Il s'agit donc d'un mouvement oscillatoire d'ensemble qui comprend de longs repos séparés par des périodes d'activité assez courtes. Le littoral était plus élevé à l'époque romaine. A Capri, les constructions de Tibère se trouvent aujourd'hui à 6 mètres au-dessous du niveau

ment, la base des colonnes est de nouveau dans l'eau, ce qui indique un nouveau mouvement d'affaissement.

Ainsi, la mer est soumise à des alternatives d'avancée (*transgressions*) et de recul (*régressions*). Il en fut ainsi au cours des âges disparus, et toute l'histoire géologique montre que les mers se sont déplacées à la surface du Globe et que toutes les régions de notre planète ont été, à différentes reprises, recouvertes par les eaux marines.

Transgressions et régressions marines. — Comment reconnaît-on qu'en un point donné, il y a eu succession d'avancées et de reculs de la mer ? Cette étude ne peut évidemment se faire que par l'examen des terrains entassés au point considéré. On se base sur l'absence d'un terme dans la série normale des terrains, la corrosion ou l'altération à la limite de deux termes, l'intercalation de couches d'origine continentale entre deux séries marines, la présence d'un conglomérat formé au détriment des couches sous-jacentes (conglomérat de base). On a pu ainsi reconnaître l'existence ancienne de grandes transgressions, telle celle qui, vers la fin de l'ère secondaire, envahit l'Europe et l'Afrique, de la Norvège ou lac Tchad, et s'étendit de la Meseta ibérique à la Sibérie et à l'Inde. Les grands mouvements de la mer, restés longtemps inaperçus, se montrent capables de fixer, dans l'histoire du Globe, des dates assez étroitement définies.

L'étude des transgressions et des régressions marines a permis de reconnaître que *ces phénomènes sont simultanés de part et d'autre de l'équateur, qu'ils ne sont pas localisés en latitude et qu'ils ne sont pas universels.* Dès lors, il faut voir dans le déplacement des lignes de rivage, non une variation de niveau marin, mais une oscillation locale du sol.

Les oscillations de l'écorce terrestre. — La reconstitution, par M. DE GEER (1896), des événements qui se sont passés en

---

de la mer. Cet affaissement se produisit au début du moyen âge jusque vers le douzième siècle, où Naples s'était abaissé d'environ 10 mètres. Puis il y eut un relèvement, mais de 6 mètres seulement pour Naples ; de 3 m. 60 à 8 mètres pour Capri.

Scandinavie après la période glaciaire, jointe aux résultats de
même ordre obtenus par M. W. Ramsay (1898), pour la Finlande et la presqu'île de Kola, a mis en évidence la corréla-
tion entre les invasions marines et les affaissements répétés
du massif finno-scandinave. *Les transgressions et les régressions de la mer quaternaire du nord de l'Europe sont dues aux
oscillations positives et négatives du massif finno-scandinave.*
Ce massif constitue une *aire de surélévation*, c'est-à-dire une
région où les axes de toute une zone de plissements sont
portés à une altitude supérieure à celle qu'ils occupent dans
les autres parties de la même zone, ou *aires d'ennoyage*. L'histoire géologique du massif Armoricain, du Plateau Central,
de l'Ardenne, qui sont aussi des aires de surélévation, montre
que cette conclusion peut être généralisée. Enfin, l'étude com-
parative de la Scandinavie et du Canada montre que *les mouvements des aires de surélévation appartenant à une même
zone de plissements sont synchroniques.*

Phénomènes épirogéniques. — Les oscillations verticales des
aires continentales ont été désignées, par le géologue américain Gilbert, sous le nom de *mouvements épirogéniques* (du
grec *épeiros*, continent). Les continents ne sont eux-mêmes
que les parties surélevées des anciennes zones de plissement.
Ces surélévations se produisent suivant des lignes orthogo-
nales par rapport aux directions principales des plissements,
de telle sorte que les *mouvements épirogéniques ont une direction orthogonale aux mouvements orogéniques.* Les uns et les
autres ont une origine commune : le refroidissement du
Globe terrestre.

L'étude des phénomènes éruptifs et des phénomènes de
dislocation nous a montré le lien qui unit ces deux ordres
de phénomènes et comment les uns et les autres sont une
conséquence de la formation des chaînes de montagnes.
D'autre part, l'étude des mouvements lents de l'écorce terrestre nous conduit à celle des phénomènes orogéniques et de
l'évolution des continents ; ce sont donc ces questions que
nous envisagerons dans notre prochaine conférence. Rete-
nons que les phénomènes de dislocation et les phénomènes

sismiques ne sont qu'un détail essentiel, une conséquence absolument logique de la structure de notre planète : notre Globe ne saurait exister sans éruptions volcaniques et sans tremblements de terre. Les mouvements dont la croûte terrestre est actuellement le siège ne sont pas autre chose que la suite de ceux qui, au cours des âges, ont donné naissance aux rides montagneuses et aux aires continentales.

ONZIÈME CONFÉRENCE

LES PHÉNOMÈNES TECTONIQUES
CHAINES DE MONTAGNES ET CONTINENTS — LE MONDE
PHYSIQUE A TRAVERS LES AGES

I. La formation des chaînes de montagnes est une conséquence du refroidissement terrestre. — Constitution et
sens géologique d'une chaîne de montagnes. — Les montagnes dans le Temps et l'Espace. — Phénomènes orogéniques. — Phénomènes de plissement. — Phénomènes
de charriage. — Comment se forme une chaîne de montagnes. — Phénomènes d'effondrement. — Résultats des
phénomènes de dislocation et des phénomènes d'origine
externe. — II. Le monde physique à travers les âges :
continents, mers, zones de plissement. — Tableau de
l'évolution du monde physique.

1. Nouvelles conséquences du refroidissement terrestre. Les phénomènes tectoniques. — Les conférences précédentes nous ont
appris que le noyau interne se refroidit lentement et, par
suite, diminue de volume. A cette contraction — qu'accentuent encore les pertes subies par la masse en fusion à la
suite d'émissions de matières éruptives à travers l'écorce —
nous avons rattaché les *soulèvements* et les *affaissements
lents*, ainsi que les *tremblements de terre* qui ne sont autres
que des épisodes violents de cette lente diminution du noyau
terrestre.

La contraction du noyau central entraîne un contact irrégulier entre l'écorce solide et la masse ignée; la croûte
terrestre présente alors un excès d'ampleur et, pour rétablir

l'équilibre rompu, elle subit un resserrement, un plissement, tel un vêtement trop large sur un corps amaigri. Les plissements s'accompagnent de *cassures* ; celles-ci délimitent à la surface de la Terre des compartiments, d'où *effondrements*. C'est l'ensemble de ces phénomènes que, dans cette conférence, nous étudierons sous le titre de *phénomènes tectoniques*[1].

L'activité interne ne se borne donc pas à former les richesses naturelles que l'industrie humaine va chercher dans les profondeurs du sol (conf. III), à nous faire assister aux phénomènes grandioses des éruptions volcaniques et des tremblements de terre (conf. IX et X), mais encore elle s'attache sans relâche à modifier lentement le relief de notre planète. Tandis que les forces externes — l'action de l'eau principalement — détruisent les parties hautes du sol et comblent les dépressions, tendant partout à niveler les terrains, les forces souterraines tendent à détruire cet état d'équilibre en modifiant le relief de la Terre par l'édification des chaînes de montagnes.

Le problème de la formation des montagnes est un des problèmes capitaux de la Géologie ; la connaissance des rides montagneuses et de leur formation successive à travers les âges permet seule de coordonner les traits complexes de l'histoire de la Terre, de grouper les phénomènes et de reconstituer les grandes lignes des géographies anciennes.

Constitution des montagnes. — Les montagnes qui forment les grandes chaînes du Globe sont constituées par des roches éruptives (granite, etc.) et par des dépôts de sédiments. Tan-

---

1. La *tectonique* dévoile l'architecture des reliefs terrestres. Son développement est très récent, car l'existence des dislocations est restée longtemps insoupçonnée. De Saussure avait bien remarqué les plissements, mais il les considérait comme des exceptions. Thurmann, en 1830, décrivit les plis si réguliers du Jura, et depuis cette époque, les Alpes, les Appalaches, l'Himalaya ont livré les secrets de leur structure. Les dislocations des couches géologiques ne sont pas les seuls indices des mouvements du sol, car il existe des mouvements d'ensemble indépendant des dislocations proprement dites. Pour désigner à la fois ces deux genres de mouvements du sol, on a proposé le terme de *diastrophisme*.

dis que, en pays de plaines, les roches éruptives sont généralement localisées dans la profondeur du sol, et les sédiments disposés en couches horizontales; ces roches se
présentent en montagnes, sous forme de massifs s'élevant
au-dessus des terres environnantes et en couches parfois
singulièrement plissées et contournées. Cette disposition
fait penser que des pressions très fortes, agissant sur les
sédiments déposés au fond des eaux en couches horizontales,
ont forcé les couches à se plisser et à se soulever à la manière
des plages émergées actuelles.

En examinant avec soin les abords des chaînes montagneuses, on constate que des sédiments en couches horizontales sont venus se déposer sur des sédiments en couches
relevées; il y a, comme l'on dit, une *discordance de stratification,* et cette discordance indique que le soulèvement s'est
produit après le dépôt des couches relevées et avant le dépôt
des couches restées horizontales. Ce phénomène de discordance est d'une grande importance en Géologie, il permet de
déterminer l'*âge relatif* d'une chaîne de montagnes, c'est-à-
dire de localiser la date de son soulèvement dans le temps.

Les observations géologiques ont ainsi permis de reconnaître : 1° que *les chaînes de montagnes sont des zones plissées
de l'écorce terrestre* ; 2° que *les chaînes de montagnes ne sont
pas toutes de même âge* : ainsi les montagnes d'Écosse et de
Scandinavie sont plus anciennes que les Pyrénées et celles-ci
plus anciennes que les Alpes ; 3° qu'*une chaîne de montagnes
résulte d'une série de plissements produits à des époques différentes* : ainsi, pour les Alpes, quelques parties centrales
étaient émergées au début de l'ère secondaire, tandis que les
chaînons extérieurs, depuis le Dauphiné jusqu'à la Bavière,
ne se sont ajoutés que pendant l'ère tertiaire.

Sens géologique d'une chaîne de montagnes. — Le topographe
cherche la définition d'une chaîne de montagnes dans les
caractères du relief : le géologue, au contraire, est amené à
les chercher dans la stucture interne. Les vieilles montagnes
sont érodées, arasées : le géographe les prend pour des plateaux, le profane ne les distingue pas plus qu'il n'aperçoit
les ruines enfouies d'une ville détruite ; le géologue les recon-

naît pourtant et il continue à parler de montagnes, parce qu'il retrouve dans le sol la trace des plissements qui ont créé les reliefs disparus. C'est ainsi que les plateaux de la Bretagne, du Limousin, de la Bohême, de la Finlande, correspondent à des montagnes qui eurent sans doute jadis une altitude comparable à celle de nos Alpes, avec des formes aussi accidentées et peut-être des glaciers semblables.

Nous dirons qu'*une chaîne de montagnes est une zone continue de plissements*; de même que l'ensemble des chaînons constitue la chaîne au sens topographique, de même l'ensemble des plis constitue la chaîne au sens géologique. Depuis les magistrales synthèses de Suess, le sens des chaînes montagneuses s'est considérablement étendu. La chaîne alpine, par exemple, d'après les anciens géographes, se limitait aux Alpes proprement dites dont la *continuité* est remarquable depuis les Alpes-Maritimes au Tyrol ; or, si à partir du Tyrol la chaîne se divise en deux branches, l'une vers les Carpathes, l'autre vers l'Adriatique, elle se reconstitue dans le Caucase, puis dans l'Himalaya, se poursuit le long de la côte birmane et des îles de la Sonde, et reparaît sur les bords du Pacifique. La chaîne alpine, au sens actuel du mot, comprend tous les plissements de l'ère tertiaire qui, à travers l'Europe, l'Afrique du Nord, l'Asie et même l'Amérique se relient de proche en proche et ne font qu'un grand ensemble synchronique.

Cherchons maintenant *où, quand et comment se sont formées les chaînes de montagnes*. Les réponses à cette triple question ont suscité les travaux des plus grands savants et comptent parmi les résultats les plus importants de la science géologique.

Emplacement des chaînes de montagnes dans le Temps et dans l'Espace. — Les sédiments qui entrent dans la constitution des chaînes de montagnes ont parfois une épaisseur considérable : ainsi, dans la chaîne des Appalaches (Amérique du Nord), **les plissements ont affecté une épaisseur que les géologues américains évaluent à 40 000 pieds** ; dans l'Himalaya central, les dépôts atteignent une épaisseur de 14 000 pieds sans que rien n'indique une interruption notable dans la sédimentation ; **dans les Alpes françaises, trois séries de**

dépôts vaseux superposés atteignent chacun plus de 1 000 mètres d'épaisseur. Ces dépôts n'ont pu se former que dans des fosses profondes. Comment expliquer que non seulement ces fosses ne se sont pas comblées, mais encore ont conservé une profondeur constante, puisque les sédiments se présentent avec les mêmes caractères?

On admet que le fond de la fosse marine s'est affaissé à

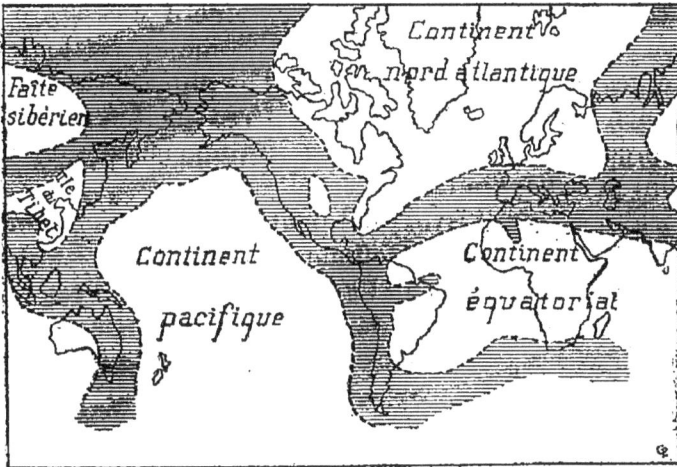

Fig. 73. — Répartition des terres et des mers vers le milieu de l'ère primaire.

mesure que les sédiments s'accumulaient (J. HALL, 1859); à ces fosses, véritables plis en creux, JAMES DANA a donné le nom de géosynclinal. La fig. 70 représente les géosynclinaux qui existaient à l'ère secondaire : on y voit un long fossé suivre les rivages actuels de l'Océan Pacifique, juste à l'emplacement des Montagnes Rocheuses, de la Cordillère Andine, des chaînes du Japon et des îles de la Sonde ; un autre fossé s'étend à l'emplacement de l'Atlas, des Alpes, du Caucase, de l'Himalaya. *Les chaînes actuelles occupent l'emplacement des géosynclinaux de l'ère secondaire* : dans ces fossés en voie d'approfondissement se sont accumulés en couches puissantes les débris des continents anciens. Les pressions latérales ont plissé ces sédiments profonds et les ont ultérieurement soulevés en chaînes montagneuses.

Si l'on remarque, maintenant, que ce soulèvement ne peut manquer de produire des fractures par lesquelles les matières fluides de l'intérieur pourront s'échapper, que le long de ces fractures des paquets de terrains pourront produire, par leur glissement, des tremblements de terre, on voit que *les phénomènes orogéniques, tout comme les phénomènes volcaniques et les phénomènes sismiques, trahissent les zones faibles de l'écorce terrestre.* On se tromperait grandement si l'on considérait les montagnes comme l' « ossature de la terre ferme » ; elles ne sont pas, comme on est tenté de le croire, les parties les plus vieilles et les plus solides du Globe, mais bien les éléments les plus faibles, les plus récents et les plus précaires, dont la hauteur diminue chaque jour et qui finiront par disparaître.

L'origine d'un géosynclinal peut être une conséquence du plissement, ou encore un effondrement linéaire comme celui qui traverse actuellement l'Est de l'Afrique ; il est possible que les grandes chaînes de l'avenir se forment suivant la mer Rouge, les grands lacs africains, l'axe de l'Atlantique [1].

Les phénomènes orogéniques. — Les premiers géologues qui virent, dans les montagnes, des couches entièrement redressées, admirent qu'une force verticale, de bas en haut, avait fait apparaître à la surface les couches les plus profondes en redressant les terrains qui les recouvraient (*théorie des soulèvements*). Le géologue allemand L. DE BUCH pensait à une poussée volcanique, tandis qu'ÉLIE DE BEAUMONT (1849), un des maîtres de la géologie française, rattachait la genèse du relief au lent refroidissement du Globe. Pour expliquer, sur

1. Il semble que l'axe des géosynclinaux se déplace d'une période géologique à une autre, de telle façon que les *fosses marines* se trouvent toujours en avant de la chaîne formée au cours de la période précédente. Dans le Pacifique, les fosses existent, en effet, sur le bord des continents et on peut les assimiler (A. SUPAN) à des géosynclinaux refoulés sur le bord de ces chaînes. Les deux fosses parallèles de la Sonde (4 480 mètres et 7 000 mètres) mises en évidence en 1907, constituent, au sud de la chaîne de Java, deux géosynclinaux séparés par une crête. Enfin, le golfe Persique formerait, lui aussi, un géosynclinal immédiatement en avant des chaines plissées de l'arc iranien.

le versant italien des Alpes, l'absence des rides et plateaux calcaires qui constituent le versant français, CONSTANT PRÉVOST imagina que certaines parties de la surface terrestre s'effondraient et que d'autres, restées en place, formaient les montagnes (*théorie des affaissements*). Les affaissements, pas plus que les soulèvements, n'étaient capables d'expliquer le ploiement de certaines couches, ni les grandes complications révélées par les études de plus en plus détaillées des montagnes. C'est SUESS qui élucida les circonstances générales qui ont présidé à la lente élaboration du relief terrestre et, avec MARCEL BERTRAND, s'établit la *théorie des plissements* : l'écorce solide, dont l'épaisseur n'est que la centième partie du rayon terrestre, conserve assez de flexibilité pour avoir besoin d'être soutenue ; elle se déforme et se plisse par suite de la contraction de la masse interne.

Les tensions qui se produisent dans l'écorce peuvent se décomposer en deux mouvements : 1° une *tension horizontale*, tangentielle, parallèle à la surface, faisant naître des **plissements** ; 2° une *tension verticale* amenant des affaissements, des **effondrements** limités par des cassures.

Les phénomènes de plissement. — Le refoulement horizontal tend à faire occuper aux couches un espace plus restreint ; la déformation réalisée est analogue à celle qui se produit dans une étoffe primitivement bien tendue quand une cause quelconque diminue la tension. Dans ce cas, l'excès d'ampleur détermine la formation d'un *rempli*, c'est-à-dire d'une juxtaposition de deux rides, l'une saillante, l'autre rentrante, dont la première tend à se renverser sur la seconde. Telle est bien l'allure générale des dislocations terrestres : généralement, les fortes lignes de relief regardent, par le flanc le plus abrupt, une dépression océanique (Cordillère des Andes).

Les plis saillants, convexes, portent le nom d'*anticlinaux* (du grec *klinein*, être couché) ; les plis rentrants, concaves, sont les *synclinaux*. Rarement, les plis sont symétriques (Jura), car la poussée a été, le plus souvent, assez forte pour incliner les plis dans un même sens et engendrer des *plis couchés*. En Europe, le déversement des plis a lieu vers le nord ; en Asie, vers le sud. Le déversement peut s'effectuer en sens inverse sur les deux versants ; on dit alors que la disposition est *en éventail.* Dans les Alpes occidentales, le déversement des plis se fait vers la plaine du Rhône et vers la plaine lombarde.

Les plis sont rarement isolés (Lomont dans le Jura septentrional), le plus souvent groupés en faisceaux. Leurs axes ne restent pas parallèles, mais se rapprochent (*Schaarung*) ou s'écartent (*virgation*). Les festons ou guirlandes avec angles de rebroussement sont un des traits les plus caractéristiques

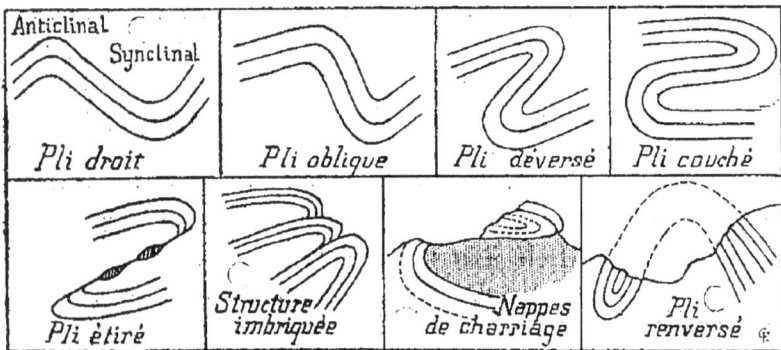

Fig. 74. — Diverses formes de plis.

de certains systèmes de plissement (chaînes de l'Asie méridionale).

Si le pli couché, une fois formé, est soumis à une forte poussée, les couches renversées s'étalent sur une grande surface et l'épaisseur diminue ; ce laminage peut réduire des couches de quelques centaines de mètres à quelques mètres ou même à quelques centimètres ; le pli est dit *étiré.* Il devient *pli-faille* quand le flanc a disparu complètement. Si le phénomène se répète plusieurs fois de suite, il en résulte une *structure imbriquée,* où plusieurs plis se recouvrent à la façon des tuiles d'un toit. Enfin, dans le cas où des pressions latérales refoulent le pli couché sur des dépôts différents, plus jeunes même, on dit que les couches anciennes chevauchent les plus récentes, d'où les expressions de *chevauchement* et de *recouvrement,* de *nappes de recouvrement* et de *charriage,* devenues si fréquentes dans le langage géologique depuis que ces phénomènes ont été constatés dans toutes les chaînes montagneuses et en particulier dans les Alpes.[1].

Un faisceau de plis présente des parties surélevées (*aires de surélévation*) et des parties abaissées (*aires d'ennoyage*) ; le bassin de Paris, par exemple, est une immense aire d'ennoyage comprise entre les massifs surélevés de l'Armorique à l'ouest, des Vosges et des Ardennes à l'est. La Scandinavie est aussi une aire d'élévation séparée de la Grande-Bretagne par une aire d'ennoyage dont la mer du Nord est un dernier vestige.

Les phénomènes de charriage. — Les phénomènes de charriage ont acquis une importance capitale dans les Alpes où les plis, couchés et parfois même renversés vers le nord, constituent autant de *nappes* superposées. Ces nappes proviennent du sud ; les unes représentent la couverture sédimentaire des massifs cristallins (Mont-Blanc, Gothard, etc.), les autres viennent de plus loin encore, du bord interne de l'arc cristallin et ont subi un transport de 80 à 100 kilomètres. Chacune de ces nappes s'est avancée vers le nord, un peu plus loin que la précédente, à la manière de vagues qui déferlent les unes par-dessus les autres en arrivant sur le rivage (fig. 75)[2]. Ainsi, au massif de la Dent de Morcles, on observe un pli couché auquel s'est superposée une deuxième vague terrestre qui forme les Diablerets ; une troisième nappe plus grande monte du Valais, redescend et s'enfuit sous les Préalpes ; une quatrième, plus exagérée encore, escalade les précédentes, s'étale et se morcelle sur les régions désertes des Wildstrubel, puis plonge dans la zone interne des Préalpes.

1. L'étude des plis est fort délicate, car si les uns sont directement visibles sur le terrain et peuvent être photographiés, d'autres ne sont accessibles à l'observation que par des travaux profonds, surtout par les grands tunnels de ces derniers temps. D'autres, enfin, ne sont que le résultat de la coordination d'observations isolées et laissent une certaine part à l'hypothèse.

2. Les premières de ces nappes (1. 2) ont leurs racines dans la partie extérieure (suisse) de la chaîne : ce sont les *nappes à racines externes*; les dernières (3. 4) ont leurs racines dans la partie intérieure (piémontaise) de la chaîne, ce sont les *nappes à racines internes*. La figure ne représente que quatre nappes, mais elles peuvent être plus nombreuses.

De même, la nappe du Falknis est surmontée par une autre nappe qui forme le Rhätikon et les Alpes de Bavière. On conçoit que ce phénomène, en empilant un grand nombre de plis sur un espace restreint, ait pu contre-balancer efficacement l'excès d'ampleur de l'écorce terrestre ; on a calculé que les plis des Alpes représentent une bande de terrain d'une largeur égale à la distance comprise entre Marseille et Alger.

Les nappes ne peuvent être observées dans leur continuité, car l'érosion a séparé la tête de la racine et respecté seulement des *lambeaux de recouvrement* dont la composition contraste

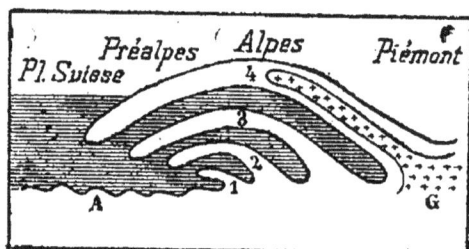

Fig. 75. — Schéma transversal de la superposition des nappes alpines. A, plis autochtones ; 1, 2, nappes à racines externes ; 3, 4, nappes à racines internes ; G, gneiss de la bordure piémontaise. (D'après A. de Lapparent.)

étrangement avec celle du substratum. Ces lambeaux se dressent parfois comme des écueils de roches dures au milieu d'un paysage adouci ; on leur donne souvent le nom allemand de *klippes* ; les plus caractéristiques sont les montagnes des Mythen, près du lac des Quatre-Cantons. Le phénomène des klippes revêt une constance et une régularité remarquables dans les Carpathes, au nord des Monts Tatra. Enfin, l'érosion peut ménager, dans les nappes charriées, des ouvertures permettant d'apercevoir les terrains sous-jacents : telle est la *fenêtre* de la Basse Engadine de 55 kilomètres de longueur sur 18 de largeur [1].

1. Toute la zone centrale des Alpes orientales peut être considérée comme une fenêtre (100 kilomètres de largeur sur 450 kilomètres de longueur) puisque, dans toute son étendue, les nappes supérieures sont déchirées et enlevées par érosion.

La Suisse presque entière est un pays de nappes. Tout le front nord de la chaîne alpine est, en effet, formé de grandes nappes superposées qui recouvrent le vrai front autochtone de la chaîne. Ce front, accusé dans les chaînes subalpines françaises, se voit encore à la base des Dents du Midi et de Morcles, au Breithorn, à la Jungfrau, au Tödi, au Titlis, mais plus à l'est, il disparaît sous les empilements qui sont venus le recouvrir. Entre les massifs du Mont-Blanc et du Finsteraarhorn, M. Lugeon a compté huit nappes superposées qui s'escaladent les unes les autres vers le bord externe du massif. La grande zone cristalline du Mont-Rose-Piémont n'est pas non plus un pays autochtone, car MM. Lugeon et Argand (1905) ont reconnu qu'entre les vallées de l'Arc et du Tessin, il existe sept nappes superposées, plus ou moins digitées, et déversées vers l'extérieur de l'arc alpin.

Les Alpes orientales présentent des charriages gigantesques de 150 à 180 kilomètres qui ont amené, vers le nord, des montagnes de plus de 3 000 mètres d'altitude (Alpes de Salzbourg) et dont les glaciers comptent parmi les plus grands et les plus beaux des Alpes (Massif de l'Œtzthal). Au nord d'une zone comprise entre la Valteline et la grande plaine de la Drave, zone où les racines sont visibles, les plis se couchent, dépassent l'horizontale et deviennent des nappes qui constituent l'Ortler, l'Œtzthal, les chaînes de Salzbourg et du Salzkammergut, où M. Haug (1904) a reconnu l'existence de quatre nappes. Au sud de la zone des racines, s'élèvent les montagnes que Suess a appelées *Dinarides* et qui sont séparées des Alpes par une *surface de charriage* pouvant être suivie sur une longueur de 400 kilomètres. Cette surface de charriage indique 'que les Alpes et les Dinarides se sont déplacées les unes par rapport aux autres, et l'on admet que *les Dinarides se sont avancées vers le nord, par-dessus les Alpes.*

Les phénomènes de charriage ont été observés aussi dans les *Alpes occidentales* (Briançonnais, Ubaye), mais ils paraissent moins intenses que dans les Alpes orientales. D'après M. Termier (1907), les Alpes franco-italiennes ne seraient pas autochtones et leur tectonique ressemblerait plus qu'on ne le croit à celle des Alpes suisses et des Alpes orientales.

En somme, le trait caractéristique de la structure des

Alpes est la formation de ces grandes nappes, de ces plis couchés vers le nord qui s'écrasent et se laminent. M. Termier les compare aux panaches de fumée des usines que le vent incline dans le même sens ; il pense qu'une masse écrasante, un *traîneau écraseur* s'est déplacé sur le pays plissé pour coucher les plis les uns sur les autres ; ce traîneau serait constitué par les Dinarides. Aujourd'hui, l'érosion a tout emporté, on n'en trouve même plus des lambeaux ; pourtant, MM. Haug et Lugeon ont signalé des affinités dinariques dans la nappe la plus élevée du Salzkammergut.

Les phénomènes de charriage ont été reconnus récemment ailleurs que dans les Alpes : dans les Carpathes, les Balkans, la montagne Noire, les Pyrénées, la chaîne bétique, la Sicile[1], l'Himalaya, les Montagnes Rocheuses, la Nouvelle-Calédonie. L'étude des chaînes anciennes a mis en évidence les mêmes phénomènes ; c'est même dans le Bassin houiller franco-belge que les premiers recouvrements ont été exactement observés ; on les a retrouvés aussi en Écosse et en Scandinavie où existent les vestiges d'une chaîne (chaîne calédonienne) remontant à la première moitié de l'ère primaire. On peut donc dire que

1. L'importance des charriages a été mise en évidence, pour les *Pyrénées*, par MM. Carez, Bresson, Fournier, Termier ; les observations de M. L. Bertrand (1905) ont révélé de formidables poussées vers le Nord, de sorte que « les charriages constituent le trait fondamental de la tectonique pyrénéenne depuis l'Océan jusqu'à la Méditerranée ». — Le long du rebord méridional de la Meseta ibérique et jusqu'aux Baléares, se développe une zone de terrains calcaires qui jouent, par rapport à la Cordillère bétique, le même rôle que les Préalpes vis-à-vis des Alpes; MM. Nicklès et Douvillé (1904) y ont constaté des nappes de recouvrement et des phénomènes de charriage. — L'arc cristallin de la Calabre est un arc de charriage sur lequel l'Etna est venu se poser (MM. Lugeon et Argand, 1906) ; pour M. Limanowski (1909), les Monts Péloritains, au nord de la Sicile, font partie d'une gigantesque nappe venant du Nord : le massif sicilien serait formé de quatre plis couchés — Enfin M. Termier (1909) a établi que l'île d'Elbe et la Corse sont aussi des pays de nappes. Il ressort de ces travaux que la Corse appartient à l'Apennin et que l'île d'Elbe constitue le trait d'union entre les nappes corses et les nappes apennines. Déjà, en 1907, M. Steinmann avait proposé de regarder tout l'Apennin comme un pays de nappes. Ce sont les deux nappes profondes de l'île d'Elbe qui vont former l'Apennin, la nappe supérieure n'apparaît pas sur le continent.

*les phénomènes de charriage apparaissent partout, non seule-
ment comme l'exagération des phénomènes de plissement, mais
encore comme un processus normal de la formation des chaînes
de montagnes.*

Formation d'une chaîne plissée. — La formation des plis et
des nappes se fait en profondeur, au fond du géosynclinal,
ce qui peut paraître paradoxal, puisque ces plis s'observent
aujourd'hui à 3 000 et 4 000 mètres de hauteur. Par resserrement des géosynclinaux, les terrains profonds se plissent,
mais, gênés par les couches du dessus, ils ne peuvent prendre
la forme d'arcs concentriques en forme d'U renversé ; aussi,
subissent-ils les dislocations les plus invraisemblables : con-
tournements bizarres, empilements de couches recourbées
en S, plis couchés, laminés, nappes charriées, etc. Ultérieurement, le bombement général les fait saillir hors des eaux et
les rend visibles à la surface : *les chaînes plissées ont une
existence géologique avant d'avoir une existence géographique.*
Le plissement se produit entre deux portions solides, deux
mâchoires : l'Avant-pays et l'Arrière-pays, dont le mouvement
relatif se traduit par un déplacement de l'Arrière-pays (*Rück-
land*) sur l'Avant-pays (*Vorland*). Si la pression est forte, il y
a tendance, pour l'Arrière-pays, à passer par-dessus la zone
intermédiaire (comme pour les Dinarides) ; il en résulte une
dissymétrie de la chaîne, le déversement des plis dans un
sens et le transport à de grandes distances, des lambeaux
arrachés.

Une chaîne plissée apparaît comme une série de vagues
parallèles, mises en marche à des époques différentes, inégalement affectées par les obstacles antérieurs, se propageant
les unes après les autres, capables de se substituer les unes
aux autres, de se compliquer de flots revenus en arrière après
avoir buté contre un môle solide et de déferler les unes par-
dessus les autres. Ainsi, les Carpathes sont passées par-dessus la chaîne des Sudètes pour aller buter contre le plateau
primitif de la plate-forme russe ; les Balkans ont été séparés
de la chaîne du Pinde par le noyau cristallin de Rhodope et
de la Macédoine, enfin la courbe des Apennins et de la Sicile
est motivée par un massif qui s'est effondré plus tard sous les

eaux de la mer Tyrrhénienne. *La' formation d'une chaîne de montagnes est une œuvre de longue haleine* et non le résultat d'une convulsion unique.

Les phénomènes d'effondrement. — Les mouvements verticaux de l'écorce se traduisent par des affaissements ; des fragments de terrains glissent suivant une *faille* ou une série de failles, c'est-à-dire suivant une fracture de l'écorce dont les deux lèvres, rarement écartées, mettent en alignement des terrains de nature et d'âge différents. Ces failles, souvent invisibles topographiquement, sont nombreuses dans les montagnes et

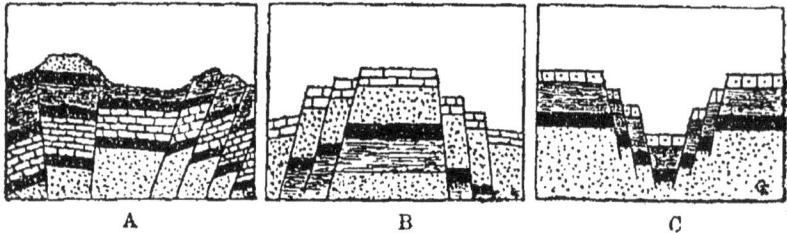

Fig. 76. — Dislocations de l'écorce terrestre.
A, terrain faillé ; B, horst ; C, fossé d'effondrement.

forment une ceinture autour des aires d'affaissement. Parfois, le terrain effondré se fracture en plusieurs parties qui se disposent en rejets, en étagements successifs, suivant des lignes de failles, formant des *failles à gradins*. Entre deux aires d'affaissement, une région a pu demeurer en saillie, rigide et stable, c'est un *horst*, mot que Suess a emprunté à la langue des mineurs. Le Morvan, les Vosges, la Forêt Noire sont des horst.

Entre deux séries de fractures plus ou moins parallèles, le terrain peut s'affaisser et produire un *fossé d'effondrement* (Graben, en allemand). Tels sont : la vallée du Rhin, entre les Vosges et la Forêt Noire ; le Ghor où s'alignent la vallée du Jourdain, le lac de Tibériade et la mer Morte, la vallée de la Nerbudda dans l'Hindoustan, etc. Le plus souvent, ces fosses linéaires sont déterminées par la rupture de la clef de voûte d'un dôme en voie de soulèvement ; c'est le cas de la vallée du Rhin. Les effondrements alignés rentrent dans la formule générale du phénomène orogénique, chacun d'eux indique un maximum de tension que l'écorce solide n'a pu supporter sans se rompre. Enfin une partie de l'écorce peut s'écrouler suivant des lignes courbes ; ces *effondrements circulaires* n'affectent parfois qu'une étendue fort restreinte et ressemblent à des cuvettes ; tels sont les golfes de Gênes, de Naples, de Salerne ; ailleurs, ils s'étendent à une vaste surface et forment de véritables bassins d'effondrement, comme c'est le cas pour les fosses méditerranéennes (mer Tyrrhénienne, mer Adriatique, mer Egée). Ils constituent la contre-partie d'un soulèvement qui aurait, en quelque sorte, dépassé la mesure. Sur les cassures limitant ces effondrements se sont installés des volcans, tels le Vésuve, les îles Lipari, l'Etna. On a vu que l'équilibre de ces compartiments est instable, ce qui explique la fréquence et la gravité des tremblements de terre dans les régions méditerranéennes.

Sur de vastes surfaces, les plissements ont joué un rôle prédominant ; ailleurs ce sont les effondrements ; en certains points les deux groupes de phénomènes ont eu une action parallèle. Pendant l'ère primaire, les plissements ont été la règle générale ; toutefois, il faut en excepter la plate-forme russe qui, depuis la Baltique jusqu'aux régions plissées de l'Oural et du Caucase, a conservé ses assises horizontales depuis le début des temps primaires. A l'ère tertiaire, les régions limitrophes des dépressions méditerranéennes ont subi d'intenses plissements. L'Afrique a subi des fractures, de même que l'Arabie, le Decan, l'Australie. Les montagnes Rocheuses présentent juxtaposées des chaînes nettement plissées, comme la partie orientale des Rocheuses et la Sierra Nevada, et des plateaux fracturés, comme les plateaux du Colorado et le Grand Bassin.

Résultats des phénomènes de dislocation. — Les phénomènes qui viennent d'être passés en revue ont fait naître le relief terrestre et c'est sur leur connaissance que l'on devra baser la classification des formes du relief. Aux *montagnes de plissement* — dont les plus récentes seules ont conservé leur vigueur de forme, alors que les plus anciennes ont été réduites par érosion à l'état de *pénéplaines* — viennent s'ajouter les *mon-*

lagnes de rupture. Ce sont, ou bien des couches sédimentaires demeurées horizontales et qui forment la bordure de régions effondrées, ou bien d'anciennes chaînes plissées, plus ou moins nivelées par l'érosion qui, sous de nouvelles poussées orogéniques, se sont rompues. Comme montagnes de plissement, il faut citer les Alpes, le Jura, les Pyrénées, l'Himalaya ; comme montagnes de rupture : les monts du Mâconnais, de la Côte d'Or, les Cévennes, qui appartiennent au premier mode de formation, tandis que le Harz, l'Erz Gebirge, les

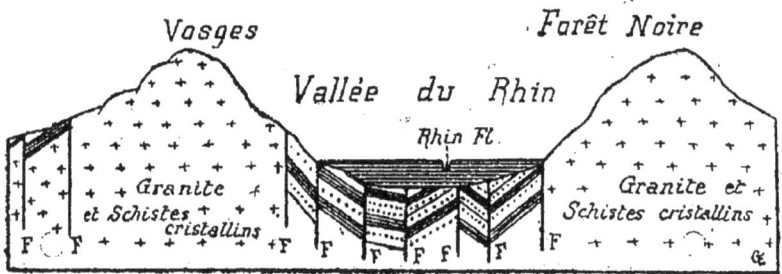

Fig. 77. — Coupe schématique de la vallée du Rhin. F, F, failles.

monts de Thuringe, les Vosges et la Forêt-Noire, le Massif central français, appartiennent au second.

Il existe de nombreuses transitions entre les plis et les failles dont l'association se rencontre dans les grandes chaînes ; pourtant, les régions où dominent les failles offrent des différences très grandes de relief et M. BARRÉ a pu parler d'*architecture plissée* et d'*architecture tabulaire*. On constate que les dislocations tabulaires tendent à affecter surtout les régions géologiquement les plus anciennes, que les régions plissées correspondent en général aux plus hauts reliefs actuels ; enfin, que dans les régions affectées à la fois de plis et de failles, ce sont les failles qui sont la forme de dislocation la plus récente, celle qui donne au relief son caractère.

Phénomènes d'origine interne et phénomènes d'origine externe. — Les matières ignées de l'intérieur du Globe étant capables, comme on l'a vu, de former des saillies à la surface de la Terre, il en résulte que le *relief du sol est, dans ses grands* *traits, l'œuvre des phénomènes de plissements, des phénomènes d'affaissements et des phénomènes éruptifs qui se sont produits au cours des âges géologiques.* Tous ces phénomènes ont une même cause : le refroidissement du Globe. C'est là l'origine profonde du relief terrestre.

Mais si les phénomènes d'origine interne modifient le relief terrestre par l'édification de chaînes de montagnes, nous savons que les phénomènes d'origine externe s'appliquent sans relâche à détruire les parties surélevées. Plus le massif est élevé, plus la lutte est intense entre la roche et ses adversaires : l'air et l'eau sous toutes ses formes, et ce combat de chaque jour ne peut être satisfait que par le nivellement total de la chaîne. Aussi, quand un géologue se rend dans les Alpes ou les Pyrénées, il s'imagine être au milieu d'une ruine formidable où les précipices qui s'étendent de tous côtés avec tant de hardiesse et de sauvagerie, les massifs abrupts dont les sommets disparaissent sous une épaisse couche de glace, les débris énormes étendus à leurs pieds, indiquent autant d'étapes du désagrègement et attestent l'énergie des forces destructives auxquelles la masse et la solidité même de ces monuments de pierre ont été incapables de résister.

Et quand on pense à ce qu'il a fallu de temps aux mouvements du Globe pour se répéter aux mêmes endroits et former ces empilements gigantesques, on ne peut se défendre d'une crainte respectueuse devant les périodes incommensurables nécessaires à l'édification des chaînes de montagnes. Certes, dans l'histoire de la Terre comme dans celle de l'Humanité, il y a des moments où le pouls ne bat pas aussi régulièrement que d'habitude, où il s'élève en un mouvement de fièvre, mais il n'en est pas moins vrai que la formation de chaînes de montagnes a exigé un temps fabuleusement long.

Évolution du monde physique. — Dans la seconde partie de cette conférence, nous nous proposons de rechercher quel a été le résultat des phénomènes orogéniques au cours de l'histoire du Globe et d'esquisser en même temps les grands traits de la répartition des continents et des mers au cours des âges disparus. C'est le but de la *Paléogéographie*. Afin d'apporter plus de précision à ce qui va suivre, nous indiquons, dans le tableau suivant, les principales divisions géologiques des grandes ères de l'histoire de la Terre.

ÈRES.	PÉRIODES.	ÈRES.	PÉRIODES.
1° Ère primaire.	Archéen. Cambrien. Silurien. Dévonien. Carbonifère. Permien.	2° Ère secondaire. 3° Ère tertiaire. . 4° Ère quaternaire.	Trias. Jurassique. Crétacé. Éocène. Oligocène. Miocène. Pliocène. Pléistocène.

La reconstitution des états géographiques anciens est d'une extrême difficulté, car elle repose uniquement sur la connaissance des dépôts marins et terrestres que chaque époque sédimentaire a légués à l'écorce solide. Or, on ne peut se borner à considérer les affleurements de terrains de la période envisagée, car des étendues considérables ont pu être enlevées par érosion ou sont recouvertes par des dépôts plus récents. Il faut avoir recours à l'étude des animaux anciens et, en particulier de leurs migrations : l'apparition subite d'animaux marins à un niveau défini atteste l'ouverture d'une communication avec une région voisine où ces animaux existaient déjà. On peut ainsi arriver à reconnaître que tel bassin de sédimentation, isolé de tel autre, a été mis en communication pendant un temps plus ou moins long. Enfin, l'étude de la faune terrestre n'est pas à négliger, car elle a permis d'obtenir de précieuses indications sur l'ancienne extension et les relations des surfaces continentales ; ainsi, la persistance en Australie, d'espèces animales (marsupiaux) analogues à celles qu'on trouve en Europe dans les terrains de l'ère secondaire, ne peut s'expliquer que par une liaison de l'Australie avec l'Eurasie, rompue avant le début de l'ère tertiaire.

Toute la surface des continents ne nous est pas encore géologiquement connue et, pour tout l'espace occupé par les océans, lesquels couvrent près des 3/4 de la surface terrestre, on se trouve réduit à de pures conjectures. Les cartes paléogéographiques [1] ne sont que de simples ébauches qui ne sauraient être comparées aux cartes de nos atlas géographiques; pourtant, rapprochées les unes des autres, elles sont de nature à nous renseigner sur la perpétuelle transformation de la terre ferme.

Les continents et les mers à travers les âges. — La première connaissance à obtenir était celle des régions qui se sont solidifiées les premières et qui ont servi de base à la sédimentation. Ces massifs de terrains archéens forment comme une couronne autour du pôle, à l'emplacement du Canada, du Groenland, de la Scandinavie et de la Sibérie, puis une ceinture presque équatoriale comprenant le Brésil, l'Afrique australe, l'Inde, et l'emplacement du Pacifique. Attaqués par l'érosion, ils ont fourni des sédiments qui se sont déposés dans les mers qui les séparaient, de sorte que c'est entre les masses continentales que devaient apparaître successivement les chaînes de montagnes.

Pendant toute la période archéenne, il a dû exister un *continent boréal* occupant le nord de l'Amérique, de l'Europe et de l'Asie, et dont le Canada et le Groenland sont des vestiges. Plus au Sud, s'étendaient des mers immenses avec quelques îlots comme la Bretagne, le Plateau central, les Vosges, etc. Contre ce continent, les mers formaient des poudingues et des grès, tandis que dans l'Europe centrale, elles laissaient déposer des vases argileuses transformées depuis en schistes et en phyllades. Le continent boréal montre des schistes cristallins plissés et disloqués, ce qui fait admettre qu'une chaîne, dite *huronienne* (du nom du pays

---

1. La carte d'ELIE DE BEAUMONT représentant l'Europe à l'époque du calcaire grossier (1836) est le plus ancien essai paléogéographique. Il fut suivi par les cartes de O. HEER, MARCOU, GOSSELET, HÉBERT, DE SAPORTA, en France; de HULL et JUKES BROWN, en Angleterre. Le grand mouvement dans l'ordre paléogéographique est dû à SUESS dont l'ouvrage *Das Antlitz der Erde* a pour but de rechercher l'histoire de la géographie terrestre. Depuis, ont paru les travaux de DE LAPPARENT, BARROIS, MARCEL BERTRAND, HAUG, KARPINSKY, etc.

19

des Hurons, dans le Canada septentrional) s'est dressée vers la fin des temps archéens, au voisinage de son bord méridional.

Pendant l'ère primaire, au sud de ce continent boréal, ou *continent Nord-Atlantique*, se trouvait un second continent qu'on peut appeler *tropical* et qui s'étendait sur l'espace occupé aujourd'hui par l'Amérique du Sud, l'Atlantique sud, l'Afrique, l'Inde et l'Australie. Au Silurien, parallèlement à la chaîne huronienne démantelée et le long du continent boréal surgit une nouvelle chaîne plissée, la *chaîne calédonienne* (de Calédonie, ancien nom de l'Écosse), qui s'étendait de l'Amérique du Nord vers l'Écosse et la Scandinavie[1]. Au pied de cette chaîne, qui n'est plus représentée aujourd'hui que par quelques débris comme les Grampians et les Alpes scandinaves, se déposèrent les grès rouges dévoniens et les galets qui attestent le voisinage des côtes; puis, pendant le Carbonifère, de nouveaux mouvements du sol plissèrent les sédiments ainsi déposés et édifièrent une troisième et très importante chaîne, la *chaîne hercynienne* (de Harz, Allemagne) qui traversait le pays de Galles, la Bretagne, le Plateau central français, les Vosges, Forêt-Noire, la Bohême, la Russie méridionale[2]; en Asie, les *Altaïdes* de Suess sont un homologue des plissements hercyniens d'Europe; ils entourent le noyau archéen de la Sibérie.

Telles sont, pour l'hémisphère boréal, auquel nous bornons

1. Les plissements calédoniens sont connus au sud des plissements huroniens et aussi au Sahara, c'est-à-dire sur les deux bords du large géosynclinal qui séparait le continent Nord-Atlantique du continent tropical. En Écosse, les plis sont déversés vers le Nord, en Scandinavie vers le S.-E.; les plissements calédoniens du Sahara sont encore peu connus.

2. La dénomination de *hercynienne* est la plus employée en France, elle est due à Marcel Bertrand. Deux directions de plissement y sont prédominants : l'un NW-SE, correspond à la *chaîne armoricaine* de Suess, l'autre à la *chaîne varisque* du même auteur. L'ensemble peut être réuni sous le nom de *chaîne armoricano-varisque*. Ces deux directions se rencontrent à angle aigu dans le Massif Central — Les plissements hercyniens se retrouvent dans l'Europe méridionale et dans l'Afrique du Nord (Meseta ibérique et Marocaine, Sud-oranais) et en Chine (Bailey Willis). Le géosynclinal continue d'exister, mais il se rétrécit. — Dans l'Europe centrale, les plis hercyniens sont généralement déversés vers le nord; ils le sont probablement vers le sud en Afrique — La phase hercynienne a été accompagnée de phénomènes glaciaires.

ce rapide exposé, les grandes modifications géographiques de l'ère primaire. Au début, trois masses stables apparaissent : *Bouclier Canadien, Bouclier Finno-Scandinave, Bouclier Sibérien.* Puis les premiers continents se forment par des plissements successifs et sensiblement parallèles du fond des mers; chaque plissement se faisant au sud du précédent. Ces plissements se sont produits alors que la chaîne précédente se trouvait démantelée par l'érosion qui

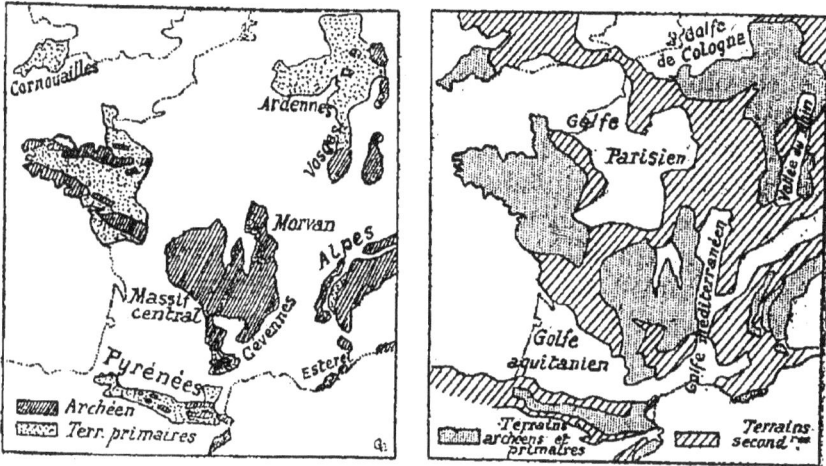

Fig. 78. — Cartes montrant la formation géologique de la France.

s'était exercée sur elle pendant une très longue suite de siècles, de sorte qu'une partie des roches formant la nouvelle chaîne n'ont été que les matériaux arrachés à la chaîne précédente et passés à l'état de sédiments avant d'être soulevés en masse pour émerger de nouveau [1]. Pendant tout le cours de l'ère primaire, les domaines maritimes et continentaux ont subi de multiples variations. La jonction et la disjonction des masses continentales dépend des mouvements

1. En Europe, les plissements hercyniens ne sont pas toujours parallèles aux plissements calédoniens. Déjà, en effet, ceux-ci ont subi des surélévations transversales, de sorte que ceux-là ont adapté leur tracé à un avant-pays hétérogène. Dans le sud du pays de Galles, par exemple, les plis calédoniens s'enfoncent sous les plis armoricains qu'ils coupent sous un angle assez aigu.

épirogéniques qui suivirent les plissements. Au carbonifère moyen, un anneau océanique semble assez bien formé autour du Globe, c'est le premier rudiment du géosynclinal alpin.

Pendant l'ère secondaire, les masses continentales se consolident autour des trois massifs anciens de l'hémisphère boréal. Tandis qu'autour du massif sibérien se forme le *continent Finno-Sibérien*, les noyaux scandinave et canadien se réunissent en un continent dit *Atlantide*[1]. Entre ces deux masses continentales, la mer couvre l'Oural actuel et souvent elle s'est étendue sur la plate-forme russe qui n'a subi aucun plissement depuis le Silurien. Dans l'hémisphère sud, le continent tropical conserve tout d'abord sa stabilité : entre lui et l'Atlantide s'étend, des Antilles à la Chine, une vaste Méditerranée, la *Téthys* de Suess ou *Mésogée*, dont les deux extrémités confinent au géosynclinal circumpacifique.

L'ère secondaire n'a pas été marquée, comme l'ère primaire, par de grands plissements du sol : seuls des mouvements épirogéniques ont fait déborder les mers sur les plates-formes continentales. Le fait essentiel de la géographie secondaire est, non la formation de grandes rides montagneuses, mais le morcellement des continents et les grandes avancées ou transgressions marines du Jurassique moyen et du Crétacé moyen. Un bras de mer passe entre l'Inde, Madagascar, l'Afrique, à l'emplacement du canal de Mozambique, partageant le continent tropical en un *continent Australo-Indo-Malgache*, à l'E., et un *continent Africano-Brésilien*, à l'O. Au Crétacé, le premier de ces continents achève de se détruire et l'autre est envahi par la mer à l'emplacement de l'Atlantique et du Bassin des Amazones. Pendant ce temps, l'Europe ne laisse plus émerger que des îlots à l'emplacement de l'Écosse, de la Scandinavie, du Plateau central.

C'est à l'ère tertiaire que de grands événements ont préparé l'aspect géographique actuel du Globe. La grande transgression du milieu du Crétacé peut être considérée comme la conséquence d'un plissement dans les géosynclinaux. A l'Éocène, ces plissements s'accentuent et conduisent

1. Ne pas confondre avec l'*Atlantide* des anciens qui a été habitée par l'Homme.

à la surrection des *Pyrénées* ; cette formidable muraille, beaucoup plus haute à cette époque que de nos jours, a subi, depuis, les effets de l'érosion qui a détruit les sommets et amené la chaîne à son état actuel. Puis les phénomènes de plissements devenus plus intenses firent surgir contre le bord de l'ancien continent septentrional une série de plis prodigieux dont l'ensemble constitue la *chaîne alpine*. Les sédiments accumulés au fond de la Téthys furent renversés, couchés, empilés, refoulés, charriés parfois à de grandes distances de leur point d'origine ; leurs plis, déversés tous dans le même sens, serrés dans le sud de l'Europe, s'étalent plus facilement en Asie et jusqu'à la Nouvelle-Zélande. En Europe, cette chaîne résulte de l'accollement de deux faisceaux : faisceau alpin (dont les plis sont déversés au N.) et faisceau dinarique (dont les plis sont déversés au S.) ; la soudure se fait suivant une ligne d'écrasement dont l'influence sur le relief est très nette dans les Alpes orientales. Les plis dinariques, dans la péninsule des Balkans, se soudent aux plis tauriques dont les festons déterminent la forme de l'Asie Mineure.

Le contre-coup de ce plissement énergique s'est fait sentir sur les massifs continentaux. D'abord, les terrains sédimentaires de la région du *Jura*, refoulés contre le bord du Plateau central et des Vosges, et contre les noyaux archéens qui, souterrainement, relient ces massifs très anciens, se trouvèrent régulièrement plissés en chaînes parallèles ; le Bassin de Paris lui-même subit des ondulations épousant la direction des anciens plis hercyniens. Ensuite, les massifs anciens se soulevèrent, mais trop rigides pour se plisser, ils se brisèrent : ainsi apparurent de grandes cassures dans l'Afrique orientale, dans l'Europe centrale (fossé rhénan), en France, dans le Plateau central (fossés de la Limagne et du Forez) qui s'éleva au-dessus des pays environnants. Enfin, ces cassures nouvelles, jointes aux anciennes blessures qui se rouvrirent, laissèrent écouler des torrents de lave ; en France, le Plateau central, comprimé comme dans un étau, à l'E. par les plissements alpins et au S. par les plissements pyrénéens, fut le théâtre d'éruptions formidables qui édifièrent de véritables montagnes et transformèrent le *Plateau* d'autrefois en le *Massif* d'aujourd'hui.

Le morcellement des continents a conduit à la *formation des océans*. Les restes du continent tropical ont disparu sous les flots de l'*Océan Indien*; l'Australie, isolée dès la fin du tertiaire inférieur, a conservé jusqu'à nos jours sa faune de mammifères; l'Inde a formé un continent à part jusqu'au jour où la surrection de l'Himalaya l'a soudée aux terres asiatiques; Madagascar a été de bonne heure isolée du continent africain [1]. — La formation de *l'Atlantique* date aussi de l'ère tertiaire; elle semble due à des mouvements d'ensemble affectant à la fois les massifs anciens et les zones de plissements récents [2]. Au Pliocène, alors que le contour des continents était à peu près fixé, la *Méditerranée occidentale* [3] se forma, d'abord par l'ouverture du détroit de Gibraltar due à l'écroulement de l'axe de la chaîne hispano-africaine, ensuite par l'affaissement de portions d'arcs alpins (fosses tyrrhénienne, adriatique, sicilienne). L'emplacement de la Méditerranée orientale était, pendant ce temps, couvert de lagunes, vestiges d'anciennes mers au même titre que la Caspienne et la Mer d'Aral qui subsistent encore. — La terre ferme a été soumise, au Pliocène, à une série d'oscillations dont la résultante a été une surélévation générale des continents.

L'Ère quaternaire, qui commence avec l'apparition de l'Homme sur la Terre, est l'aurore de l'époque actuelle. Dans la Méditerranée, un affaissement a produit la mer Égée où sont nés, du même coup, les volcans des Cyclades. Puis le Bosphore s'ouvre, mettant en communication la mer Égée

1. Par exception, dans le canal de Mozambique, il ne s'est pas produit de mouvements orogéniques comme dans les autres géosynclinaux du pourtour. On se trouve en présence d'une chaîne de montagnes avortée. M. LEMOINE en attribue la cause à l'effondrement du continent qui occupait l'emplacement de l'Océan indien.

2. La jonction entre l'Afrique et le Brésil a dû cesser à l'Eocène. Au Miocène, le bassin atlantique nord était formé. Un isthme large joignait le Groenland à l'Angleterre par l'Islande qui reste comme le seul vestige de l'ancien continent atlantique.

3. La Méditerranée, dessinée de bonne heure, a disparu à la suite du soulèvement des Alpes; mais après ce soulèvement, une partie des territoires émergés s'est effondrée; chaque compartiment glissant le long des fractures, par où l'activité éruptive s'est manifestée. — La Corse est restée jusqu'au Quaternaire unie au continent.

avec la mer Noire. L'ouverture du Pas-de-Calais et le morcellement de la zone plissée des Antilles datent aussi de cette
époque. Dès lors, les continents ont une configuration qui n'a

Fig. 79. — Carte générale des zones de plissements terrestres
dans l'hémisphère boréal. (D'après M. A. DE LAUNAY.)

plus guère subi de retouches, de même que les massifs montagneux ont atteint leur principal relief. Ce n'est donc plus
dans les dépôts effectués au fond des mers, mais bien sur les
continents qu'il faut chercher les éléments de l'histoire de
l'ère quaternaire.

Les prodigieuses dislocations de l'ère tertiaire ; l'effondrement de l'Atlantique, la formation des hauts massifs monta-

gneux, provoquèrent des changements de climat. Déjà, au Pliocène, les précipitations atmosphériques prirent un grand développement : au quaternaire, d'immenses glaciers couvrirent l'Amérique du Nord et l'Europe septentrionale d'une calotte glacée analogue à celle qui cache actuellement le Groenland ; les Alpes, les Vosges, les Pyrénées disparurent aussi en partie sous un épais manteau de glace (voir conférence VII). Ces glaciers, en surcreusant les vallées de montagnes, en faisant naître des cuvettes lacustres, en comblant les vallées de plaines avec des matériaux transportés, ont modifié profondément les régions sur lesquelles ils se sont étendus.

Les précipitations aqueuses de l'eau de fusion des glaciers ont formé de puissants cours d'eau qui se sont frayés de larges *vallées d'érosion* ; on trouve à divers niveaux au-dessus du thalweg, des étendues plus ou moins considérables, disposées en terrasses et recouvertes de graviers ou de cailloux roulés. Comme chaque vallée montre des terrasses à plusieurs niveaux, on peut en conclure qu'il y a eu, dans le creusement des vallées, des temps d'arrêt suivis de nouvelles recrudescences ; on retrouve là un phénomène de périodicité parallèle à celui des glaciers.

Extension des glaciers, creusement des vallées, tels sont les faits qui marquent la première période de l'ère quaternaire ou *Pléistocène*.

Avec la **période actuelle ou holocène**, le dessin géographique que nous connaissons se trouve réalisé à part quelques détails dans le tracé des cours d'eau et dans les articulations des côtes. Les régions tropicales et sub-tropicales se dessèchent et celles qui ont perdu leurs fleuves et leurs lacs sont devenues les déserts actuels. A remarquer : 1° la *concentration des surfaces solides* dans un hémisphère qui aurait pour pôle un point situé vers le centre de la France, et ce fait curieux que les régions saillantes ont pour contre-partie, à l'opposé du Globe, des terres immergées ou des dépressions. 2° la *forme particulière des continents actuels* qui s'épaississent vers le pôle nord, se rétrécissent et se terminent en pointe vers le sud ; de plus, les parties australes des continents marquent une déviation vers l'est. 3° l'existence d'une dépression transversale, la *dépression méditerranéenne*, nettement marquée entre l'Europe et l'Afrique, elle se poursuit vers l'ouest par la mer des Antilles, le golfe du Mexique, les parties basses de l'Amérique centrale, et, vers l'est, par les dépressions du Tigre et de l'Euphrate, du golfe Persique, des vallées de l'Indus et du Gange et les profondes cuvettes qui se creusent entre les îles orientales de l'archipel asiatique. 4° la *localisation des hautes altitudes et des grandes profondeurs océaniques, au voisinage des côtes* : Alpes sur le bord de la dépression méditerranéenne, Himalaya sur le versant de l'Océan Indien, Montagnes Rocheuses et Cordillère andine, monts du Japon et de la Nouvelle-Zélande au voisinage des grandes profondeurs du Pacifique. La juxtaposition des hautes altitudes et des grandes profondeurs accuse les lignes importantes de dislocation de l'écorce terrestre.

Malgré les apparences, les grandes inégalités des profondeurs marines ne diffèrent pas des inégalités des surfaces continentales; les terres et les mers ne forment pas deux domaines distincts. *L'écorce terrestre présente partout des déformations analogues* ; *le relief des terres et des mers est de même essence.* Ces déformations sont d'ailleurs des plus faibles, car, si à l'altitude du plus haut sommet connu (Pic Everest, Himalaya, 8 840 m,), on ajoute la plus grande profondeur océanique relevée jusqu'à présent (fosse du Nero, au voisinage des îles Mariannes, 9 630 m.), on n'obtient que la trois cent quarante-cinquième partie du rayon terrestre. Il est classique de dire que la surface de la Terre est beaucoup moins bossuée que la peau d'une orange [1].

---

1. La *théorie du tétraèdre terrestre*, émise en 1873 par Lowthian Green, permet d'expliquer les particularités des continents actuels. Dans cette théorie, la Terre prendrait, en se refroidissant, la forme d'une pyramide. Les trois saillies primitivement formées, du Canada, de la Scandinavie et de la Sibérie ont dû s'écarter chaque jour davantage de l'axe de rotation, tandis que les parties voisines de la pointe australe s'en rapprochaient. Les protubérances septentrionales se trouvant avoir une plus faible vitesse de rotation sont restées en retard et par suite les terres de l'hémisphère sud se sont trouvées plus à l'Est. Il en aurait aussi résulté une torsion donnant naissance à la dépression méditerranéenne. — Trois sommets de la pyramide se trouvent dans l'hémisphère nord (Canada, Scandinavie, Sibérie) ; le quatrième sommet est le pôle sud qui est, en effet, occupé par un continent (Shackleton, 1902). L'Atlantique,

Les phénomènes géologiques se poursuivent continuellement. — Les phénomènes géologiques que nous avons appris à connaître et que nous avons vu se produire au cours des âges produiront-ils de nouvelles transformations géographiques ? C'est probable. Autour de nous, les torrents continuent à démolir les montagnes, les fleuves à transporter à la mer les débris de la terre ferme, les éruptions volcaniques et les tremblements de terre à trahir le travail important qui s'élabore dans les profondeurs du sol ; en certains points, les continents se soulèvent et les montagnes continuent leur mouvement d'ascension, en d'autres points, les continents descendent sous les eaux marines.

L'histoire géologique se poursuit sans cesse ; la Terre ne parvient pas à un repos définitif. Incessamment, tout se transforme et ces modifications qui, en théorie, se produisent toujours dans un sens déterminé en vue de réaliser un équilibre plus parfait, se trouvent à chaque instant influencées par la mise en jeu de quelque force nouvelle qui vient détruire un équilibre provisoirement acquis. Dans cette marche générale des transformations du Globe, il faut voir non une succession arbitraire de phénomènes, mais une évolution déterminée et comme un effort inconscient de la matière vers la réalisation des états successifs qu'elle est apte à parcourir. Or, si ce développement de la Terre semble bien différent, au premier abord, de celui qui amène un germe vivant de l'état d'embryon à l'état de plein épanouissement, ces deux phénomènes sont pourtant fondamentalement identiques. Le même principe, sous des formes diverses et à des degrés variés d'activité, anime tous les corps et règle leur destinée.

Nous donnons, sous forme de tableau, la *succession des résultats produits par les phénomènes géologiques à travers les âges* : pour dater les événements avec plus de précision, nous avons indiqué les subdivisions de chaque ère.

l'Océan indien, le Pacifique forment les trois faces correspondant aux trois sommets précédents; la quatrième face est le pôle nord ; c'est également une dépression; la sonde y est descendue à 3 500 mètres (NANSEN, DUC DES ABRUZES, PEARY). Comme dans toute pyramide chaque sommet est opposé à une face, on s'explique pourquoi les antipodes des continents se trouvent en pleine mer.

ÉVOLUTION DU MONDE PHYSIQUE

Ères.	Périodes.	Étages.	Phénomènes géologiques.
	Archéen...	. . . . . .	Première ébauche des continents. Plis huroniens.
Ère primaire.	Précambrien.	. . . . . .	Plissements précambriens (zone boréale).
	Silurien . . .	. . . . . .	Affaissements des aires continentales. Soulèvements dans l'Ouest de l'Amérique, l'Est des Etats-Unis et le centre de l'Angleterre.
	Dévonien. .	Inférieur . .	Plissements calédoniens (Ecosse, Norvège, Montagnes Vertes).
		Supérieur..	Expansion de la mer en Europe.
	Carbonifère.	. . . . . .	Plissements hercyniens (Europe centrale, Oural, Appalaches).
	Permien. . .		Réduction maxima des mers en Europe.
Ère secondaire.	Trias	. . . . . .	Failles du Morvan.
	Jurassique. .	Inférieur. .	Expansion de la mer en Europe.
		Supérieur..	Emersion progressive du bassin anglo-parisien. Recul de la mer en Europe.
	Crétacé . . .	Inférieur. .	Commencement d'expansion marine en Europe.
		Supérieur..	Au début, expansion maxima de la mer en Europe. A la fin, recul.
Ère tertiaire.	Éocène . . .	Thanétien. Sparnacien.	Premiers plissements des Montagnes Rocheuses.
		Yprésien. Lutétien . .	Grande extension de la Méditerranée.
		Bartonien. .	Commencement des plis pyrénéens.
		Ludien . . .	Plissements de la Provence et premiers plis des Apennins.
	Oligocène . .	Tongrien. .	Maximum des plis pyrénéens. Formation profonde des nappes préalpines.
	Miocène. . .	Aquitanien . Burdigalien.	Plissements de l'Atlas, de l'Apennin, de l'Himalaya, des Montagnes Rocheuses.
		Helvétien. Tortonien.	Plissements définitifs du Jura. Surrection des Alpes, des Carpathes, des Balkans.
		Sarmatien .	Derniers plissements des Apennins. Asséchement de la Méditerranée.
		Pontien. . .	Dépression aralo-caspienne, derniers plissements du Caucase.
	Pliocène. . .	Plaisancien. Astien . . . Sicilien. . .	Ouverture du détroit de Gibraltar. Soulèvement de l'isthme de Panama. Effondrement de la mer Thyrrhénienne et de l'Adriatique. Fin de l'effondrement atlantique.
Ère quaternaire.	Pléistocène Holocène . .		Effondrement de la mer Egée. Fente de la mer Rouge. Grands glaciers. Creusement des vallées.

DOUZIÈME CONFÉRENCE

LES PHÉNOMÈNES BIOLOGIQUES
DANS LEURS RAPPORTS AVEC L'ÉVOLUTION DE LA TERRE
LA VIE DU GLOBE TERRESTRE

Continuité des phénomènes géologiques. — Les destinées de la Terre ferme. — L'âge de la Terre. — La chronologie géologique. — Ce que nous apprennent les fossiles. — Rapports entre le monde physique et le monde animé au cours des âges géologiques. — Phénomènes épirogéniques et la répartition géographique des êtres anciens. — Phénomènes de migration. — Développement du monde animé. — La Vie du Globe. — Les Fonctions vitales de la Terre. — Stades ultérieurs de l'évolution terrestre. — La Géologie de l'Univers et le principe de la conservation de l'énergie.

Continuité des phénomènes géologiques. — Tous les phénomènes géologiques que nous avons étudiés au cours de ces conférences et qui ont donné à notre Globe la configuration qu'il possède aujourd'hui, peuvent être rangés, ainsi que nous le disions en commençant, dans les trois catégories suivantes : phénomènes de sédimentation, phénomènes d'éruption, phénomènes de mouvements de l'écorce terrestre. Nous les avons examinés dans le présent et dans le passé, et nous avons vu que les phénomènes déroulés aux époques anciennes ne diffèrent de ceux qui se produisent sous nos yeux que par l'immensité de la durée pendant laquelle ils se sont manifestés. *Les phénomènes actuels sont le prolongement des phénomènes anciens.*

Pourtant, cette similitude générale n'implique pas la constante identité des phénomènes : 1° à l'origine, la croûte terrestre, moins épaisse, devait être plus flexible ; son relief variant plus vite, les cycles d'érosion pouvaient être plus fréquemment interrompus ; 2° la quantité et la répartition des pluies variant avec le relief, la température et les conditions géographiques, on conçoit que le modelé extérieur a dû traverser des phases de très inégale activité ; 3° enfin les conditions physiques extérieures au Globe terrestre, celles d'où dépend, dans son principe, le travail des forces externes, ne sont pas demeurées constantes. En effet, nous aurons l'occasion de dire plus loin que, pendant l'ère primaire, les mêmes végétaux vivaient sous les tropiques et sous les cercles polaires, et les polypiers constructeurs, aujourd'hui cantonnés dans les mers chaudes, édifiaient des récifs au Spitzberg et à la Terre de Grinnel ; cette uniformité des conditions thermiques de l'écorce primaire semble due à ce que le Soleil était encore à ce moment une énorme nébuleuse.

Ainsi, depuis la consolidation de la première écorce jusqu'à nos jours, *la planète terrestre a subi une véritable évolution qui a porté non seulement sur les conditions internes du Globe, mais aussi sur celles de l'astre dont notre Terre n'est qu'un satellite.*

Nous examinerons principalement, dans cette étude d'ensemble, la part prise par les phénomènes sédimentaires et par les mouvements de l'écorce terrestre.

Vicissitudes de l'histoire sédimentaire. — L'œuvre de sédimentation, conséquence du travail de l'érosion, a commencé aussitôt que la croûte solide a été suffisamment refroidie pour que l'eau pût se condenser. Si l'action des agents destructeurs s'était poursuivie sans entraves, il y a longtemps que l'œuvre d'aplanissement serait opérée. Or, il existe bien des territoires, les Alpes en sont un exemple, qui présentent dans leur topographie des traits de jeunesse. C'est que, au cours des âges, des changements sont intervenus dans la répartition des terres et des mers, ni le niveau de base du travail des eaux courantes, ni la forme générale de l'écorce, ne sont demeurés invariables et chaque fois les puissances extérieures ont eu à surmonter un nouvel obstacle.

La Géologie découvre, à chaque instant, la trace de ces changements, soit dans les fréquentes variations des lignes de rivages, soit, mieux encore, dans l'allure si tourmentée, plissée, parfois renversée que présentent les couches déposées jadis horizontalement. *C'est grâce à ces continuelles modifications que l'histoire géologique au lieu d'être limitée dans une étroite durée de quelques millions d'années, a pu se développer avec cette belle et riche ordonnance que mettent en lumière aussi bien les multiples événements de l'ordre géographique, que ceux qui se sont accomplis dans le monde organique.*

A côté des phénomènes de sédimentation, se révèle l'intervention nécessaire d'un autre ordre de phénomènes, dépendant de l'activité interne du Globe et dont l'effet a été de rompre périodiquement les états d'équilibre auxquels devait conduire le jeu prolongé des puissances extérieures. Ces fréquentes ruptures d'équilibre ont produit, en quelque sorte, un rajeunissement perpétuel de la surface terrestre.

La destinée de la terre ferme. — Les phénomènes d'érosion font peser sur les continents une menace certaine de destruction et nous venons de dire que si, pendant un certain temps, ils se manifestent seuls, la surface continentale tend vers celle d'une *pénéplaine*. L'histoire du Globe abonde en faits de ce genre : à la fin des temps carbonifères, l'Ardenne formait une région montagneuse, plissée comme le sont aujourd'hui les Alpes ; or, ce massif est depuis longtemps nivelé, et c'est grâce à un mouvement de bascule qui, à la fin de l'ère tertiaire, a relevé son bord S.-E., que les rivières méandreuses de la surface ont approfondi leur lit et coulent aujourd'hui au fond de gorges encaissées. Il en est de même du Plateau Central français qui, soumis à l'érosion depuis la fin des temps primaires, était réduit à un plateau peu élevé lorsque les mouvements orogéniques donnèrent naissance aux Cévennes et que les forces volcaniques dressèrent, sur sa surface, de grands cônes de projections. Les calculs les mieux fondés montrent que *si l'action des forces actuellement à l'œuvre pouvait se prolonger sans obstacles, quatre millions d'années suffiraient à amener la disparition totale de la Terre ferme.*

L'âge de la Terre. — Ce nombre va nous permettre de calculer le temps qui semble avoir été nécessaire pour produire l'accumulation des sédiments s'offrant aux recherches des géologues. L'épaisseur des terrains sédimentaires est d'environ 45 kilomètres [1]. Sir ARCHIBALD GEIKIE a calculé que chaque épaisseur de 1 mètre a demandé en moyenne une vingtaine de siècles ; à ce taux, *la série sédimentaire représente une durée d'environ 100 millions d'années, soit 1 million de siècles.* Sir WILLIAM THOMSON, adoptant la conception de la fluidité primitive du Globe et se basant sur le flux de chaleur qui traverse l'écorce, a trouvé que la Terre devait se refroidir depuis 1 million de siècles environ pour donner le taux actuel de flux calorifique.

Cette concordance, entre les résultats fournis par deux méthodes aussi différentes, est à noter ; mais elle n'est pas générale. C'est ainsi que Sir WILLIAM RAMSAY, en cherchant la quantité d'hélium contenue dans les minerais d'urane, accorde à ceux-ci 400 millions d'années pour se former [2]. Quoi qu'il en soit, la durée des temps géologiques, si elle n'est pas infinie, est néanmoins formidable, et l'esprit reste confondu devant cette longue série de siècles. L'histoire de la civilisation, qui nous paraît extrêmement longue, n'embrasse que 60 siècles ; elle est peu de chose en comparaison des 2 400 siècles qui nous séparent de l'arrivée de l'Homme sur la Terre. Cette période — que l'on pourrait appeler *période anthropozoïque* — n'est rien en comparaison des autres périodes de l'histoire de la Terre, car si on rapporte toute la vie géologique de notre planète à une journée de 24 heures. l'histoire de l'Homme y compte pour 3 minutes et celle de la civilisation pour 2 secondes !

1. On admet généralement les nombres suivants : archéen, 24 kilomètres ; primaire, 14 kilomètres : secondaire, 5 kilomètres ; tertiaire, 1 kilomètre ; quaternaire, 0 km. 200.

2. On admet qu'il s'est écoulé relativement peu de temps depuis le moment où la croûte superficielle s'est formée par solidification jusqu'à l'apparition de la vie. Au moment de sa formation, la croûte terrestre était à une température très élevée, mais LORD KELVIN a calculé que la température est tombée relativement vite à 365° d'abord, température critique de l'eau (voir *Physique*), puis à 100°. D'autre part, les physiologistes admettent qu'à partir de 55°, les organismes peuvent commencer à vivre.

Phénomènes et chronologie géologiques. — Les ruptures d'équilibre subies par l'écorce terrestre aux diverses périodes de son histoire, ont permis aux phénomènes d'érosion et de sédimentation d'accomplir successivement plusieurs cycles. Chaque fois, des sédiments nouveaux sont venus s'appliquer sur ceux du cycle précédent, en *concordance* ou en *discordance* ; et comme les couches sédimentaires sont d'autant plus jeunes qu'elles sont plus rapprochées de la surface terrestre, les études de *Stratigraphie* ont permis de reconstituer les épisodes sédimentaires qui se sont produits en un point déterminé. D'autre part, les soulèvements du sol, en faisant émerger des continents et des îles, ont contribué à rendre possible non seulement l'établissement des êtres aériens, mais même celui des êtres aquatiques. Ceux-ci, en effet, ne vivent qu'à la condition de trouver dans l'eau une quantité suffisante d'air dissous : or, la solution de l'air se fait surtout par le choc des vagues contre les côtes, et à ce titre, « la tempête apparaît comme une manifestation nécessaire de la physiologie planétaire. » (STANISLAS MEUNIER].

Pendant les longues périodes de l'histoire du Globe, la population organique de la mer a eu le temps de se renouveler, et elle l'a fait suivant un ordre déterminé, attestant la variation survenue depuis l'origine dans l'ensemble des conditions physiques. A toute époque, il s'est trouvé des animaux répandus à peu près partout et capables d'être considérés comme *animaux caractéristiques* de l'époque considérée.

C'est en se basant sur l'étude des roches, sur les rapports des couches entre elles et sur l'étude des restes d'animaux anciens ou *fossiles* que les géologues ont pu établir la chronologie relative des terrains et reconstituer la série des épisodes sédimentaires.

Ce que nous apprennent les fossiles. — L'étude des animaux anciens ou *Paléontologie*[1] a permis de déterminer le milieu

1. *Paléontologie* (du grec : *palaios* ancien ; *ontos,* être ; *logos,* discours). L'origine des fossiles fut longtemps méconnue : au moyen âge, ils étaient considérés comme des « jeux de la Nature » ; les judicieuses remarques de LÉONARD DE VINCI et de BERNARD PALISSY ne purent pré-

dans lequel ces êtres ont vécu, et les conditions du dépôt des couches qui les renferment; de fixer l'âge relatif des terrains et comparer des couches situées dans des régions éloignées; de doter la science d'une véritable chronologie qui en fait une science historique, et enfin de reconstituer les changements survenus dans la répartition des continents et des mers aux différentes époques de l'histoire de la Terre.

En elle-même, l'étude des fossiles offre un intérêt des plus attachants en déroulant devant nos yeux les tableaux les plus étranges, merveilleux, grandioses même, de la Nature animée en voie d'évolution. Elle nous apprend que *la vie est très ancienne à la surface du Globe,* car on trouve des restes d'animaux à la base même des terrains sédimentaires; que *les êtres d'autrefois représentent des formes d'autant plus différentes des formes actuelles qu'ils sont plus anciens,* en d'autres termes qu'*il y a eu des transformations successives dans les faunes et les flores.*

Il n'entre pas dans cette conférence de faire une étude même sommaire, des êtres qui ont peuplé la Terre aux époques antérieures à la nôtre; notre but est simplement de montrer que cette histoire, qui se relie intimement d'ailleurs à la connaissance des êtres actuels, est sous la dépendance, d'une part, des phénomènes géologiques qui ont modifié la configuration des mers et des continents et, d'autre part, des conditions physiques que ces mers et ces continents ont présentées.

Rapports entre le monde physique et le monde animé au cours des temps. — Les phénomènes géologiques et les états successifs qu'a revêtus notre planète au cours de son évolution, ont influé sur le développement du monde animé : les modifica-

valoir contre les idées préconçues de l'époque. Plus tard, STÉNOS, PALLAS, WERNER, HUTTON, PLAYFAIR, DE HUMBOLD parvinrent à faire adopter des vues plus exactes. CUVIER étudia les ossements fossiles, avec une sagacité telle qu'il put reconstituer, par l'examen de quelques fragments d'un squelette fossile, le squelette entier de l'animal. CUVIER est considéré comme le fondateur de la Paléontologie. Aujourd'hui les fossiles jouent, pour le géologue, le même rôle que les monnaies antiques pour l'archéologue.

tions survenues dans l'air, l'eau, la température, le sol, etc. — qui représentent, pour les êtres vivants, les éléments constitutifs de leur milieu — se sont opérées graduellement et les formes vivantes, en s'adaptant aux nouvelles conditions qui leur étaient offertes, se sont lentement modifiées en se perfectionnant.

Lors de la formation des terrains archéens, il est probable que les conditions physiques et chimiques des océans, ne se prêtaient pas encore à l'apparition et au développement de la vie ; outre leur température élevée, leur forte teneur en sub-

Fig. 80. — Le *Diplodocus*. Reptile de l'ère secondaire, d'après l'essai de reconstitution du Muséum d'ihstoire naturelle de Paris. Longueur : 26 mètres.

stances chimiques, les eaux marines étaient soumises à des marées colossales et leur agitation allait en diminuant vers les pôles. Nous ignorons quand et comment la vie a fait son apparition. Il est probable que les premiers organismes se sont formés dans la tranquillité des mers polaires et qu'ils devaient être analogues aux plus inférieurs de nos Protozoaires, formés d'une simple masse de matière vivante.

Au début de l'ère primaire, seule la vie dans les océans est possible ; elle n'appartient qu'à des *Invertébrés* : Protozoaires, comme il en existe dans les grandes profondeurs des océans actuels, Coraux qui construisent des récifs, Crustacés qui deviennent nombreux et caractéristiques de cette époque (Trilobites). Puis les océans se peuplent de poissons étranges (*Placodermes*) à colonne vertébrale non ossifiée et à écailles osseuses, leur constituant une solide armure. A mesure que les continents s'étendent, les végétaux s'emparent du sol ; ils s'acclimatent d'abord aux marécages, puis l'humidité atmosphérique leur permet de s'établir sur la terre ferme. Ces végétaux sont des *Cryptogames*, c'est-à-dire des plantes sans fleurs. Au Carbonifère, où les continents plus étendus mais mal défendus contre les invasions de la mer, se trouvent préparés à l'établissement de grands lacs, les *Gymnospermes* s'ajoutent aux Cryptogames et la végétation prend une diversité et une exubérance qu'elle n'a jamais égalées depuis : des fougères constituaient des arbres plus hauts que les sapins de nos forêts, des Prêles (*Calamites*) atteignaient 20 mètres de hauteur ; des Lycopodes, qui ne sont plus représentés dans notre nature actuelle que par de chétives plantes, pouvaient dépasser 25 mètres (*Lépidodendrons*), enfin les Gymnospermes, groupe auquel appartiennent nos conifères, étaient représentés par des végétaux extraordinaires, comme les *Sigillaires* et les *Cordaïtes* aux feuilles longues de 1 mètre. Liés au monde des plantes, les *Insectes* se développent rapidement et atteignent de grandes tailles : on a trouvé, dans le bassin houiller de Commentry, des libellules de 0 m. 70 d'envergure. L'agitation assez bruyante de leur vie active, remplaçait le silence absolu des premiers âges.

Purifiée par cette abondante végétation, l'atmosphère devient respirable pour des animaux terrestres, la vie organique sort des eaux, donne des Batraciens qui apparaissent sur les rivages, et bientôt de véritables Reptiles qui n'ont pas tardé à prendre un développement considérable, la forte pression de l'air entraînant la puissance musculaire et la grande consommation alimentaire.

L'ère secondaire pendant laquelle les animaux ont disposé de continents plus étendus marque, au point de vue organique, un progrès sur la précédente. La vie est encore amphibie, car les grandes îles sont, comme nous l'avons vu, fréquemment submergées ; les Reptiles, qui ne tardent pas à devenir les rois de la création, prennent des tailles gigantesques, mais sur des continents vides, n'étant nullement astreints à la nécessité de fuir devant leurs ennemis, ils conservent une démarche lourde et lente. Tels sont les caractères que nous présente cette singulière et colossale famille des *Dinosauriens* (du grec *deinos*, terrible, et *sauros*, lézard) qui compte parmi ses représentants le *Diplodocus*, long de 26 mètres, et l'*Atlantosaure*, capable d'atteindre 35 mètres.

Les reptiles nageurs n'étaient pas rares et devaient être de redoutables carnassiers : il y avait, en outre, des Reptiles volants, et l'*Archéopteryx*, qui est le plus ancien oiseau fossile connu, présente un curieux mélange de caractères d'oiseaux et de reptiles. L'aile de l'Archéoptéryx, comme celle du *Ptérodactyle* qui est un reptile, ne devait être qu'un parachute. La nécessité de l'aile ne s'impose pas encore au monde animal : inutile de prendre un tel essor pour parcourir un étroit domaine et où tous les objets sont rapprochés. L'aile se déploiera à la fin de l'ère secondaire où les continents se seront morcelés, les vallées approfondies, où les saisons auront fait leur apparition, où le besoin sera venu pour l'animal de plonger du haut d'un roc, de traverser des bras de mer et d'émigrer en d'autres contrées. Le sol, plus accidenté après les mouvements orogéniques de la fin de l'ère précédente, se recouvre de forêts de Conifères (Woltzia) et de Cycadées, dont les espèces actuelles sont limitées aux régions tropicales : enfin, les *Angiospermes* font leur apparition et plus spécialement les arbres à feuilles caduques (peupliers, saules, platanes, hêtres, chênes, etc.), dont la présence indique l'établissement des saisons et la répartition (on en a trouvé au Groenland), l'existence d'un climat plus chaud qu'aujourd'hui.

L'ère tertiaire est marquée, on s'en souvient, par des mouvements alternatifs d'exhaussement et d'affaissement qui ont progressivement donné aux continents leur configuration actuelle, mais qui, d'autre part, en créant des conditions nouvelles et variées, ont influé sur le climat, jusqu'alors si uniforme, et ont entraîné des changements notables dans la faune et dans la flore. Les grands Reptiles ont disparu, et, avec eux, les *Ammonites* et les *Bélemnites* qui restent les animaux caractéristiques des mers secondaires. Les *Mammifères* qui, depuis longtemps, avaient fait une timide apparition sous la forme de Marsupiaux, vont désormais pouvoir, à la faveur de larges espaces, prendre une grande extension, s'adapter aux genres de vie les plus divers et donner naissance à des formes multiples : on connaît actuellement 3 500 espèces de Mammifères fossiles, alors que le nombre des espèces vivantes n'est que 2 500 environ. Les principaux sont : des *Éléphants*, comme le *Masto-*

donte aux quatre défenses, précurseur des éléphants actuels ; le *Dinotherium* dont la tête seule mesurait 2 mètres de long ; l'*Éléphant méridional* qui ressemble à l'éléphant africain actuel : des rhinocéros et des tapirs ; des ruminants ; des chevaux ; des carnivores, comme les chats, les chiens, les ours ; des singes, comme le *Mésopithèque*, voisin du macaque, et le *Dryopithèque* qui réunissait les traits des chimpanzés, des gorilles et de l'orang-outan[1]. Dans le monde végétal, les Gymnospermes ont cédé le pas aux palmiers et aux arbres à feuilles caduques qui, d'abord mélangés dans nos pays, sont obligés de se séparer

Fig. 81. — *Mammouth*. Ère quaternaire. Hauteur : 5 mètres.

en raison du refroidissement graduel de la température ; les palmiers ne se rencontrent plus que dans les pays chauds, alors que la prépondérance reste aux hêtres, érables, peupliers, chênes, etc.

Les dislocations de l'ère tertiaire, l'effondrement de l'Atlantique, la formation de hauts massifs montagneux, entraînèrent des variations importantes de climat qui eurent leur répercussion sur les animaux et les végétaux de l'ère quaternaire. Après les invasions glaciaires, les grands mammifères herbivores (*Éléphant antique*, *Rhinocéros bicorne*, *Grand*

1. En 1892, M. E. Dubois a découvert à Java, dans des couches attribuées au Pliocène, quelques restes (calotte cranienne, deux dents, un fémur) qui ont été attribués à un animal supérieur en organisation à nos grands singes actuels ; son crâne est intermédiaire entre celui du chimpanzé et celui de l'Homme australien. Ces particularités sont rappelées dans le nom qu'on a donné à cet animal : *Pithécanthrope* (du grec pithékos, singe ; anthropos, homme). Cette découverte a été le sujet de bien des discussions.

Hippopotame) disparurent, laissant la place au *Mammouth*[1] à la peau laineuse et au *Renne*. Il y eut alors une végétation de steppes, de grandes étendues herbeuses et par places, des *toundras* qui ne se rencontrent plus aujourd'hui que dans les régions arctiques. Puis, la température étant redevenue humide et douce, et le climat se rapprochant de plus en plus du régime actuel, le Mammouth, le Renne, l'Élan, le Renard bleu, émigrèrent vers le Nord, tandis que la Marmotte et le Chamois se réfugièrent sur les hauteurs des montagnes pour trouver le froid qui leur convient. L'Homme paraît avoir fait son apparition dans nos pays, pendant la période de climat doux qui suivit la grande extension glaciaire ; il fut le contemporain de l'Éléphant antique, du Grand Hippopotame, du Renne, de l'Ours des cavernes, dont il a bien souvent gravé les silhouettes ou qu'il a peints sur les parois des cavernes qu'il habitait[2].

Fig. 82. — L'*Æpyornis*, oiseau géant de l'ère quaternaire. L'oiseau pouvait atteindre 4 mètres de hauteur et son œuf une capacité de 8 à 10 litres.

Phénomènes épirogéniques et répartition géographique des êtres anciens. — L'étude des dépôts formés pendant les périodes

1. Les Mammouths ont été parfaitement conservés dans les glaces de la Sibérie. Les plus intéressants spécimens sont : 1° celui de l'embouchure de la Léna, découvert en 1799 et qui figure au Musée de Saint-Pétersbourg ; 2° celui de Beresowka-Kolyma, découvert en 1902, dans un état de conservation tel que ses organes ont pu être étudiés dans tous leurs détails ; 3° celui des environs d'Irkoust, découvert en 1908, et dont la trompe était conservée. Le Mammouth portait deux longues défenses recourbées dont l'ivoire est très apprécié. ADAMS indique comme longueur d'une défense 7 mètres, et M. PFIZENMAYER, conservateur du musée de Tiflis, déclare en avoir vu une peser 125 kilogrammes.

2. La race humaine la plus ancienne que l'on ait pu reconstituer est la race de Néanderthal à laquelle se rapportent les squelettes de Spy, de

géologiques, et celle des fossiles trouvés dans ces dépôts, permettent de constater qu'il existe, dans la sédimentation, un défaut de continuité aussi net que dans la succession des êtres. La limite de deux périodes successives est presque toujours marquée par des extinctions soudaines de certains éléments caractéristiques de la faune et de la flore, et par l'apparition de types nouveaux. CUVIER attribuait à des révolutions subites, à de véritables catastrophes, les changements dans l'emplacement des mers et les destructions d'organismes qui en résultaient : ses disciples émirent l'hypothèse des *créations successives*, et, en 1851, d'ORBIGNY écrivait encore que « vingt-sept fois des créations distinctes sont venues repeupler toute la Terre de ses plantes et de ses animaux ».

Or, les soulèvements et les effondrements, ainsi que l'édification des chaînes de montagnes, sont des phénomènes extrêmement lents, demandant, pour se manifester, une longue série de siècles et ne revêtant nullement l'allure cataclysmale qu'on leur a attribuée. Aussi, la théorie des bouleversements et des créations successives, a-t-elle fait place peu à peu à la théorie dûment fondée de l'évolution des êtres vivants. Dans les dépôts opérés au fond des géosynclinaux, où la continuité de la sédimentation a entraîné la continuité de l'évolution organique, on a pu suivre les transformations de quelques espèces (**phénomènes de mutation**) [1]. Les renouvellements des faunes ne sont pas universels, mais locaux, et CUVIER lui-même les attribuait à des échanges mutuels entre des régions tout d'abord séparées, à des **phénomènes de migrations.**

Supposons que deux bassins océaniques se trouvent mis en communication par la rupture d'un isthme : les faunes se mélangent et, de part et d'autre, apparaissent des formes qui n'existaient pas encore. C'est ainsi que les effondrements du

Krapina, de la Chapelle-aux-Saints (découvert en 1908). Mais cette race n'est pas la première qui ait vécu en Europe, elle remonte au pléistocène moyen, alors qu'on connaît une industrie plus ancienne, datant du pléistocène inférieur.

1. Ce terme de *mutation* a été créé par WAAGEN, en 1868, pour désigner les modifications d'une espèce dans le temps ; dans ces dernières années, le savant hollandais DE VRIES a employé ce mot dans un sens tout différent.

pliocène, qui ont créé la mer de Marmara, la mer Egée et le Bosphore, ont permis à la faune méditerranéenne de prendre possession de la mer Noire jusque-là habitée par une population saumâtre très spéciale [1]. Une transgression marine ou avancée de la mer sur les continents, produit la superposition d'animaux marins à des animaux lacustres, lagunaires ou terrestres. Au contraire, une régression ou retrait de la mer, en mettant en communication deux territoires primitivement séparés, permet aux animaux de passer de l'un vers l'autre : ainsi, la fermeture de l'isthme de Panama, opérée au pliocène, a permis aux Mastodontes et aux Chevaux de passer de l'Amérique du Nord vers l'Amérique du Sud, et aux Édentés de réaliser la migration inverse.

En résumé, *les transgressions marines ont entraîné des migrations d'animaux marins, tandis que les régressions ont eu pour conséquence des migrations d'animaux terrestres. En d'autres termes, les phénomènes épirogéniques ont entraîné des changements dans la répartition des êtres qui vivaient aux différentes périodes de l'histoire de la Terre.*

La paléogéographie et les phénomènes de migration. — La paléogéographie et les phénomènes de migration se prêtent un mutuel concours, car bien souvent la connaissance de la diffusion d'un groupe zoologique permet de connaître les territoires qui étaient en communication à l'époque considérée. Ainsi, la présence, en Angleterre, de certains proboscidiens implique l'existence d'un isthme de jonction entre l'Angleterre et la France depuis le pliocène à la fin des temps quaternaires.

Les passages d'animaux d'un continent à l'autre à la suite de mouvements épirogéniques ont été signalés pour toutes les ères de l'histoire de la Terre [2]. On explique ainsi, pour l'ère primaire, la diffusion de certains reptiles terrestres comme le *Dicynodon* que l'on trouve au Transvaal, dans l'Hin-

---

1. Le même fait s'est produit à la suite du percement de l'isthme de Suez.

2. Voir Ch. Depéret. *Les Transformations du Monde animal.* Paris, 1907.

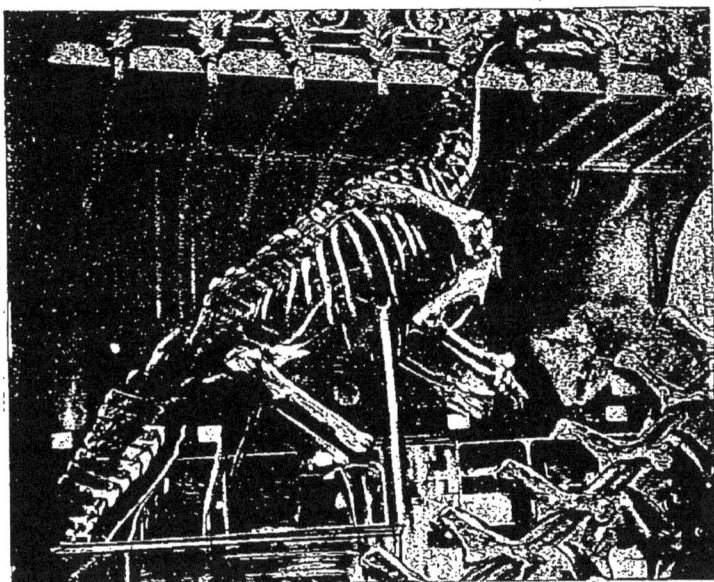

Les grands animaux disparus.
Iguanodon et vertèbres de Diplodocus.
(Muséum d'Histoire naturelle de Paris.)

Galerie de Paléontologie.
Muséum d'Histoire naturelle de Paris.)

doustan, en Écosse et sur les rives de la Dwina et qui a dû profiter des ponts temporaires jetés entre le continent boréal et le continent tropical. A l'ère secondaire, le morcellement des continents entraîne une certaine localisation : les *Téléosaures* en Europe, les *Cératosaures* dans l'Amérique du Nord ; mais, à la faveur de quelque communication, le redoutable *Mégalosaure*, reptile terrestre géant d'Europe, a pu passer en Patagonie et à Madagascar, de même qu'au Colorado. Pendant l'ère tertiaire, les connexions dues aux phénomènes de plissements ont favorisé de nombreux échanges de continent à continent. Les premiers Rhinocéros, les premiers Tapirs et peut-être aussi l'Hipparion, nous arrivent d'Amérique ; par contre, des Castors, des Chiens, des Loutres passent d'Europe en Amérique. La grande régression marine qui caractérise la première moitié du quaternaire a fait émerger un continent arctique, lequel a permis la dispersion, dans le nord de l'Asie, de l'Europe et de l'Amérique, d'une faune comprenant le Renne, le Bœuf musqué, le Mammouth, les Ours, les grands félins quaternaires, etc. De même, les Marsupiaux, venus de l'Amérique du Sud, ont utilisé le continent antarctique pour parvenir en Australie où ils sont aujourd'hui confinés. L'union de l'Europe et de l'Afrique a permis l'arrivée en Europe, des Mastodontes, des Dinothérium, des Ruminants et des premier Singes ; tandis que, de l'Inde, sont venus les Chevaux, les Bœufs, les Singes anthropoïdes et le premier précurseur fossile de l'humanité.

Développement du monde animé. — En étudiant, comme nous venons de le faire, l'influence des phénomènes géologiques sur le monde animé, nous avons tracé les grandes lignes du tableau de développement de la vie à travers les âges et préparé la connaissance du monde organisé actuel. Complétons maintenant ce tableau par quelques traits qui mettront en évidence le progrès continu du monde organique.

Tout d'abord, disons que nous ne connaissons rien du début de la vie sur notre Globe. La faune silurienne est tellement différenciée que l'on a cherché dans le Cambrien et l'Archéen — terrains plus anciens que le Silurien — les ancêtres des formes siluriennes. Or, ces ancêtres sont à leur tour assez complexes pour avoir eu des ancêtres plus simples qu'eux ; mais ici les investigations s'arrêtent, car les sédiments plus anciens ont été métamorphisés, transformés en micaschistes et en gneiss et, avec eux, les traces d'êtres qu'ils renfermaient. *Le métamorphisme a détruit les premières ébauches de la vie.* Peut-être existe-t-il des points[1] où la transformation n'a pas été complète ? Les recherches de l'avenir pourront seules répondre à cette angoissante question.

A l'*ère primaire*, les Trilobites avec leur enveloppe calcaire, les Brachiopodes dans leur coquille, et les Poissons cuirassés montrent que ces êtres vivaient au milieu d'éléments encore très agités et que cette agitation devait avoir pour eux de fâcheuses conséquences. La vie reste mystérieuse et cachée, elle ne se manifeste par aucun bruit, mais par le déplacement d'animaux obscurs qui se mouvaient au fond des eaux. Pendant cette immense durée des temps primaires, non seulement la vie est née et a réalisé les types inférieurs, mais encore tous les types de nos classes actuelles ont pris forme, sauf les Oiseaux et les Mammifères. Et pourtant, les premiers linéaments de ces derniers étaient déjà dessinés d'un trait hésitant.

Avec l'*ère secondaire*, l'animation devient plus grande, la surface des océans est sillonnée par de curieuses bêtes à la poursuite de proies vivantes, tandis que les énormes reptiles se traînent sur le sol, ou bien grimpent aux arbres pour se lancer dans l'espace comme des oiseaux. Dans ce monde, l'élégance des formes, la grâce des mouvements étaient inconnues ; il n'offrait que des contours grossiers, des contacts rudes et des appétits brutaux ; la petitesse extrême du crâne est bien la preuve du dénuement intellectuel.

A l'*ère tertiaire*, les Marsupiaux transmettent aux autres mammifères le sentiment de la sollicitude pour leurs petits. De là sortira l'amour dans la Nature ; et, comme une suite de cette floraison délicate, ce sont le coloris brillant des plumes chez les oiseaux, la grâce des mouvements, l'élégance des formes

---

1. Ces points doivent se trouver de préférence au pôle, où l'écorce terrestre s'est solidifiée en premier lieu et où elle a présenté une grande stabilité.

assouplies et des habitudes sociables. Le cri sourd, rauque et sans suite de la brute est couvert maintenant par mille voix modulées sous le souffle des passions changeantes. A l'isolement des premiers êtres, succède la vie en troupeaux, et la vie en société se manifeste pour certains Insectes et la plupart des Oiseaux. Les êtres devenus plus nombreux multiplient les contacts et se diversifient plus que jamais ; quelques-uns d'entre eux s'élèvent rapidement vers une forme supérieure favorable au développement de l'intelligence ; cette forme, c'est l'*Homme*.

Depuis le début du *quaternaire*, l'Homme est devenu l'être caractéristique au suprême degré, le maître du monde. Interdits devant la complexité merveilleuse de la Nature actuelle, nous ne pouvons pas prévoir où elle va nous conduire, mais nous favorisons l'évolution de cette phase grandiose en donnant leur plein essor aux causes qui l'ont déterminée et en recherchant tout ce qui a embelli la vie dans le cours des âges passés.

La vie du Globe. — De l'étude des phénomènes géologiques, de grandes et importantes conclusions se dégagent.

D'abord, *ils se sont manifestés d'une façon continue, lente et calme* et nullement cataclysmale, comme on l'avait supposé. Les déplacements de la mer, les soulèvements des continents, l'apparition des chaînes de montagnes, les effondrements qui peuvent faire descendre une région au-dessous du niveau de la mer, ont été des phénomènes tellement lents que s'il y avait eu, à cette époque, une humanité à la surface du Globe, elle ne se serait pas plus aperçue de leur production que nous ne nous rendons compte aujourd'hui des changements de même ordre qui s'y effectuent.

Ensuite, *ils ne se sont pas produits au hasard* ; *ils représentent une évolution déterminée* comme une sorte d'effort inconscient de la matière vers la réalisation des états successifs qu'elle est appelée à parcourir.

Enfin, *à chacun de ces phénomènes, correspond, dans la structure terrestre, un véritable appareil anatomique grâce auquel il peut se réaliser.* Les entrailles de la Terre n'apparaissent pas seulement comme un magasin où sont conservés les vestiges de toutes les productions géologiques, mais bien comme des agencements compliqués, de véritables tissus composant des *organes* dont chacun est destiné à l'accomplissement d'une *fonction*.

En résumé, l'étude des phénomènes géologiques montre que *la Terre*, considérée par le vulgaire comme un amas de cailloux, *est un véritable organisme où des appareils harmonieusement associés poursuivent la réalisation de fonctions dont l'ensemble se traduit par le progrès d'une évolution sans arrêt* (Stanislas Meunier). En d'autres termes, *la Terre est un organisme vivant et les phénomènes dont elle est le siège en sont les fonctions.*

Les fonctions vitales de la Terre. — Il résulte de ce qui précède que *la Géologie est la Physiologie du globe terrestre*, puisque la *Physiologie* est la science des fonctions ou des actes par lesquels se manifeste, se développe et se propage la vie. C'est en nous plaçant à ce nouveau point de vue, que nous résumerons les connaissances acquises, dans ces conférences, sur les phénomènes géologiques.

L'écorce terrestre apparaît comme un organe distinct, présidant à l'accomplissement de tout un ordre de phénomènes qu'on peut résumer sous le nom de *fonction corticale*. Écran protecteur qui ralentit le refroidissement du noyau et assure à l'évolution planétaire une durée plus longue, elle se modèle constamment sur la masse sphéroïdale interne au rayon sans cesse raccourci, elle ondule (continents et mers), se plisse (chaînes de montagnes), se brise (failles).

A côté de cette première fonction, s'en place d'autres qui donnent lieu à des transports de matières et communiquent à l'écorce terrestre, l'allure caractéristique des êtres vivants, C'est d'abord la *fonction volcanique*, qui apporte à la surface du sol, avec les matières fondues de l'intérieur, la potasse, le phosphore, le carbone et autres éléments des tissus vivants, qui répare les pertes subies par l'atmosphère en gaz carbonique (entré dans la constitution des roches ou décomposé par les végétaux en houille, anthracite), et dont le caractère indispensable fait supposer qu'elle est intervenue de la même façon à toutes les époques géologiques dans l'harmonie des choses. C'est ensuite la fonction que l'on peut qualifier de *bathydrique,* et qui s'accomplit par le concours des eaux d'imprégnation des assises profondes ; grâce à cette eau, les couches du sol sont soumises à des transformations continuelles auxquelles se rattachent le métamorphisme, la constitution des filons métallifères, la fossilisation des vestiges organiques, etc.

L'*eau superficielle* qui réalise, avec des allures périodiquement variables, d'énormes travaux érosifs et sédimentaires, mérite d'être classée parmi les agents les plus efficaces de la surface. La *mer*, qui se signale comme un des appareils les mieux définis de l'anatomie planétaire, est, en même temps qu'une machine de démolition et de trituration, un laboratoire dont les régions profondes sont favorables à l'édification de formations stratifiées. Les *glaciers* sont des agents d'usure très actifs et liés au phénomène orogénique. L'*air*, par sa fluidité et sa mobilité, est capable d'effectuer le transport de particules rocheuses ; son action érosive se complique de la collaboration des particules solides qu'il charrie et son action édificatrice (lœss de Chine) s'unit souvent à la sédimentation fluviale (comme en Égypte) et à la sédimentation marine (comme au Cap-Vert). Enfin le *monde vivant*, qui apparaît comme un appareil du grand organisme tellurique, exerce des actions de destruction et de sédimentation bien nettes ; il suffira de rappeler la formation des roches par les êtres vivants. Ceux-ci produisent aussi une circulation de matières : les Végétaux accumulent le carbone qui donnera la houille ; les Diatomées et les Radiolaires arrêtent la silice des eaux marines et forment des sables capables de modifier le contour des côtes ; les Foraminifères et les Algues fixent le calcaire et méritent bien la dénomination de « constructeurs de continents » que MICHELET leur a donnée.

Toutes ces fonctions se présentent avec un caractère d'évidente nécessité, même la *fonction biologique* qui maintient, dans le mécanisme tellurique, l'équilibre mobile à travers les conditions les plus diverses.

Stades ultérieurs de l'évolution terrestre. — Tels sont les phénomènes qui se produisent sur notre planète. La forme planétaire constitue l'état adulte des astres ; la réalisation de cette forme est suivie de phases que, par analogie avec ce qui se passe chez les êtres vivants, on peut appeler *phases de déclin*.

La cause de l'évolution de notre planète, nous le savons, réside dans la contraction incessante que subit la masse du Globe sous l'influence de la perte de chaleur originelle. Le refroidissement continuant, la croûte s'épaissit, l'air et l'eau pénètrent de plus en plus dans le sol et finissent par être absorbés : *plus la Terre vieillira, plus l'Océan restreindra ses limites et plus l'Atmosphère diminuera d'épaisseur*. La Paléogéographie nous a montré que, primitivement, la mer formait une enveloppe continue, puis que les îles peu étendues ont fait d'abord leur apparition ; que les continents se sont développés peu à peu, restreignant d'autant le domaine maritime, jusqu'à occuper — ce qui est le cas actuellement — le quart de la surface terrestre. On peut d'ailleurs retrouver les divers états de l'histoire de la Terre en examinant les mondes qui gravitent dans l'infini. Vénus est plus jeune que la Terre ; les mers y sont plus développées que sur notre planète, l'atmosphère plus dense est chargée de nombreux et énormes nuages. Mars, est plus âgée que la Terre : les mers y sont moins développées que les continents et l'atmosphère est très mince. Enfin, cette absorption successive de l'atmosphère terrestre trouve dans la Géologie une sorte de confirmation indirecte. Diverses expériences ont montré qu'une faible augmentation dans l'épaisseur de notre atmosphère ou dans la proportion de vapeur d'eau, suffirait pour que la chaleur solaire, s'y emmagasinant en plus grande quantité, fasse disparaître les climats. Or, nous savons que, pendant les périodes géologiques, la distribution des plantes et des animaux était uniforme, ce qui prouve qu'il n'y avait pas de climats et que l'atmosphère terrestre était autrefois plus épaisse qu'aujourd'hui.

La Terre, en perdant de siècle en siècle son eau et son atmosphère, tend vers un stade représenté par la Lune[1].

1. L'astronomie fait connaître de curieuses particularités de la surface lunaire. Les chaînes de montagnes y sont l'exception ; la forme des montagnes est *l'anneau*, véritable cratère où l'on ne voit que remparts

L'évolution lunaire (sélénologique) a été plus rapide que l'évolution terrestre (géologique) parce que la Lune, ayant un volume près de cinquante fois moindre que celui de la Terre, s'est refroidie plus vite. La Lune ne possède plus ni eau, ni atmosphère ; elle commence à s'effriter, comme s'est effritée, avant elle, une planète plus ancienne qui gravitait entre Mars

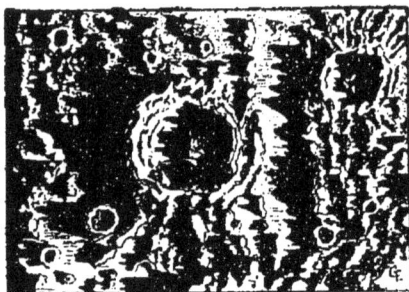

Fig. 83. — Topographie lunaire. La Lune est à un état
d'évolution planétaire plus avancé que la Terre.

et Jupiter et qui forme maintenant plus de six cent cinquante débris.

Ainsi, *les phénomènes géologiques qui, dans l'état actuel de*

démantelés, rochers pointus ressemblant de loin à des flèches de cathédrales. Au centre du cratère s'élève un groupe de montagnes prenant l'aspect d'un cône. L'action volcanique a dû agir avec une extraordinaire intensité, et la surface lunaire en conserve, pétrifiés, de gigantesques souvenirs. C'est l'exagération des paysages d'Auvergne ou des Champs Phlégréens. On connaît 50000 de ces cratères sur la face de la Lune tournée vers nous ; leur diamètre est fréquemment de 100 kilomètres, il peut atteindre 200 kilomètres (cirque de Schickard) et même davantage (cirque de Clavius). Ces différences sont dues: 1° à la faible pesanteur qui se manifeste sur la Lune, 50 fois plus petite que la Terre et pesant 84 fois moins ; 2° à l'absence d'eau et d'atmosphère. Une puissance relativement faible a pu briser, soulever, déchirer bien plus facilement la partie extérieure de la Lune que celle de la Terre. Le calme absolu règne sur cet astre nu, sans enveloppe aérienne. Aucun météore ne vient user les rochers qui sont peut-être métalliques ; aucune pluie ne vient les humecter. La Nature y conserve son silence de mort et de désolation. Les ruines de notre satellite nous montrent parfaitement conservés les moindres détails de ses dernières catastrophes, et sur une échelle bien plus vaste que celle qui nous sert à apprécier les faits géologiques de la Terre.

la Terre, s'exercent dans toute leur plénitude, iront en s'affaiblissant : l'absorption des fluides conduit la Terre vers un état dont la Lune donne une idée suffisante.

Ces dernières considérations nous montrent que la Géologie, qu'il faudrait appeler « terrestre » malgré le pléonasme, n'est qu'un cas particulier. Elle se complète et s'éclaire par la « Géologie » du Soleil, des Planètes, de la Lune. De même que l'analyse spectrale du Soleil et des Étoiles évoque devant nous les états de la Terre, de même que les météorites, ou pierres tombées du ciel, dévoilent la géologie des parties profondes de notre Globe, de même la Lune et les petits astéroïdes qui gravitent entre Mars et Jupiter révèlent l'avenir qui attend notre planète.

Les mondes innombrables de l'espace déploient dans les cieux les mêmes tableaux, les mêmes panoramas, les mêmes beautés naturelles que celles que nous admirons sur notre Terre ; mais ils les reproduisent en les centuplant, à travers l'inépuisable variété d'une puissance infinie.

Et si l'étude du ciel est utile à la connaissance de la Terre, inversement la Géologie donne la clef des diverses apparences que présentent les corps célestes. Astronomie et Géologie se prêtent un mutuel concours pour dégager quelques-unes des grandes lois qui régissent l'Univers.

Partout, nous rencontrerons deux puissances en jeu : la gravité et la chaleur ; mais ces deux éléments sont réductibles à un seul puisque toute l'énergie du système planétaire était, à l'origine, enfermée dans une nébuleuse, c'est-à-dire dans un amas de lumière vibrante et lumineuse animé d'un double mouvement de rotation et de concentration. Dès lors, le mouvement de condensation, grâce auquel la chaleur originelle peut se maintenir, mouvement que nous avons considéré comme la cause profonde des phénomènes géologiques et auquel nous avons rapporté l'origine des nébuleuses, des étoiles et des planètes, apparaît comme une conséquence du grand principe de la *conservation de l'énergie.* C'est lui qui règle l'évolution de la Terre comme il règle celle des mondes qui, par milliards, se meuvent dans toutes les directions de l'espace jusqu'aux limites fuyantes et éternellement inaccessibles du vide incommensurable.

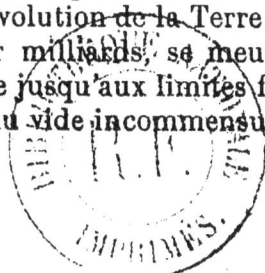

ÉVOLUTION DU MONDE VIVANT

(Lire le tableau de bas en haut)

ÈRES ET PÉRIODES GÉOLOGIQUES.	VÉGÉTAUX.	ANIMAUX CARACTÉRISTIQUES PRÉDOMINANTS.	
QUATERNAIRE. { Holocène. Pléistocène.	Migrations des espèces *actuelles* : espèces tropicales, tempérées, boréales.	Règne de l'*Homme*.	Prédominance des Mammifères et des Oiseaux.
TERTIAIRE. { Pliocène. Miocène. Oligocène. Éocène.	Apparition des arbres à feuilles caduques. Règne des *Angiospermes*	Règne des *Mammifères*.	Prédominance des Crocodiles, Poissons osseux ; Insectes ; Mollusques gastéropodes et lamellibranches. Nummulites.
SECONDAIRE. { Crétacé	Apparition des *Dicotylédones*.	Règne des Rudistes.	Prédominance des Mollusques céphalopodes : Bélemnites, Ammonites.
Jurassique.	Apparition des *Angiospermes* monocotylédones.	Règne des *Reptiles*.	
Trias.	Fougères (Névroptéris). Début du règne des *Gymnospermes*.	Règne des *Amphibiens*. (Stégocéphales).	
PRIMAIRE. { Permien.	Accroissement des Gymnospermes (Walchia).		Prédominance des Poissons cuirassés. Sélaciens. Grands Insectes.
Carbonifère.	Règne des *Cryptogames vasculaires*	Règne des *Brachiopodes* (Productus. Spirifers)	
Dévonien.	Premières fougères.		
Silurien.	Premières plantes marines (algues). Premières plantes terrestres (Lycopodes.	Règne des *Crustacés*. (Trilobites)	Prédominance des Graptolithes.
ARCHÉEN.	Fossiles inconnus.		

21

TABLE DES MATIÈRES

repos. — II. Le vent et les actions éoliennes. — Transports
éoliens; érosion, sédimentation, édifications éoliennes. — Dunes
littorales et dunes continentales. — III. Antagonisme des agents
atmosphériques et paysage éolien.

phiques produites par les extensions glaciaires. — Congélation
des lacs, des rivières et des mers. — Phénomènes glaciaires
dans les régions polaires et à travers les âges.

HUITIÈME CONFÉRENCE

Généralités. — Les mouvements de la mer. — I. *Phénomènes
destructeurs.* — L'érosion marine. — Curiosités naturelles dues
à l'érosion des falaises. — Erosion par les courants de marée. —
Formation des rias et des fjords. — Le seuil continental. — Le
dessin des côtes. — Valeur de l'érosion marine. — II. *Phénomènes réparateurs* : appareils littoraux et sédimentation marine.
— III. *Rôle des organismes marins.* — Les constructions coralliennes. — Formation des atolls. — Les coraux dans le temps
et dans l'espace. — Conclusion sur les phénomènes d'origine
externe.

NEUVIÈME CONFÉRENCE

L'énergie interne. — I. *Les Phénomènes volcaniques.* — Les
Volcans et leurs différents modes d'activité. — Eruptions du Vésuve de 1879 et de 1906. — Phénomènes accompagnant les éruptions volcaniques. — Produits rejetés par les volcans. — Différents types de phénomènes éruptifs. — Les volcans sous-marins.
— Ce que nous apprennent les volcans anciens. — Les fumerolles et l'évolution de l'activité volcanique. — II. *Phénomènes
volcaniques atténués* (solfatares, volcans de boue, mofettes).
Volcans d'eau bouillante ou geysers. — Sources thermales et
eaux minérales. — III. *Théorie du Volcanisme.* — Les phénomènes volcaniques dans l'espace. — Origine des émanations. —
Causes des éruptions. — Les phénomènes volcaniques à travers
les âges.

DIXIÈME CONFÉRENCE

I. *Mouvements brusques de l'ecorce terrestre* : les phénomènes sismiques — Caractères généraux des secousses. —
Effets géologiques. — Raz de marée. — Les tremblements de
terre récents : San Francisco et Valparaiso (1906), Messine
(1908), Provence (1909). — Géographie sismique. — Volcanisme
et sismicité. — Théorie tectonique des tremblements de terre.
— Enseignements fournis par les catastrophes récentes. —
Tremblements de terre non tectoniques. — Théories nouvelles,

— Etat interne du Globe. — II. *Mouvements lents de l'écorce terrestre* : les phénomènes de submersion et d'émersion. — Transgressions et régressions marines. — Oscillations de l'écorce terrestre. — Phénomènes épirogéniques. — Les phénomènes éruptifs et les phénomènes sismiques dans la vie du Globe terrestre.

TABLE DES PLANCHES

IMPRIMERIE DE J. DUMOULIN, A PARIS   560.3.11

PIERRE ROGER & Cᵢₑ, Éditeurs

PARIS, 54, Rue Jacob. — PARIS

La Chimie; son Rôle dans la Vie quotidienne, (12 conférences) par le Docteur LASSAR-COHN, professeur à l'Université de Kônigsberg. 1 vol. in-8⁰ écu (2ᵉ édit.) broché 4 fr.
(Ouvrage adopté par le Ministère de l'Instruction publique)

Le Machinisme : son Rôle dans la vie quotidienne, (12 conférences) par MAX DE NANSOUTY. 1 vol. in-8⁰ écu, 28 planches hors-texte, broché . . . . 4 fr.
(Ouvrage adopté par le Ministère de l'Instruction publique)

La Physique : son Rôle et ses Phénomènes dans la Vie quotidienne (12 conférences) par G. EISENMENGER, Docteur ès-Sciences 1 vol. in-8⁰ écu, broché . . . . 4 fr.

Les Végétaux et leur Rôle dans la Vie quotidienne, (10 conférences), par D. Bois, assistant au Muséum, professeur à l'Ecole coloniale, et E. GADECEAU. 1 vol. in-8⁰ écu de 380 pages, broché . . . . 4 fr.
(Ouvrage adopté par le Ministère de l'Instruction publique)

Collection " LES PAYS MODERNES "

L'Allemagne au Travail, par V. CAMBON. Un vol. in-8⁰ grand écu avec 20 photog. hors-texte (7ᵉ édition) Broché 4 fr.

L'Amérique au Travail, par J. FOSTER FRASER. 1 vol. in-8 grand écu, avec 32 photog. hors texte (10ᵉ édit.) Broché 4 fr.

L'Argentine Moderne, par W. H. KŒBEL. Un vol. in-8⁰ grand écu avec 28 photog. hors-texte (6ᵉ édition) Broché 4 fr.

Le Mexique Moderne, par RAOUL BIGOT. Un vol. in-8⁰ grand écu avec 24 photog. hors-texte (3ᵉ édition) Broché 4 fr.

La Belgique au Travail, par J. IZART. Un vol. in-8⁰ écu avec 20 photogravures hors-texte, (3ᵉ édition) Broché. 4 fr.

PARIS. IMP. A. RASQUIN, 47, R. DES STS-PÈRES

www.ingramcontent.com/pod-product-compliance
Lightning Source LLC
Chambersburg PA
CBHW060139200326
41518CB00008B/1088